Breyer-Mayländer

Führung braucht Klarheit

E-Book inside.

Mit folgendem persönlichen Code können Sie die E-Book-Ausgabe dieses Buches downloaden:

3005p-6xbx0-44001-dv0rz

Registrieren Sie sich unter

www.hanser-fachbuch.de/ebookinside

und nutzen Sie das E-Book auf Ihrem Rechner*, Tablet-PC und E-Book-Reader.

Thomas Breyer-Mayländer

FÜHRUNG BRAUCHT KLARHEIT

HANSER

Bibliografische Information der Deutschen Nationalbibliothek

Die Deutsche Nationalbibliothek verzeichnet diese Publikation in der Deutschen Nationalbibliografie; detaillierte bibliografische Daten sind im Internet über <http://dnb.d-nb.de> abrufbar.

http://www.hanser-fachbuch.de

Lektorat: Lisa Hoffmann-Bäuml
Herstellung: Thomas Gerhardy
Fotos: Beate Ritter
Umschlaggestaltung: Stephan Rönigk
Druck & Bindung: CPI Books GmbH, Leck
Printed in Germany

ISBN 978-3-446-44374-7
E-Book-ISBN 978-3-446-44413-3

Warum eigentlich Klarheit?

"Führung braucht Klarheit!" Das ist die Ausgangsthese dieses Buchs. Führung durch Klarheit mag auf den ersten Blick banal erscheinen oder auf den zweiten Blick eine Teilfacette der Führungsarbeit in unangemessener Weise in den Vordergrund rücken. Aber gehen Sie bitte einmal gedanklich unterschiedliche Situationen durch, in denen Sie als Führungskraft nicht erfolgreich waren oder in denen Kolleginnen, Kollegen oder Vorgesetzte wahrnehmbare Führungsprobleme hatten. Sie werden feststellen, dass es in diesen Situationen neben anderen Einflussfaktoren immer auch an Klarheit gefehlt hat. In vielen Situationen ist dieser Mangel an Klarheit der ausschlaggebende Faktor. Wie wichtig Klarheit für Führende ist, kann ein Alltagsbeispiel gut illustrieren, das nicht aus dem klassischen Führungsalltag stammt.

Haben Sie sich schon einmal im Gesellschaftstanz versucht und der Führende hatte keine Klarheit über die Möglichkeiten und Abfolge der Schritte? Immer dann, wenn der Führende unsicher ist, kommt es zu Irritationen, die das Gelingen des Gesamtprojekts in Frage stellen. Im Fall des Tanzes wird entweder die Tanzpartnerin die Führungsrolle übernehmen oder das Projekt des gemeinsamen Tanzes scheitert grundsätzlich.

Wer sich nicht über das, was er sich vornimmt, klar wird, wird auch nie das Ziel erreichen. Daher reicht die Bedeutung der Klarheit im Führungsalltag weit über die reine Mitarbeiterführung hinaus und ist auch ein wesentliches Element der Unternehmensführung.

Mit diesem Buch erhalten Sie konkrete Hilfestellungen zur Selbstreflexion über Klarheit in zentralen Bereichen der Führung. Praxisbeispiele aus dem "Manager Magazin" helfen dabei, diese Themen in das aktuelle Wirtschaftsgeschehen einzuordnen.

Wie können Sie aber die gewonnenen Erkenntnisse auf die eigene Situation übertragen?

Die Themen werden praxisnah dargestellt und durch reale Fälle ergänzt. Die Leitfragen zum Abschluss der einzelnen Kapitel wiederum sind das Handwerkszeug für Ihr persönliches Selbstcoaching für mehr Klarheit im Führungsalltag. Ihre Kolleginnen und Kollegen werden es Ihnen danken. Dies führt uns direkt zu einem weiteren Punkt, bevor wir in das Thema "Klarheit" einsteigen:

"Dankbarkeit ist eine Pflicht, die erfüllt werden sollte,
die aber zu erwarten keiner das Recht hat."

Jean-Jacques Rousseau

Dieses Buch wurde nur durch andere Menschen möglich und das Vorwort ist der geeignete Platz, um hierfür Dank zu sagen. Geholfen haben mir einerseits diejenigen, die mich bei der Führungsarbeit als Geschäftsführer und Prorektor begleiten und begleitet haben, zum anderen diejenigen, deren Führungsarbeit ich im Laufe meiner Tätigkeit als Managementprofessor und Berater analysieren durfte.

Auch für mich als Autor von mehr als 20 Fachbüchern gibt es Bücher, deren Entstehung etwas Besonderes ist. Dieses Buch gehört in die Kategorie der besonderen Bücher, da es mich beim Schreiben immer wieder zur Auseinandersetzung mit den eigenen Erfahrungen gezwungen hat. Spätestens bei den Themen des ersten Kapitels "Klarheit über die eigene Person" wird einem nochmals sehr stark bewusst, dass die Grundlagen der eigenen Persönlichkeit und damit eines der Fundamente für das Verständnis von Führungsarbeit bereits in der Sozialisation durch die Herkunftsfamilie geprägt wurden und werden. Daher gilt mein erster Dank meinen Eltern und meiner Großfamilie in allen Facetten. Denn wer ehrlich zu sich selbst ist, wird feststellen, dass auch dieser höchstpersönliche Sozialisationsprozess nicht mit dem Erwachsenwerden endet, sondern sich weiter fortsetzt und sogar die eigenen Kinder einen wesentlichen Anteil darin übernehmen können.

Gewidmet ist dieses Buch Prof. Dr. Baldur Kirchner aus Anlass seines 75. Geburtstags.

Seine Art Führung und Führungsethik zu betrachten, hat nicht nur über die Jahrzehnte hinweg zahlreiche Führungskräfte geprägt, sondern hat auch einen wesentlichen Anteil an der Sichtweise der Führungsaufgaben in diesem Buch, was sich auch in den Quellennachweisen widerspiegelt. Ich möchte ihm für wertvolle Begegnungen in seinem Seminarhaus in Ettenbeuren bzw. im Rahmen der Veranstaltungen im Kloster Neresheim herzlich danken.

Ein besonderer Dank gilt meiner Frau Beate Ritter. Sie war einmal mehr Erstleserin dieses Buchs mit vielen Korrekturen und Anmerkungen. Zudem konnte sie mit ihrem künstlerischen Gespür in Verbindung mit dem Schwerpunkt Fotografie im Rahmen ihres Studiums zu den einzelnen Kapiteln passende fotografische Motive beisteuern.

Ein herzliches Dankeschön gebührt auch Lisa Hoffmann-Bäuml, die vonseiten des Hanser Verlags mit großem Engagement das Lektorat und somit einen entscheidenden Anteil am Gelingen des Werkes verantwortet hat.

Ettenheimmünster, Frühjahr 2015 — Thomas Breyer-Mayländer

Inhaltsverzeichnis

Zum Einstieg 1

Warum Klarheit so wichtig ist – Wie man sich selbst über Dinge „klar" wird . . . 2

Literatur . . . 6

1 Klarheit über die eigene Person 7

1.1 Die „zentrierte Persönlichkeit" . . . 11

1.2 Das Selbstwertgefühl . . . 13

1.3 Kenntnisse über Persönlichkeitsprofile und -merkmale . . . 16

1.4 Welche Aufgabe passt zu mir (Menge und Anspruch)? . . . 22

1.5 Kernfragen . . . 28

Literatur . . . 28

2 Klarheit über die Führungsrolle 31

2.1 Bedeutung der Führungsaufgabe . . . 33

2.1.1 Der Weg in die (neue/weitere)Führungsaufgabe . . . 33

2.1.2 Das Verhältnis von Fach- und Führungsaufgabe . . . 34

2.1.3 Die Klärung der Führungsrolle . . . 36

2.2 Unterschiedliche Rollensegmente kombinieren . . . 38

2.2.1 Manche Rollen wirken nach . . . 38

2.2.2 Rollen müssen ausgefüllt werden . . . 39

2.2.3 Eignung für die Führungsrolle . . . 39

2.3 Private und berufliche Rollen ausfüllen . . . 41

2.3.1 Wie viele Rollen können Sie spielen? . . . 41

2.3.2 Differenzierte private Rollen . . . 41

2.3.3 Rollen verändern sich . . . 42

2.4 Passende Rollen - authentische Rollenwahrnehmung? . . . 43

2.4.1 Stimmt das „Drehbuch" für Sie? . . . 43

2.4.2 Was bedeutet eigentlich „Rolle" bei Führungsaufgaben? . . . 44

2.5 Bewusster Umgang mit Rollenerwartungen . . . 44

2.5.1 Muss-Erwartungen . . . 44

2.5.2 Soll-Erwartungen . . . 45

2.5.3 Kann-Erwartungen. 46
2.5.4 Ihr persönlicher Umgang mit Rollenerwartungen 46
2.5.5 Die Soziodemografie beeinflusst die Erwartungen 47
2.6 Kernfragen. 50
Literatur 51

3 Klarheit über Werte **53**
3.1 Orientierung, Werte und Unternehmenskultur 55
3.2 Akteure der Unternehmensethik: Sittliche Kompetenz als Eigenschaft von Führenden 60
3.3 Werteabgleich zwischen Gesellschaft, Unternehmen und Führungskraft . 62
3.4 Leitbild als Ausdruck der Unternehmenskultur 65
3.5 Kernfragen. 68
Literatur 69

4 Klarheit der Kommunikation **71**
4.1 Klarheit durch Kenntnis der Kommunikation 75
4.1.1 Die fünf Axiome von Paul Watzlawick 75
4.1.2 Das Vier-Ohren-Modell 78
4.1.3 Die vier Phasen der Kommunikation 81
4.2 Klarheit der Sprache 82
4.2.1 Sprache und Rolle. 82
4.2.2 Aktive Sprache und bewusste Rhetorik. 84
4.3 Klarheit durch Kommunikationsformen und -kanäle 91
4.3.1 Brief und E-Mail. 92
4.3.2 Reden, Statements und Ansprachen. 95
4.4 Klarheit durch Kommunikationsanlässe und Rahmenbedingungen. 96
4.4.1 Besprechung und Konferenzen 96
4.4.2 Mitarbeiter/innen-Gespräch. 97
4.4.3 Feedback. 98
4.4.4 Konflikte 100
4.4.5 Bestehendes Image und Klarheit der Kommunikation 102
4.5 Kernfragen. 104
Literatur 104

5 Klarheit der Ziele **107**
5.1 Klare persönliche Ziele 109
5.2 Klare Arbeitsziele als Voraussetzung für Erfolge 112
5.3 Klare Formulierung der Ziele. 117
5.4 Klare Unternehmensziele im Kontext von Werten, Leitbildern und Strategieentwicklung. 118
5.4.1 Das Zielvereinbarungsgespräch 123

5.4.2 Die Zielvereinbarung 124
5.4.3 Die Förderung 124
5.5 Kernfragen 127
Literatur 128

6 **Klarheit der Entscheidungen** 129
6.1 Das gesellschaftliche Umfeld für Entscheidungen 131
6.2 Entscheidungen und Persönlichkeit 132
6.4 Klare Entscheidungen treffen, kommunizieren, umsetzen 139
6.4.1 Kommunikation 140
6.4.2 Umsetzen 140
6.4.3 Begleiten 141
6.5 Kernfragen 143
Literatur 144

7 **Klarheit der Struktur** 145
7.1 Aufbau- und Strukturorganisation 148
7.1.1 Delegationsbereiche 150
7.1.2 Hierarchien 151
7.2 Governance 151
7.2.1 Gesellschafterstruktur 151
7.2.2 Aufteilung innerhalb der Unternehmensführung 152
7.3 Informations- und Kommunikationsbeziehungen 153
7.4 Klarheit ist keine Starrheit 154
7.5 Kernfragen 157
Literatur 158

8 **Klarheit des Führungsstils** 159
8.1 Führungsstil 161
8.1.1 Führungsstile im Überblick 162
8.1.2 Führung in der Detailbetrachtung 164
8.2 Faktoren, die Ihren Führungsstil beeinflussen 165
8.2.1 Die Situation 165
8.2.2 Die Person der Mitarbeiterinnen und Mitarbeiter 165
8.2.3 Die Aufgabe 166
8.2.4 Die Verbindung zwischen Aufgabe und Reifegrad: Persönlichkeitsstruktur und Erwartungshaltung der Mitarbeiterinnen und Mitarbeiter 167
8.2.5 Führungstradition und Arbeitsstrukturen 168
8.2.6 Haltung der Führungskraft 168
8.3 Managementkonzepte und Führungskultur im Unternehmen 169
8.3.1 Management by Ideas 169

8.3.2 Management by Break-Through 169
8.3.3 Management by Delegation 170
8.3.4 Management by Objectives. 171
8.3.5 Transformationale Führung 172
8.4 Führungsleitbilder 172
8.4.1 Eine gemeinsame Kultur des Führens? 172
8.4.2 Führung als Aufgabe akzeptieren und wertschätzen. 173
8.5 Kernfragen. 175
Literatur 176

9 Klarheit der Strategie **177**
9.1 Was kennzeichnet eine klare Strategie? 180
9.2 Strategie und Zukunftsfähigkeit 181
9.3 Die Kommunikation vorausschauender strategischer Maßnahmen. 182
9.4 Zu guter Letzt: Nicht alles ist „Strategie“ 184
9.5 Kernfragen. 186
Literatur 186

10 Klarheit in der Umsetzung **187**

Gesamtliteratur **189**

Fotos **198**

Index **199**

Der Autor **205**

Zum Einstieg

1.1 Warum Klarheit so wichtig ist – Wie man sich selbst über Dinge „klar" wird

Warum haben wir den Schwerpunkt dieses Buches auf den Aspekt der „Klarheit" gelegt? Es gibt im Bereich der Führungsliteratur inzwischen auch im deutschsprachigen Raum eine Fülle von Veröffentlichungen, die allgemein gehalten sind und im Wesentlichen die Erkenntnisse der wissenschaftlichen Fachliteratur zusammenfassen oder in erster Linie kurz gefasst sind und praxisorientiert Ratgeberfunktion übernehmen. Eine andere Variante der Führungsliteratur beschreibt spezifische Gesichtspunkte der Führungsarbeit und des Führungshandelns und schränkt damit das Thema Führung oder Leadership auf bestimmte Detailthemen ein.

Mit der Betonung der Klarheit soll die Bandbreite der Führungsthemen in dieser Darstellung keinesfalls begrenzt werden. Es geht vielmehr darum, das Spektrum der Führungsthemen unter einem zentralen und entscheidenden Blickwinkel zu betrachten: Klarheit als Voraussetzung für eine wirksame und wertebasierte Führung. Dieser Blickwinkel hilft Ihnen als Führungskraft, um im Führungsalltag den notwendigen Blick für die wirklich wichtigen Führungsthemen zu haben und sich nicht mitten im stressigen Führungsalltag in Nebenaspekten zu verlieren und damit die eigene Zeitbilanz zu verschlechtern.

Der Begriff der Klarheit kann nicht in einer einfachen Definition zusammengefasst werden. Wir kennen den Begriff aus vielen alltäglichen Zusammenhängen, die wir uns im Folgenden nochmals genauer anschauen.

! Eindrücklich sind die Überlegungen von René Descartes zu diesem Thema, nach dessen Definition eine Erkenntnis, dann „klar und deutlich" ist, wenn sie „im Allgemeinen einsichtig, vollbewusst, eindeutig erkannt" ist (Schischkoff 1982, S. 360). Sie lässt sich eindeutig unterscheiden und abgrenzen. ■

Einen ersten Zugang zum Begriff der Klarheit bietet für Sie vielleicht auch das Lukas-Evangelium. Vermutlich sind Sie im Laufe des Lebens entweder in einer christlichen Tradition (inklusive Religionsunterricht) erzogen oder zumindest mit Restbeständen christlicher Rituale konfrontiert worden. Unter diesen christlich geprägten Alltagsritualen stellt der Heilige Abend ein Highlight mit besonderem Stellenwert dar, – ein Tag, an dem selbst Atheisten aus Brauchtumsgründen in die Kirchen strömen.

Erinnern Sie sich an folgenden Passus?

> *„Und der Engel des Herrn trat zu ihnen und die Klarheit des Herrn leuchtete um sie und sie fürchteten sich sehr."*
>
> Lukas 2, 9-12

Hier ist sie also, die Klarheit: „... und die Klarheit des Herrn leuchtete um sie ...". Vermutlich einer der bekanntesten Sätze, in denen Klarheit eine Rolle spielt. Aber fürchten wir uns wirklich vor Klarheit? Ist es nicht im Gegenteil so, dass wir uns in vielen Fällen mehr Klarheit wünschen und dennoch auch vor Klarheit zurückschrecken?

Vielleicht hilft es, wenn wir uns das Setting vergegenwärtigen. Da sitzen sie, die Hirten, des Nachts auf dem Feld in der Nähe von Betlehem. Dunkel ist es, die Sterne werfen ihr fahles Licht auf das Feld, die Herde und die Hirten. Viel ist nicht zu sehen. Die kleine Feuerstelle gibt ein wenig Wärme ab und immer wieder steht einer von ihnen auf, um sich die Beine zu vertreten, sich warm zu klopfen und einmal über die Herde zu schauen. Neben Schauergeschichten zum Zeitvertreib spielt auch die Sorge um das Wohl der Tiere und damit um die Kontrolle der Herde eine Rolle. Es ist jedoch eine ruhige Nacht. Alles in Ordnung so weit. Die Schafe schlafen und die Männer dösen und dämmern vor sich hin. Das Überraschende an dieser Überlieferung ist die Klarheit, die unvermutet in das Leben der Männer tritt. Übertragen auf unser Thema stellt sich in vielen Fällen tatsächlich die Frage, ob wir damit so gut umgehen können, wenn unvermutet bestimmte Dinge sehr klar zutage treten. Wir wünschen uns oftmals Klarheit, können vielleicht jedoch mit der damit verbundenen Deutlichkeit und Transparenz nicht immer so gut umgehen. Aber das ist bereits ein Vorgriff auf das Folgende.

Wie notwendig Klarheit im Alltag ist, zeigen sehr viele alltägliche Formulierungen, in denen das Wort zum Vorschein tritt:

- Schwierige Fragen, Probleme oder Auseinandersetzungen bedürfen einer „Klärung“, die als Prozess dafür sorgen soll, dass die Dinge zurechtgerückt werden und damit eine eindeutige Zuordnung von Themen und Standpunkten möglich wird.
- Im Rahmen von Diskussionen und Gesprächen gibt es das Mittel der Klarstellung, mit dem der Einzelne versucht, die Dinge zu ordnen und damit buchstäblich für „Klarheit“ zu sorgen.
- Die Aufklärung ist nun ein Prozess und Begriff, der nicht nur sehr viele unterschiedliche Begriffsdeutungen mit einschließt, sondern auch den Kernbegriff der Klarheit in sich trägt. Bei der sexuellen Aufklärung geht es um das Wissen und damit die Vermittlung von Alltagskompetenz in einem sehr spezifischen Themenfeld. Die philosophische Denkrichtung der Aufklärung sorgt auch für Klarheit. Objekt ist hier jedoch nicht das Sexualleben, sondern die Rolle des vernunftbegabten Menschen in der Gesellschaft und Historie.
- Abgeklärt nennt man Menschen, die bereits viele Situationen erlebt haben, in denen es Spannungen und Diskussionen gab, denen keine klare Struktur zugrunde lag.
- Klarsicht ist eine Voraussetzung, um am Steuer eines Verkehrsmittels (Auto, Schiff, Flugzeug) vorausschauend agieren zu können.
- Kläranlagen beschreiben den Ort eines technischen Prozesses zur Erzeugung von Klarheit in einem menschlich allgemein relevanten Bereich.
- Ein klarer Himmel sorgt für verlässliches Wetter und damit auch für eine spezifische Form von Klarheit.

Wenn Sie sich mit dem Thema Führung im Zusammenhang mit der notwendigen Klarheit auseinandersetzen, kommen Sie sehr rasch zu dem Punkt, an dem es notwendig ist, die eigene Position deutlich zu erkennen und sie in derselben Klarheit auch anderen vermitteln zu können. Es geht also um die Fragestellung nach Struktur und Bedeutung eines „klaren Standpunkts“:

Dieser Standpunkt ist zum einen physisch der Standpunkt eines Sprechers, der, beispielsweise im Rahmen eines Vortrags, mehr oder weniger überzeugend wirken wird, je nachdem, wie sicher er seinen Standpunkt gewählt hat. Die Klarheit in dieser Beziehung ergibt sich jedoch vor allem durch die Person, die Werte, die Rolle, die Sprache und die Entscheidungen der Person. Dies ist der Rahmen, in dem wir in den folgenden zehn Kapiteln das Thema Klarheit und Führung darstellen. Dabei wählen wir die Darstellung und die Beispiele so, dass Sie als Leserin und Leser darin bestärkt werden, sich selbst diese Klarheit zu verschaffen, einen klaren Standpunkt zu beziehen und für sich sowie andere im Führungsalltag nutzbar zu machen. In Verbindung mit den Leitfragen und Fallbeschreibungen eignet sich dieses Buch daher für Ihr Selbstcoaching als Führungskraft.

All das sind Gründe, weshalb wir uns intensiv mit Klarheit befassen. Aber es fehlt jetzt noch zum Verständnis der Aufgabenstellung des Buchs die Vorstellung, warum wir uns im zweiten Teil des Begriffspaars auf Führung konzentrieren wollen und nicht etwa den beliebten Managementbegriff nach vorne stellen. Die Abgrenzung der beiden Themen ist aus Sicht der Führungspraxis ohnehin eher schwierig nachzuvollziehen (vgl. Mintzberg 2011, S. 21). Gleichwohl ist unsere Fokussierung auf Führung gerechtfertigt, da die Beziehungsarbeit zwischen der Führungskraft und den Mitarbeiterinnen und Mitarbeitern einer Organisation im Vordergrund steht. Die definitorische Trennung zwischen Leadern, die die richtigen Dinge tun, und Managern, die die Dinge richtig tun, ist jedoch aus Sicht der Praxis nicht entscheidend. Denn erfolgreiche Führungskräfte müssen beide Disziplinen beherrschen. Wir gehen im Folgenden von einem Führungsbegriff aus, der die Leitung einer Organisation oder Unternehmung beinhaltet, weshalb beispielsweise die Formulierung von Zielen oder Strategien mit zu den zentralen Aufgaben der Führenden gehört, dessen Kernaufgaben sich jedoch mit der Menschenführung, der Anleitung von Mitarbeiterinnen und Mitarbeitern befasst. Dabei schränken wir den Führungsbegriff nicht auf einzelne Elemente im Bereich Management oder Managementtechniken ein, wie dies beispielsweise bei „agilem Management“ geschieht. (Gloger/Margetich 2014, S. 17f.).

Das Buch ist so aufgebaut, dass die einzelnen Detailthemen, bei denen Klarheit für den Führungsalltag eine Rolle spielt, erläutert werden, damit die Basis klar ist. Dabei steht jeweils Ihre persönliche Perspektive im Vordergrund und die Themen können in Ihren eigenen Arbeits- und Führungsalltag integriert werden. Das Buch liefert damit ein Fundament für das Selbstcoaching im Bereich Klarheit und Führung. Es ist jedoch kein Selbstcoaching-Buch für Menschen, die sich in allgemeinen Persönlichkeitskrisen oder sich allgemein auf dem Weg der Selbstfindung befinden. Es richtet sich stattdessen an Führungskräfte, die ihre Führungsarbeit überprüfen, verbessern und sich selbst im Bereich wirksamer Führung weiterentwickeln möchten.

Um das zu veranschaulichen, sind ein paar grundsätzliche Anmerkungen zu Coaching und Selbstcoaching hilfreich. Coaching ist eine emotions- und problemorientierte Beratungsform, die aus der Arbeits-/Organisationspsychologie stammt, und im Bereich Personalentwicklung zum Einsatz kommt (Bamberg 2009, S. 222). Während im klassischen

Einzelcoaching eine persönliche Beratung und Betreuung des Coachees erfolgt (Mahlmann 2009, S. 10), ist das typische Selbstcoaching eine Form des Selbsttrainings. Statt des Dialogs mit dem Coach stehen dabei in vielen Anleitungen Fragebögen und Diagnosetests im Vordergrund, die durch Einzelübungen ergänzt werden (Wilbers 2014, Demann 2013). Die Coaching-Formen unterscheiden sich auch nach den Coaching-Anlässen. Während in vielen Fällen Konflikte als Auslöser des Coachings das Geschehen prägen, gibt es auch eine Reihe von Coaching-Prozessen, die aus dem Bedürfnis der Weiterentwicklung heraus angeregt werden. Persönliche Entwicklungsziele und eine Überprüfung des eigenen Wirkens im Arbeitsalltag (Mahlmann 2009, S. 15) stehen hier im Vordergrund.

Unabhängig davon, ob die Anregung, sich mit der eigenen Führungspraxis auseinanderzusetzen, bei Ihnen nun durch Konflikte (innere Konflikte oder Konflikte mit anderen Menschen) entstanden ist oder das neutrale persönliche Entwicklungsziel hier Pate stand, konzentriert sich dieses Buch auf die Weiterentwicklung Ihrer persönlichen Führungsfähigkeit. Es ergänzt damit die personenzentrierten Darstellungen des Selbstcoachings für Führungskräfte, die unter verschiedenen Blickwinkeln dieses Thema beleuchten (vgl. dazu beispielsweise Arnold 2012, Arnold 2011). Obwohl wir zunächst die Klarheit der eigenen Person unter die Lupe nehmen, ist die rein persönliche Entwicklung nicht das einzige Thema, sondern lediglich die Voraussetzung, um die anschließenden Schritte zu mehr Klarheit in der Führungspraxis gehen zu können.

Wie alle Darstellungen, die sich mit Selbstcoaching befassen, ist auch dieses Buch kein universeller Ersatz für alle denkbaren Fälle des Einzelcoachings. Es gibt Hilfestellungen bei der Weiterentwicklung der eigenen Führungsfähigkeit und kann damit für einzelne ausreichend sein, um den gewünschten Erfolg zu erzielen. Für andere ist es ein Einstieg in den Coaching-Prozess oder eine Ergänzung zum Einzelcoaching oder auch zu anderen Formen des Selbstcoachings. Einzel- oder Selbstcoaching ist insbesondere dann ratsam, wenn sich die Coaching-Formen "nur" auf die Persönlichkeit beziehen und die eigentlichen Herausforderungen mit der Führungsarbeit verbunden sind.

Den engen Zusammenhang zwischen der persönlichen Weiterentwicklung, die durch ein Selbstcoaching unterstützt werden kann, und dem Aufgabenbereich der Führung zeigt ein Statement von Bernard Fontana aus dem Jahr 2014 (CEO von Holcim, einem der weltweit größten Produzenten von Zement und Asphalt):

> *„Führung verändert das Leben derjenigen, die geführt werden, aber noch viel mehr das Leben der Führungskräfte selbst. Ist man sich dessen erst einmal bewusst geworden, ist das Führen anderer nicht mehr bloß 'ein weiterer Aspekt', der mit zunehmenden Managementpflichten einhergeht, sondern eine einzigartige Chance, sich sowohl beruflich als auch persönlich zu entwickeln. Führungskräfte, die diese Sichtweise verstehen und sich zu eigen machen – und die Möglichkeit bekommen, sie zu erforschen –, werden ihre Funktion leidenschaftlicher erfüllen und daher andere besser führen.“*
>
> (Arnold 2014, S. 90)

Es geht bei den Praxisfällen zur Person der Führenden nicht um Schwarz-Weiß-Malerei im Sinne einer Glorifizierung des Positiv- und Dämonisierung des Negativbeispiels. In der Wirklichkeit des Wirtschaftslebens haben wir es nicht mit Märchen zu tun, sondern mit realen Menschen, bei denen Schattierungen und Grautöne die klare dualistische Struktur von schwarz und weiß, böse und gut ersetzen. In diesem Sinne mag man sich auch daran stören, dass das ambivalente Beispiel des Multiaufsehers Ulrich Lehner hier den Positivpart abgibt. Es geht jedoch um einen Menschen, der sich durchaus darüber im Klaren ist, welche Fähigkeiten und Potenziale er für die einzelnen Aufgaben mitbringt und wie er sie – trotz vielfacher Verpflichtungen – bewältigen kann (vgl. Student/Werres 6/2013).

Literatur

Arnold Frank: *Der beste Rat, den ich je bekam*; Hanser München 2014

Arnold Rolf: *Führen mit Gefühl: Anleitung zum Selbstcoaching – Mit einem Methoden-ABC, Springer*; 2. Auflage, Gabler Wiesbaden 2011

Arnold Rolf: *Spirituelle Führung: Anleitung zum Selbstcoaching – Mit einem Methoden-ABC*; Springer Gabler Wiesbaden 2012

Bamberg E.: Beratung in der Arbeits- und Organisationspsychologie, in: *Warschburger, P.*: *Beratungspsychologie*; Springer Medizin Verlag Heidelberg 2009, S. 207-234

Demann Stefanie: *Selbstcoaching: Die 86 besten Tools*; Gabal Offenbach 2013

Gloger Boris und *Margetich Jürgen*: *Das Scrum-Prinzip: Agile Organisationen aufbauen und gestalten*; Schäffer-Poeschel Stuttgart 2014

Mahlmann Regina: Ein Blick auf die Coaching-Landschaft, in: *Sachsenmaier Ingeborg* (Hrsg.): *Die Coaching-Praxis: Mit Methode zu neuen Perspektiven*; Beltz Weinheim/Basel 2009, S. 9-20

Mintzberg Henry: *Managen;* 2. Auflage, Gabal Offenbach 2011

Student Dietmar und *Werres Thomas*: Hase und Igel – Ulrich Lehner: Der Mann nach Cromme hat viele Talente und noch mehr Mandate und Ämter. Ist der Multiaufseher der Richtige für den Krisenkonzern ThyssenKrupp?, in: *Manager Magazin* 6/2013, S. 53-56

Wilbers Gregor: *Selbstcoaching in 7 Tagen: Wie Sie Ihren persönlichen Weg zum Erfolg finden;* 2. Auflage, Springer Gabler Wiesbaden 2014

1 Klarheit über die eigene Person

Markus Pinger, in seiner Funktion als CEO Celesio

Der Wechsel im Vorstand eines Großunternehmens bedeutet für den Nachfolger oftmals Neustrukturierung, gegebenenfalls auch das große Aufräumen und Ausmisten, je nachdem, welchen „Stall“ man in welchem Zustand übernimmt. Beim Pharmahändler Celesio war Markus Pinger als Nachfolger von Fritz Oesterle 2011 angetreten, um das Portfolio neu zu strukturieren. Unternehmensteile wurden auf die Verkaufsliste gesetzt (Werres 6/2012). Was unter dem Blickwinkel des strategischen Managements nachvollziehbar ist und – je nach Sichtweise – auch richtig sein kann, erfordert jedoch in hohem Maße Fingerspitzengefühl und in diesem Sinne auch eine zentrierte Persönlichkeit. Wenn nun, wie im vorliegenden Fall, eine Reihe von Führungskräften nach Amtsantritt des neuen Chefs das Unternehmen verlässt, dann kann dieser Exodus zwei unterschiedliche Ursachen haben.

Es gibt die Möglichkeit, dass die strategische Neuausrichtung richtig ist, aber die zweite und dritte Führungsebene einfach die Zeichen der Zeit nicht erkannt hat und entweder aus Unzufriedenheit und eigenem Antrieb von Bord geht oder nahegelegt bekommt, „wegen unterschiedlicher Auffassungen über die künftige Ausrichtung des Geschäftsbereichs“ das Unternehmen zu verlassen.

Es gibt jedoch auch die Variante, dass man auf der Ebene der Führungskräfte die Neuorientierung – so sie denn richtig ist – begrüßt, jedoch mit der Person des neuen Chefs, seiner Art zu führen und seinen Umgangsformen Probleme hat und daher eine Neuorientierung vornimmt. Im konkreten Fall waren der IT-Chef, der Cheflobbyist und die Mitarbeiter der Strategieabteilung die ersten, die das Unternehmen verließen. Markus Pinger bekam intern recht zügig den Spitznamen „Super-Markus“. Was unter anderen Umständen noch anerkennend gemeint sein könnte, ist im konkreten Fall ein Zeichen des deutlichen Missfallens. „Mit dem Führungswechsel, heißt es, sei der Anstand abhanden gekommen“ (Werres 6/2012). Dabei machte der neue Chef nicht nur in den unmittelbaren Umgangsformen Fehler, die die Mitarbeiterinnen und Mitarbeiter nicht nachvollziehen konnten (Füße auf den Tisch legen), es ging auch um grundsätzliche Fehler beim Einsatz von Symbolen. Nichts ist in deutschen Firmen mit so viel Aufmerksamkeit und Emotionalität verbunden wie die Dienstwagenordnung. Wer darf sich wann zu welchem Zweck welches Auto kaufen? Wenn nun der neue Chef eine Dienstwagenordnung verändert und dabei Sparziele vorgibt, dann muss er sich selbst auch daran messen lassen. Wer dann selbst einen AMG-getunten Daimler ordert, der in der Preisliste mit über 116.000 Euro geführt wird, macht sich auch nicht dadurch glaubwürdiger, dass er darauf hinweist, dass die Leasingrate vergleichsweise günstig sei.

In Fällen, in denen Sparen angesagt ist, kann es schon fatal sein, wenn ein neuer Dienstwagen im Rahmen des normalen Leasingvertrags aufgrund eines Modellwechsels auf den Hof gestellt wird. Dass Sanierer nicht immer zartfühlend sind und damit auch in der Innen- und Außenwirkung Irritationen entstehen können, ist bekannt. Vorbildwirkung und Selbstreflextion sind jedoch für eine wirksame Führung auch in Sanierungsphasen Voraussetzung. Zudem zeigt der Fall Celesio auch, dass man als Chef sehr stark am wirtschaftlichen Erfolg gemessen wird, wenn man ihn zum kompromisslosen Ziel der eigenen Arbeit erklärt.
Die Rolle des Vorbilds, die parallel zu allen anderen Rollen der Führungskraft eine Konstante darstellt, scheint in einigen Elementen von Markus Pinger nicht in der Form wahrgenommen worden zu sein, dass es beim allgemeinen Publikum (den Mitarbeiterinnen und Mitarbeitern) und beim zahlenden Publikum (den Gesellschaftern) ankommt. Daher ist dieser Fall auch ein Beispiel für Probleme mit der Führungsrolle. (Werres 6/2012) ■

„Flüsse und Berge werden sich verändern, aber es ist schwierig, die Persönlichkeit auch nur eines einzigen Menschen zu ändern."

Buddhistische Weisheit (Schwanfelder 2006, S. 62)

Dieses Zitat soll Sie nicht demotivieren oder davon abhalten, sich mit der Weiterentwicklung der eigenen Persönlichkeit zu befassen. Es soll Sie jedoch davor bewahren, zu große und vielleicht unrealistische Erwartungen an die Weiterentwicklung der Persönlichkeit zu haben. Es geht nicht darum, zu erreichen als Standard-Norm-Führungskraft in idealer Weise seinen Job zu verrichten. Stattdessen geht es darum, Ihre Persönlichkeit zu kennen und zu nutzen, um mit Ihren individuellen Stärken authentisch und erfolgreich zu führen. Es wäre auch falsch, wenn Sie sich zum Ziel setzen würden, einer wie auch immer gearteten Führungsnorm zu entsprechen. Wer schon einmal Führungs- und Verkaufspersonal erlebt hat, bei einer schlechten Fortbildung war und sich dabei mühsam normgerechtes Verhalten antrainiert hat, das keinesfalls zur eigenen Person passt, kann nachvollziehen, welche Bedenken wir hierbei haben.

Analysieren Sie Ihre Persönlichkeit und nutzen Sie Ihre Talente, Werte und persönlichen Ziele, um sich über sich selbst und Ihre Eignung als Führungskraft klar zu werden. ■

Führung als Menschenführung befasst sich in vielen Facetten mit der Beziehungsarbeit zwischen Führungskraft und Mitarbeiterinnen und Mitarbeiter. Wie bei jeder Form der Beziehung ist auch hier, im professionellen Rahmen, die Persönlichkeitsstruktur der Beteiligten von entscheidender Bedeutung. Die Person des Führenden und damit Ihre Persönlichkeit dominiert dieses Szenario.

Viele Fachautoren (wie z. B. Wildemann 2002, S. 30ff.) widmen sich sehr intensiv dem Thema, welche Persönlichkeitsmerkmale für eine erfolgreiche Führungsarbeit entscheidend sind. Dabei werden jedoch die persönlichen Merkmale oftmals lediglich auf die Aufgabenstellung einer Führungskraft projiziert, indem beispielsweise verdeutlicht wird, dass positive Grundeinstellungen („Wir schaffen das.") einfacher in den Führungsalltag zu integrieren sind als negative Grundhaltungen von Menschen, die meist auch schon körpersprachlich im Auftreten „die Flügel hängen lassen". Hier setzen auch sehr viele Coachings an, indem sie die Grundeinstellung und damit die Alltagsbewältigung auf eine andere Grundlage stellen. Dies ist in vielen Fällen ein lohnenswerter Aspekt, der in der Tat verbessert werden kann. Er sollte jedoch keinesfalls als einsame Insellösung daherkommen im Sinne eines Trainings mit dem Entwicklungsziel des permanent fröhlichen Optimisten.

Maßgeblich für Führungserfolg ist jedoch tatsächlich die Klarheit über die unterschiedlichen Facetten der eigenen Person (vgl. Walther 2013, S. 11), auch wenn sie zunächst noch nicht in Bezug zur Führungsarbeit stehen. Denn der Person des Führenden kommt eine entscheidende Bedeutung zu:

> *„Ein guter Baum bringt gute Früchte und ein kranker Baum schlechte. Ein guter Baum wird keine schlechten Früchte tragen und ein kranker Baum keine guten. Jeder Baum, der keine guten Früchte bringt, wird umgehauen und verbrannt. Ebenso werdet ihr die falschen Propheten an ihren Taten erkennen."*, Matthäus 7, 17-18

Im Leben von Organisationen bedeutet das, dass es fast unmöglich ist, eine gute Organisationskultur aufzubauen, wirksame Mitarbeiterführung zu betreiben und damit Erfolge im Markt zu erzielen, wenn der Stamm, auf den wir an dieser Stelle setzen, d. h. die Führungskräfte und Kolleginnen und Kollegen, auf den unterschiedlichen Funktionen und Hierarchieebenen, „krank" ist. Da die „Früchte der Arbeit" in besonders hohem Maße von den Führungskräften abhängen, wirkt sich eine problematische Persönlichkeitsstruktur hier noch problematischer aus. Grund genug, sich zu Beginn der Führungsarbeit mit der Persönlichkeitsstruktur der Führenden und damit, aus Sicht von Führungskräften, sich mit sich selbst zu beschäftigen. Dabei schwanken viele Führungskräfte zwischen Selbstzweifeln auf der einen Seite und Narzissmus auf der anderen Seite (Kirchner 1992, S. 36ff.).

> Es lohnt sich für Sie und auch für Ihre Mitarbeiterinnen und Mitarbeiter und Ihr Unternehmen bzw. Ihre Organisation, wenn Sie sich intensiv mit Ihrer eigenen Wirkung im Rahmen der Führungsrolle auseinandersetzen.

Wer sich in forschender, beobachtender oder beratender, teilnehmender Rolle mit Menschenführung und Führungspersönlichkeiten befasst, kommt sehr schnell zu dem Schluss, dass die Persönlichkeit der Führenden mit darüber entscheidet, wie wirksam und erfolgreich die Führungsarbeit verrichtet werden kann. Es sind meist die besonders krassen Fälle, beispielsweise bei egozentrierten Persönlichkeiten, die auch von einer breiteren Öffentlichkeit wahrgenommen werden und die dieses Thema illustrieren können.

Ein Beispiel aus dem Führungsalltag kann das erläutern. Von einem früheren Vorstandsvorsitzenden einer bedeutenden deutschen Aktiengesellschaft wurde berichtet, dass er gerne am späten Abend durch den Betrieb ging, um einzelne, ihm unbekannte Mitarbeiter nach einem Art Zufallsprinzip am Arbeitsplatz aufzusuchen. Mit diebischer Freude erkundigte er sich danach, ob die in ihrer Arbeit aufgeschreckten Kolleginnen und Kollegen denn wüssten, mit wem sie es zu tun hätten. Wenn das verneint wurde, stand es schon nicht zum Besten um die künftige Position der so heimgesuchten. Wer anschließend nicht in einem Satz erklären konnte, was er arbeitete und worin der Beitrag seiner Tätigkeit für den Gesamtbetrieb bestand, musste mit dem Risiko leben, am nächsten Tag in die Personalabteilung einbestellt zu werden, um die Beendigung des Beschäftigungsverhältnisses einzuleiten.

1.1 Die „zentrierte Persönlichkeit"

Die sprichwörtliche Klarheit der eigenen Person ist eine entscheidende Voraussetzung für die Menschen- und Mitarbeiterführung. Wer mit sich selbst nicht im Reinen ist, kann sich nicht so intensiv und positiv auf die Beziehungsarbeit der Mitarbeiterführung konzentrieren, wie dies für den nachhaltigen Führungserfolg notwendig wäre.

Damit sind wir auch schon bei der ersten Anforderung und Zielsetzung an Sie als Führungskraft:

> **Die klare Führungspersönlichkeit ist die „zentrierte Persönlichkeit".**
> *„Eine „zentrierte Persönlichkeit" ist ein Mensch, der in seiner Wesensmitte lebt und aus ihr heraus handelt. Er verbreitet somit Ruhe, Gelassenheit und Überlegenheit in seinem Tun. Alle diese persönlichen Qualitäten sind allerdings notwendig, wenn menschliches Führen gelingen soll"* (Kirchner 2014).

Dabei ist nicht eine egozentrierte Persönlichkeit gemeint, die bei vielen Alphatieren in deutschen Führungsetagen anzutreffen ist. Eine ausreichende Akzeptanz der eigenen Person ist eine notwendige, aber keinesfalls hinreichende Voraussetzung für die Hinwendung und Zuwendung gegenüber anderen. Übersteigerungen der egozentrierten Persönlichkeit stehen jedoch einer echten Beziehungsarbeit im Sinne einer ausbalancierten Führungsarbeit im Weg.

Woran erkennen Sie nun die klare Persönlichkeit? Diese Frage stellt sich nicht nur für Sie selbst, sondern für die Personalauswahl, Personalentwicklung genauso wie für Sie im Rahmen der Selbst- und Eigendiagnose als Führungskraft. Wir erkennen einen Menschen an seinem Handeln und an den Äußerungen der Menschen, die mit ihm in Verbindung stehen. Dabei muss man in der Praxis jedoch darauf achten, aus welchen Gründen sich jemand in einer bestimmten Art und Weise über einen anderen äußert. Nicht jede Äußerung über Dritte, insbesondere Führungskräfte, stammt aus berufenem Mund, das heißt von jemandem, der tatsächlich etwas über diese Person sagen kann.

Wie setzt sich nun das Selbstkonzept einer Führungskraft zusammen? Wie erkenne ich mich als Führungskraft selbst?

Aus der Sozialpsychologie (Ahrens 2011, S. 42) kommen hierfür – frei nach Platon – vier Wege in Frage: Zunächst gibt es für Sie die Möglichkeit, bewusst über sich nachzudenken (vgl. auch Arnold 2012, S. 37). Wenn beispielsweise der Blick in den Spiegel dazu führt, dass Sie sich über Ihre Figur, Ihr Körpergewicht und am Ende Ihre Ernährungsgewohnheiten Gedanken machen, trägt dies Grundzüge der Introspektion in sich. Dieses In-sich-Hineinschauen lässt jedoch nur eine begrenzte Zuordnung zwischen beobachtbarem Verhalten und dem Wesen der eigenen Person zu.

Da wir Menschen dazu neigen, rationale Erklärungsmuster zu beanspruchen, kommt es bei dieser Art der „Selbstanalyse" regelmäßig zu logischen und vordergründig plausiblen Erklärungen, die jedoch trotz akribischer Selbstbeobachtung falsch sein können. Gerade in Fällen, in denen junge Führungskräfte gefordert sind, ihr eigenes Führungshandeln zu hinterfragen, setzen sie sich selbst unter einen persönlichen Rechtfertigungsdruck. In der Diskussion mit echten Bezugs- und Vertrauenspersonen sollten Sie daher versuchen, sich davon frei zu machen, kritische Fragen und wohlmeinend kritische Nachfragen mit der Suche nach Rechtfertigungen zu quittieren.

Bei einer professionellen Begleitung von Führungskräften durch einen Trainer oder Coach liegt auch hier, in der Distanz zum eigenen Handeln, ein entscheidender Erfolgsfaktor. Ein weiterer spannender Punkt ist dabei die Tatsache, dass wir unsere Einschätzungen durch soziale Interaktion gewinnen. Wenn eine hochbegabte Nachwuchskraft im Unternehmen mit erfahrenen Mitarbeiterinnen und Mitarbeitern verglichen wird, kann dies zur Demotivation führen, wenn die Leistungsunterschiede aufgrund des jahrelangen Know-hows, der bestehenden Netzwerke im Unternehmen und der langjährigen Kundenbeziehungen zu groß sind. Ob sich eine potenzielle Führungskraft nun im Rahmen der Selbsteinschätzung für mehr oder weniger geeignet hält, hängt auch von den dabei gesetzten Referenzpunkten im Rahmen der sozialen Interaktion ab.

Das bedeutet, dass Sie sich darüber klar werden müssen, welchen Maßstab Sie an sich selbst anlegen wollen, können und sollten. Hier kann falscher Ehrgeiz kontraproduktiv sein.

Das Selbstkonzept und damit auch die Frage, was wir denn über uns selbst denken, ist eine zentrale Fragestellung bei der Analyse von Führungspersönlichkeiten. Die wesentlichen Erkenntniswege sind hier die Introspektion (das heißt der Prozess des Nachinnen-Schauens), die Beobachtung des eigenen Verhaltens und die soziale Interaktion, also auch der Vergleich mit anderen Menschen (vgl. Ahrens 2011). Wer als Führungskraft wirksam arbeiten möchte, muss bereit sein, diese Schritte zu gehen und sich auf eine detailliertere Kenntnis der eigenen Persönlichkeit einzulassen.

> Die zentrierte Persönlichkeit beschreibt Führende, die in ihrem Selbstwertgefühl ausbalanciert sind und als autonome Persönlichkeit ihren eigenen Wert nicht von den Leistungserlebnissen und der Anerkennung anderer abhängig machen.

Wie wichtig die Klarheit über die eigene Person für das Führungshandeln ist, zeigt eine Untergliederung der Führungsfähigkeit in die fachliche, soziale und sittliche Kompetenz (Kirchner 2006, S. 56). Dabei kommt dem Selbstwertgefühl eine entscheidende Bedeutung zu. Menschen mit einem positiven Selbstwertgefühl haben eine emotional positive Haltung zur eigenen Existenz und zum eigenen Dasein.

1.2 Das Selbstwertgefühl

Haben Sie ein stabiles Selbstwertgefühl? Um diese Frage beantworten zu können, müssen Sie sich mit den Problemen befassen, die typischerweise bei Führungskräften im Themenfeld des Selbstwertgefühls aufkommen.

Wenn Ihnen das zu abstrakt erscheint, dann vergegenwärtigen Sie sich die negativen Begleiterscheinungen, die gerade beim Thema Selbstwertgefühl in Unternehmen und Organisationen sichtbar werden. So führt die Hinwendung zu leistungsorientierten, fachlichen Entwicklungsprogrammen bei vielen jungen Nachwuchsführungskräften zu einer Stabilisierung der eigenen Persönlichkeit durch den eigenen Erfolg. Das Credo lautet: „Ich mag mich, weil ich gut bin.“, oder im Extremen „Ich mag mich, weil ich der Beste bin.“ In Grundzügen ist dies zwar bei allen intrinsisch motivierten und meist gut ausgebildeten Persönlichkeiten veranlagt und bildet damit auch die Grundlage vieler Ansätze zur Motivationssteigerung, dennoch liegt in einer zu starken Ausprägung dieser Leistungsorientierung ein Problem bei Führungskräften. Die zentrierte Persönlichkeit akzeptiert sich selbst voraussetzungsfrei und ist daher nicht so anfällig für Situationen, in denen die eigene Leistung weniger zufriedenstellend war, oder für eine Situation, bei der ein Kollege die bessere Projektidee präsentierte.

Wenn Sie als Führungskraft eine extreme Leistungs- und Erfolgsabhängigkeit Ihrer Person wahrnehmen, ist dies nicht nur ein Gefahrenpotenzial für Ihre psychische Stabilität, sondern in hohem Maße auch ein absehbares Gefährdungs- und Frustrationspotenzial für die Geführten.

> Machen Sie sich als Person in der Wahrnehmung des Werts der eigenen Persönlichkeit unabhängig von den Erfolgen und Leistungen, die Sie erzielen und erbringen.

Ein weiteres typisches Beispiel für mangelhaftes Selbstwertgefühl ist die Abhängigkeit von Bestätigung und Anerkennung durch das soziale Umfeld. Der Wunsch, von anderen Menschen angenommen und akzeptiert zu werden, ist als Hinwendung zum Gegenüber eine wichtige Voraussetzung für ein positives Miteinander. Unabhängig davon, ob es sich um das Miteinander in einem Unternehmen oder in der Gesellschaft handelt, gehört dies zu einer der Grundlagen für Empathie, die wiederum eine zentrale Voraussetzung für echte, wirksame Führungsfähigkeit darstellt.

Bei Führungskräften mit Störungen im Selbstwertgefühl kann jedoch der Wunsch nach Akzeptanz sich verselbstständigen und zu einem dominanten Motiv werden. In dieser Situation reduziert sich der Mensch auf die Formel „Ich mag mich, weil die anderen mich mögen." Das bedeutet, dass im Konfliktfall, beispielsweise bei der Vertretung unpopulärer, aber notwendiger Positionen, die Führungskraft in eine Identitätskrise gestürzt wird. Die Wertigkeit der eigenen Person und Persönlichkeit ist in solchen Fällen abhängig vom Gegenüber.

> **!** Machen Sie sich als Person in der Wahrnehmung des Werts der eigenen Persönlichkeit unabhängig von der Anerkennung Ihrer beruflichen Umwelt.

Baldur Kirchner (2006, S. 70) führt drei Voraussetzungen für ein ausreichendes Selbstwertgefühl an, die im Wesentlichen auf Kindheitserfahrungen beruhen:

- *Die Zuwendung, die ein Mensch voraussetzungsfrei erhält*: Wenn Sie beispielsweise bei schlechten schulischen Leistungen in der Kindheit und Jugend „Kürzungen" oder „Entzug" der Zuwendung erfahren haben, sind Sie gefährdet, das eigene Selbstwertgefühl als leistungsorientiertes Wertbewusstsein zu definieren.
- *Die Ermunterung zu eigenem Handeln*: Die Förderung der Identifikation von Kindern und Heranwachsenden über eigene Impulse ist eine wesentliche Voraussetzung für eine motivierbare Persönlichkeit. Dieser Punkt ist gerade bei der künftigen Führungsgeneration nicht unproblematisch. Aus der Managementsoziologie wissen wir, dass wir in Deutschland gerade bei Top-Führungskräften eine geringe soziale Mobilität erzielen (vgl. Buß 2007). Die meisten Führungskräfte stammen aus einem Elternhaus mit akademisch gebildeten Eltern, die selbst meist Führungsverantwortung in zweiter oder dritter Generation tragen. Gerade diese Eltern sind jedoch in den letzten Jahren immer wieder als „Helikoptereltern" in Erscheinung getreten, die sehr stark die Entwicklung der Kinder lenken und leiten, da das „Projekt Kind" zum Erfolg geführt werden soll (vgl. Kraus 2013). Ermunterung zur Selbständigkeit sieht anders aus.
- *Das Zulassen von Gefühlen*: Dies ist eine der elementaren Voraussetzungen für empathisches Handeln. Gefühle sollen hier als „Elemente der Wahrnehmung der Beziehung zu uns selbst und unserer Beziehung zu anderen Menschen" (Kirchner 2006, S. 81) verstanden werden. Für Sie als Führungskraft ist es notwendig, ein positives Verhältnis zu Ihrer eigenen Gefühlswelt zu besitzen. Es ist der Schlüssel zur Sensibilität für die Gefühlswelt der Geführten. Aus der langjährigen Arbeit mit Führungskräften lässt sich diese Sensibilität für Gefühle als Schlüsselkompetenz identifizieren. Diese

Schlüsselkompetenz ist die Voraussetzung, um bei Themen der Kommunikation und Konfliktbewältigung neben der Sachebene auch die Gefühlsebene in ausreichendem Maße zu erfassen.

Damit haben Sie drei Felder, die sich für Ihre persönliche Analysephase (Wodurch war meine Kindheit und Jugend bei der Zuwendung, der Ermunterung zu eigenem Handeln und dem Zulassen von Gefühlen geprägt?), aber auch für eine Trainingsphase anbieten, wenn Sie beispielsweise an Ihrem persönlichen Umgang mit Emotionen arbeiten wollen.

Eine weitere Grundvoraussetzung für Führende ist die sittliche Kompetenz im Sinne der „Fähigkeit mit Normen sinnvoll und verantwortungsvoll umgehen zu können" (Kirchner 2006, S. 86). Diese Kompetenz als Teil der „Klarheit der Person" stellt den Übergang zum Themenfeld „Klarheit der Werte" dar. Wenn Sie erlebt haben, wie schwierig der Umgang von Mitarbeiterinnen und Mitarbeitern mit Führungskräften ist, deren persönliche und moralische Integrität zweifelhaft ist, erkennen Sie sehr schnell, warum das Persönlichkeitsmerkmal „positiver Umgang mit gesellschaftlichen Normen" eine entscheidende Voraussetzung für wirksames Führungshandeln ist. Dies bedeutet nicht, dass Sie sich als Führende oder Führender gedankenlos einem aktuellen Normkonsens anschließen sollen. Eine Eigenständigkeit auch im Bereich der Wertvorstellungen ist in vielen Fällen hilfreich, jedoch müssen diese Werte einen nachvollziehbaren Hintergrund haben, der ein ausreichendes Identifikationspotenzial für die Mitarbeiterinnen und Mitarbeiter bietet und im notwendigen Rahmen auch für Verlässlichkeit sorgt.

Ein einfaches Beispiel aus der Praxis kann dies illustrieren. Der Geschäftsführer eines kleinen mittelständischen Unternehmens ist ein fünfzigjähriger Fachexperte, der die Themen der Menschen- und Mitarbeiterführung eher als lästige Zusatzaufgabe denn als zentrales Element seiner Führungsrolle versteht. Dieser Geschäftsführer besitzt die Angewohnheit, über seine Probleme mit einzelnen Mitarbeiterinnen und Mitarbeitern zu sprechen, indem er – scheinbar ohne System – einzelne Mitarbeiterinnen und Mitarbeiter ins Vertrauen zieht. Besonders deutlich wird dies in der Angewohnheit des Geschäftsführers, bei Vier-Augen-Gesprächen im Büro des Chefs zunächst stark wertend auf die zuvor mit anderen Kolleginnen und Kollegen an diesem Tag geführten Gespräche Bezug zu nehmen. Mit dieser Eigenschaft verliert der Geschäftsführer seine persönliche Integrität, denn allen Kolleginnen und Kollegen ist klar, dass auch die eigenen Themen vor den anderen ausgebreitet und kritisiert werden.

Dieses Beispiel zeigt, dass bei der Analyse der eigenen Persönlichkeit den Wertvorstellungen eine zentrale Rolle zukommt, weshalb wir mit Kapitel 3 „Klarheit der Werte" hierzu auch einen eigenen Schwerpunkt gebildet haben.

> **!** Als Führungskraft müssen Sie sich über Ihre eigene Persönlichkeit bewusst werden. Als selbstbewusste Führungskraft sind Sie in der Lage, die Beziehungen zu Mitarbeiterinnen und Mitarbeitern wertschätzend zu gestalten.

1.3 Kenntnisse über Persönlichkeitsprofile und -merkmale

Als Führungskraft haben Sie die Aufgabe, sich zunächst intensiv mit der eigenen Persönlichkeit zu befassen. Es ist von großem Nutzen, über die eigenen Stärken und Schwächen Bescheid zu wissen. Wenn man das Ganze neutraler formuliert: die eigenen Besonderheiten der Persönlichkeit im Blick zu behalten (Ahrens/Ahrens 2013, S. 5). Ziel ist es, die eigenen Stärken auszubauen und im Rahmen des Führungshandelns zur Geltung zu bringen.

> **!** Die zentrierte Persönlichkeit ist in der Lage, zu den Schwächen des eigenen Profils zu stehen. Dazu muss jedoch der oder dem Führenden klar sein, welche Schwächen bestehen bzw. welche Eigenschaften sich in bestimmten Situationen als Schwächen erweisen können. ■

Das ist auch der Grund für die teils sehr aufwändigen Prozesse zur Gewinnung von Profilen im Bereich Personalauswahl und Personalentwicklung (vgl. Maus 2009), die dabei helfen sollen, einen guten Abgleich zwischen Anforderungen und Persönlichkeit zu gewährleisten. Diese Fähigkeit zur Selbsteinschätzung liefert die Grundlage für eine nutzenstiftende Hinwendung zum Gegenüber.

Wenn Sie sich über die Unterschiede im Persönlichkeitsprofil der eigenen Person mit anderen (Mitarbeiterinnen und Mitarbeiter, Kolleginnen und Kollegen, Vorgesetzten) bewusst sind, können Sie sich klar machen, weshalb die eigenen Einstellungen und Empfindungen manchmal für die anderen nur schwer oder überhaupt nicht nachvollziehbar sind, da sie die aktuelle Situation anders wahrnehmen und bewerten (Stöwe/Keromosemito 2013).

„Für Sie als Führungskraft ist es, wie gesagt, wichtig, ein Bild Ihrer eigenen Persönlichkeit zu haben, aber genauso wichtig ist es auch, die Fähigkeit zu selbstbestimmtem Handeln bei Ihrem Gegenüber richtig einzuschätzen – ganz gleich, ob es sich bei diesem Gegenüber um einen Mitarbeiter, einen Kollegen oder einen Vorgesetzten handelt“. (Löhner 2005, S. 253)

Nehmen wir beispielsweise eine Führungskraft, die sich der Perfektion verpflichtet fühlt und alles zu 100 Prozent richtig machen möchte, und einen Mitarbeiter, der dadurch erfolgreich ist, dass er seine Tatkraft auslebt, die Dinge direkt angeht und mehrere Projekte gleichzeitig stemmt, aber trotz hoher Leistungsorientierung mit einer 80-Prozent-Lösung sehr gut leben kann. Der Transformationsaufwand zwischen den beiden Sichtweisen und Welten ist zum Teil enorm. Diese Aufgabe gelingt sehr viel besser, wenn Sie als Führungskraft gelernt haben, die eigenen Persönlichkeitsmerkmale einzuschätzen und die Unterschiede zu den Bezugspersonen im Unternehmen klar vor Augen haben. In diesen Fällen haben Sie die Möglichkeit, Probleme auf der Metaebene anzusprechen und zu lösen.

Empirisch nachvollziehbare Persönlichkeitstypologien beschreiben zwar nicht die Realität als solches, sondern lediglich den Blickwinkel eines Modells. Sie liefern Ihnen jedoch nachvollziehbare Abbilder der Wirklichkeit und können dazu beitragen, dass Sie mehr Klarheit über die eigene Person und auch über andere Menschen bekommen. ■

Wie kann ich als Führungskraft nun Klarheit über mich selbst und unterschiedliche Persönlichkeitstypologien gewinnen, um nicht nur mich selbst, sondern auch meine engsten Bezugspersonen im Unternehmen richtig einschätzen zu können?

Die Fachliteratur zum Themenfeld Führung/Leadership/Management weist eine Fülle von unterschiedlichen Typologien zur Beschreibung von Persönlichkeiten und Persönlichkeitsmerkmalen nach. Allein Jung (2009) listet rund 20 unterschiedliche Typologien mit eigenen Definitionen auf. Jedes dieser Modelle versucht auf eigene Weise dem Untersuchungsgegenstand der Persönlichkeit von Menschen nahe zu kommen. Die Qualität der Modelle ist dabei so unterschiedlich wie die Wege der fachlichen Fundierung.

Jedem, der sich mit der Erkenntnistheorie als Grundlage wissenschaftlichen Arbeitens befasst, ist bewusst, dass wir mit unserer Wahrnehmung nie die Realität selbst erfassen können, sondern lediglich Teilausschnitte ermitteln, analysieren und bewerten können (vgl. Linde/Steinweg 2014, S.88ff.). Von Platon stammt die Überlegung, wie wohl jemand die Wirklichkeit wahrnehmen und beschreiben würde, der in einer Höhle angebunden ist und das reale Leben nur über den Schattenwurf an der Wand wahrnimmt. Er würde die Schatten mit ihren Bewegungen als seine Realität beschreiben. Was Platon sehr eindrucksvoll mit seinem Höhlengleichnis dargestellt hat (vgl. Hirschberger 1980, S. 103ff.), ist der Umstand, dass wir immer nur im Rahmen der eigenen bisherigen Erfahrungen unsere Modelle über die Realität aufbauen.

Was hilft Ihnen jetzt aber die Erkenntnis, dass jedes Modell nur Teile der Wirklichkeit beschreibt und damit ungenau ist, in der Führungspraxis? Wir müssen uns auf ein beispielhaftes Modell beschränken, damit wir hier vorankommen. Da die empirische Überprüfung auf die Validität und Reliabilität die Wahrscheinlichkeit deutlich erhöht, mit einem vernünftigen, begründbaren und damit auch funktionsfähigen Werkzeug zu arbeiten, stellen wir hier beispielhaft die Persönlichkeitstypologie von Buckingham und Clifton vor (vgl. Buckingham/Clifton 2007). Grundsätzlich sollten Sie sich auf ein möglichst nachvollziehbares und empirisch validiertes Modell konzentrieren, da der Markt der Analytiker und Berater im Bereich Persönlichkeit und Sinnsuche auch Akteure beinhaltet, deren fachliche Fundierung nicht ohne Weiteres nachvollziehbar ist.

Die empirische Basis des Modells von Buckingham und Clifton (Gallup) ist jedenfalls beeindruckend. Das Gallup-Institut, ein amerikanischer Marktforschungsriese, hat weltweit mehr als 80.000 Manager und über eine Million Arbeitnehmer befragt und daraus eine Persönlichkeitstypologie abgeleitet, die 34 Talente umfasst. Mit Hilfe eines eigenen Testverfahrens können diese Talente in eine Rangfolge gebracht werden, sodass bei einer vollständigen Auswertung in Rahmen von Seminaren oder Coachings ein deutlicher Erkenntnisgewinn über die eigenen Stärken (Talente, die im Ranking weiter vorne platziert sind) und Schwächen (Talente, die auf den hinteren Plätzen rangieren) möglich wird. Unter Talent wird dabei „jedes nachhaltige Denk-, Gefühls- und Verhaltensmuster zusammengefasst, das produktiv eingesetzt werden kann“ (Buckingham/Clifton 2007, S. 53). Dabei ist bei näherer Überlegung klar, dass stark ausgeprägte Talente im Alltag Stärke und Schwäche zugleich sein können. Wer in seinem persönlichen Ranking der Talente Harmoniestreben sehr weit vorne platziert hat, wird keine Schwierigkeiten haben, als Führungskraft auf einen Ausgleich hinzuarbeiten. Für diese Führungskraft kann es jedoch eine enorme Kraftanstrengung bedeuten, wenn die Aufgabe lautet, unangenehme Wahrheiten kund zu tun und harte Einschnitte durchzusetzen.

Zur beispielhaften Darstellung des Persönlichkeitsmodells werden die 34 Talente kurz skizziert:

- *Maximizer/Höchstleistung*
  Menschen mit einem stark entwickelten Streben nach Höchstleistung konzentrieren sich auf Stärken, um sowohl auf persönlicher Ebene als auch in der Gruppe möglichst perfekte Ergebnisse zu erreichen. Ihr Bestreben ist es, ausgeprägte Stärken maximal auszubauen.
- *Futuristic/Zukunftsorientierung*
  Menschen mit einer stark ausgeprägten Zukunftsorientierung lassen sich von den kommenden Dingen inspirieren. Ihre Vorstellungen von der Zukunft wirken auf andere anregend.
- *Ideation/Vorstellungskraft*
  Menschen mit einer starken Vorstellungskraft lassen sich von Ideen faszinieren. Sie sind in der Lage, zwischen anscheinend zusammenhanglosen Phänomenen Verbindungen zu sehen.
- *Strategic/Strategie*
  Menschen mit einem stark ausgeprägten Talent für strategisches Denken halten ständig Alternativen bereit. In jeder beliebigen Situation haben sie einen Blick für die relevanten Muster.
- *Learner/Wissbegier*
  Menschen mit einer stark ausgeprägten Wissbegier lernen für ihr Leben gerne. Sie interessieren sich mehr für den Lernprozess als solchen als für das Lernergebnis.
- *Focus/Fokus*
  Menschen mit einem stark ausgeprägten Fokus setzen sich Ziele und verfolgen diese, während sie eventuell erforderliche Korrekturen vornehmen. Sie legen zunächst Prioritäten fest und handeln dann in Übereinstimmung mit diesen.
- *Activator/Tatkraft*
  Menschen mit einer stark ausgeprägten Tatkraft setzen Gedanken in die Realität um. Geduld ist oft nicht ihre Stärke.
- *Connectedness/Verbundenheit*
  Menschen mit einem starken Gefühl der Verbundenheit sind davon überzeugt, dass alle Dinge miteinander verbunden sind. Sie glauben nicht an den Zufall und gehen davon aus, dass fast alles, was geschieht, irgendeinen Sinn hat.

- *Self-Assurance/Selbstbewusstsein*
  Menschen mit einem stark ausgeprägten Selbstbewusstsein sind davon überzeugt, dass sie ihr Leben meistern werden. Sie verfügen über eine Art inneren Kompass, aus dem sie die Zuversicht beziehen, dass ihre Entscheidungen richtig sind.
- *Relator/Bindungsfähigkeit*
  Menschen mit einer stark entwickelten Bindungsfähigkeit streben enge Beziehungen mit anderen an. Sie erleben eine tiefe Befriedigung, wenn sie mit Freunden zusammen hart für ein gemeinsames Ziel arbeiten.
- *Positivity/Positive Einstellung*
  Menschen mit einer stark ausgeprägten positiven Einstellung sind in der Lage, mit ihrer eigenen Begeisterung andere anzustecken. Mit ihrem Optimismus reißen sie andere mit.
- *Empathy/Einfühlungsvermögen*
  Menschen mit einem stark ausgeprägten Einfühlungsvermögen können die Gefühle von anderen nachvollziehen und sich in das Leben bzw. in die Lage von ihren Mitmenschen hineinversetzen.
- *Competition/Wettbewerbsorientierung*
  Menschen mit einer stark entwickelten Wettbewerbsorientierung vergleichen ihre eigene Leistung mit der anderer. Sie lieben Wettkämpfe und streben in jedem Fall den Sieg an.
- *Belief/Überzeugung*
  Menschen mit einer starken inneren Überzeugung verfügen über ein stabiles Wertesystem, aus dem sie ihren Lebenssinn beziehen.
- *Achiever/Leistungsorientierung*
  Menschen mit einer stark ausgeprägten Leistungsorientierung verfügen über Durchhaltevermögen und sind in der Lage, ausdauernd zu arbeiten. Produktives Tätigsein verschafft ihnen eine tiefe Befriedigung.
- *Responsibility/Verantwortungsgefühl*
  Menschen mit einem stark entwickelten Verantwortungsgefühl fühlen sich den Zusagen, die sie einmal gemacht haben, verpflichtet. Für sie zählen Werte wie Ehrlichkeit und Loyalität.
- *Arranger/Arrangeur*
  Menschen mit einem stark ausgeprägten Talent zum Arrangieren verfügen zudem über Flexibilität, durch die diese Fähigkeit ergänzt wird. Sie machen sich gerne Gedanken darüber, wie alle zur Verfügung stehenden Mittel für eine maximale Produktivität organisiert werden können.
- *Intellection/Intellekt*
  Menschen mit einem stark entwickelten Intellekt sind geistig aktiv, beobachten sich selber gerne und schätzen Diskussion mit intellektuellem Anspruch.
- *Developer/Entwicklung*
  Menschen mit einem starken Talent für Entwicklung erkennen und kultivieren Poten-

zial in anderen Menschen. Sie haben einen sicheren Blick für noch so kleine Verbesserungen und ziehen hieraus ihre Befriedigung.

- *Individualization/Einzelwahrnehmung*
  Menschen mit einer stark differenzierten Wahrnehmung sind fasziniert von den einzigartigen Eigenschaften jedes einzelnen Menschen. Sie haben einen Blick dafür, wie einzelne Personen ihr Verschiedensein in eine konstruktive Zusammenarbeit einbringen können.
- *Significance/Bedeutsamkeit*
  Menschen, für die Bedeutsamkeit eine wichtige Rolle spielt, möchten in den Augen anderer gerne als wichtig erscheinen. Sie zeichnen sich durch ein starkes Unabhängigkeitsgefühl aus und streben nach Anerkennung.
- *Adaptability/Anpassungsfähigkeit*
  Menschen mit einer stark ausgeprägten Anpassungsfähigkeit schwimmen gerne mit dem Strom. Sie leben in der Regel im Heute und nehmen die Dinge, wie sie kommen, jeden Tag aufs Neue.
- *Command/Autorität*
  Menschen mit einer stark entwickelten Autorität verfügen über Präsenz. Sie sind immer Herr der Lage und haben keine Schwierigkeiten, Entscheidungen zu treffen.
- *Input/Ideensammler*
  Menschen, die gerne Ideen sammeln, möchten gerne mehr erfahren. Leidenschaftlich gerne sammeln und archivieren sie Informationen aller Art.
- *Discipline/Disziplin*
  Menschen mit einer stark ausgeprägten Disziplin haben ihre Freude an Routine und Struktur. Ihre Welt lässt sich am besten durch die von ihnen erschaffene Ordnung beschreiben.
- *Deliberative/Behutsamkeit*
  Menschen mit einer stark entwickelten behutsamen Vorgehensweise kann man an der Ernsthaftigkeit identifizieren, mit der sie Entscheidungen treffen. Schwierigkeiten erkennen sie bereits im Voraus.
- *Harmony/Harmoniestreben*
  Menschen mit einem stark ausgeprägten Harmoniestreben sind immer auf der Suche nach Übereinstimmung. An Konflikten haben sie keine Freude und sie bemühen sich daher um gegenseitiges Verständnis.
- *Restorative/Wiederherstellung*
  Menschen mit einem stark entwickelten Talent zur Wiederherstellung gehen geschickt mit Schwierigkeiten aller Art um. Schnell finden sie heraus, was schief läuft und beheben das Problem im Handumdrehen.
- *Woo/Kontaktfreudigkeit*
  Menschen mit einer stark ausgeprägten Kontaktfreudigkeit haben Freude daran, auf Unbekannte zuzugehen und diese für sich zu gewinnen. Es macht ihnen Spaß, das Eis zu brechen und Kontakt zu einem fremden Menschen herzustellen.

- *Analytical/Analytisch*
  Menschen mit einem stark ausgeprägten Talent für analytisches Denken sind ständig auf der Suche nach Gründen und Ursachen. Sie machen sich ein genaues Bild sämtlicher Faktoren, die eine bestimmte Situation beeinflussen könnten.
- *Context/Kontext*
  Menschen mit einem stark entwickelten Sinn für den Kontext machen sich gerne Gedanken über die Vergangenheit. Sie verstehen die Gegenwart, indem sie die Vergangenheit untersuchen.
- *Consistency/Gerechtigkeit*
  Menschen mit einem stark entwickelten Sinn für Gerechtigkeit achten streng darauf, andere gerecht zu behandeln. Sie streben danach, jedem einzelnen Menschen Gerechtigkeit widerfahren zu lassen und stellen klare Regeln auf, an die sie sich selbstverständlich auch selbst halten.
- *Includer/Integrationsbestreben*
  Menschen mit einem stark ausgeprägten Integrationsbestreben nehmen andere an. Sie haben einen Blick für Menschen, die sich ausgeschlossen fühlen und integrieren diese in ihre Gruppe.
- *Communication/Kommunikationsfähigkeit*
  Menschen mit einer stark ausgeprägten Kommunikationsfähigkeit fällt es leicht, ihre Gedanken in Worte zu fassen. Sie sind gute Gesprächspartner und Moderatoren.

Wenn Ihnen diese Definitionen der einzelnen Talente zu abstrakt erscheinen, dann können Sie sich deren Bedeutung dadurch vergegenwärtigen, dass Sie sich ins Gedächtnis rufen, wie kleine Kinder mit eigenen Talenten umgehen. Anforderungen, denen Kinder gewachsen sind, werden als „Baby-leicht“ oder „einfach“ charakterisiert. Diese Einschätzung wird selbst dann beibehalten, wenn andere (z. B. auch Altersgenossen) hier wesentlich mehr Aufwand leisten müssen, um zum selben Ergebnis zu gelangen. Daher sind uns auch im Erwachsenenalter die eigenen Stärken in vielen Fällen nicht wirklich bewusst.

Neigen Erwachsene dazu, diese Wahrnehmungslücke mehr oder minder kreativ aufzufüllen, sind entwicklungsbedingt Jugendliche und junge Erwachsene oft in der Situation, dass sie hier mit einem ausgesprochen defizitorientierten Blickwinkel herangehen. In dieser Zielgruppe der jungen Menschen in ausgesprochenen Entwicklungs- und Transformationsphasen bekommt man im Beratungsprozess mitunter die Rückmeldung, dass der junge Erwachsene nach eigenem Empfinden keine Stärken und Talente habe. Es fehlt auch hier im engeren Sinne an Selbstbewusstsein. Das heißt: Über die eigenen Stärken herrscht keine Klarheit, da die Betroffenen die eigenen Talente als „normal“ empfinden.

Wer sich die dargestellten Talente und deren Definition und Inhalt genauer ansieht, kann sehr schnell feststellen, dass es sich dabei um substanzielle Parameter handelt. Wer beispielsweise Tatkraft als besondere Stärke weit vorne in seiner Talenteliste platziert findet, besitzt die Fähigkeit, seine Gedanken und Pläne zügig und zielstrebig umzusetzen. Jedoch besteht bei diesem Talent gleichzeitig die Gefahr, zu schnell zu entscheiden und zu handeln. Diese Menschen kostet es Überwindung, ihren Tatendrang zurückzuhalten, wenn es darum geht, abzuwarten.

Noch deutlicher wird die Ambivalenz der Talente, wenn wir uns die Unterschiede in der Talentestruktur zwischen Führenden und Geführten vergegenwärtigen. Bleiben wir dabei beim Talentparameter Tatkraft. Eine tatkräftige Führungskraft kann für weniger tatkräftige Mitarbeiterinnen und Mitarbeiter fordernd und ungeduldig wirken. Die Tatkraft scheint dann aus der Sicht der Außenstehenden einer ruhigen und reflektierten Vorgehensweise im Weg zu stehen. Die Dynamik einer solchen Führungskraft kann für das Umfeld irritierend und geradezu erdrückend wirken.

Talenteorientierung ist die Grundlage erfolgreicher Lern-, Arbeits- und Führungsprozesse. Der Schlüssel zum Erfolg liegt in den Anforderungen, Aufgabenstellungen und Arbeitsumgebungen, die zum Stärkenprofil passen. Talente sind die Rohdiamanten und damit die verborgenen Schätze der Persönlichkeit, die man entdecken, pflegen, gegebenenfalls auch schleifen und veredeln muss.

Jedes der 34 Talente von Buckingham und Clifton besitzt seine zwei Seiten. Bei einer Analyse Ihrer eigenen Persönlichkeit als Führungskraft gehört es auch zur Aufgabe, Klarheit über die eigene Person zu gewinnen, und dabei diese zwei unterschiedlichen Seiten im Blick behalten.

Was macht nun eine Führungskraft, nachdem sie mehr Klarheit über die eigene Person gewinnen konnte, um sich auf die Führungsrolle und Führungsaufgaben vorzubereiten?

1.4 Welche Aufgabe passt zu mir (Menge und Anspruch)?

Wenn es darum geht, Klarheit über die eigene Person zu gewinnen und damit am Thema Persönlichkeit "zu arbeiten", spielt die Unterstützung und Begleitung von Führungskräften bei diesem Prozess eine entscheidende Rolle. Seminare und Coachings können hilfreich sein, um diesen Klärungsprozess zu forcieren und zu stabilisieren. In diesen Prozess gehöreneine Reihe von Detailthemen. Eine entscheidende Voraussetzung für die wirksame Arbeit in einem Unternehmen ist es, die Herausforderungsniveaus der Aufgaben auf die Erwartungen und das Leistungsvermögen der Handelnden abzustimmen. Unabhängig davon, ob die Aufgabenträger auf der „normalen Mitarbeiterebene" oder auf der „Führungsebene" angesiedelt sind, geht es darum, eine Balance zu finden. Der amerikanische Psychologe Mihaly Csikszentmihalyi (Rheinberg u. a. 2003) hat hierfür den Begriff des „Flow" in die Wissenschaft und Praxis des Managements eingeführt.

Nur dann, wenn die Anforderungen der Aufgaben angemessen berücksichtigt und mit den Fähigkeiten der jeweiligen Fach- und Führungskräfte abgestimmt werden, kann ein positives Leistungserleben ermöglicht werden. Der Reifegrad der Mitarbeiterinnen und

Mitarbeiter ist dabei ein entscheidender Faktor, um klar zu machen, welcher Führungsstil zum Einsatz kommen kann und wie detailliert Anweisungen formuliert werden, bzw. wie selbstständig die Mitarbeiterinnen und Mitarbeiter den Delegationsbereich ausfüllen können.

Reife Mitarbeiterinnen und Mitarbeiter, die ein hohes Maß an Fachkompetenz, ausreichende Eigenmotivation (intrinsische Motivation) und eine ausreichende Entwicklung der Persönlichkeit aufweisen, können selbstständig ihre Aufgabe wahrnehmen und sollten daher im Rahmen eines kooperativen oder delegativen Führungsstils stark in Entscheidungsfindungen einbezogen werden. Weniger reife Persönlichkeiten benötigen nicht nur die Schilderung der Ziele der Arbeitsaufgaben, sondern eine detaillierte Anweisung, welche Schritte im Einzelnen notwendig sind, um am Ende das gesteckte Ziel zu erreichen (vgl. Wunderer 2011, S. 188).

> **!** Führungskräfte benötigen einen ausreichenden persönlichen Reifegrad, um den Anforderungen der Führungsfunktion gewachsen zu sein. Dies setzt Erfahrungen und Reifeprozesse im privaten wie beruflichen Umfeld voraus und erfordert Zeit. ■

Jetzt stellen Sie sich vielleicht die Frage, was denn diese zutreffende Schilderung des Reifegradmodells von Mitarbeiterinnen und Mitarbeiter mit der Klarheit der Führenden über die eigene Person zu tun hat. Die Antwort hierauf liefert die Betrachtungsweise der Führenden als Mitarbeiterinnen und Mitarbeiter mit besonderer, herausgehobener Funktion. Um den Anforderungen einer Führungsaufgabe, die ein hohes Maß an Eigeninitiative und Autonomie der Führenden voraussetzt, gerecht zu werden, bedarf es einer reifen Führungspersönlichkeit, die in der Lage ist, den eigenen Verantwortungsbereich als eigenständigen Delegationsbereich zu erfassen und auszufüllen.

Dabei hat der Reifeprozess eines Menschen auch etwas mit seinen Erfahrungen und der Dimension Zeit zu tun. Unterschiedliche berufliche Erfahrungen und die frühe Möglichkeit, Führungsverantwortung zu übernehmen, unterstützen und beschleunigen aus beruflicher Sicht den Reifeprozess. Der Faktor Zeit stellt jedoch, wie auch bei biologischen Reifeprozessen, ein entscheidendes Kriterium und damit die Basis zur Erlangung eines höheren Reifegrads dar. Dabei kann die frühe Übernahme von Verantwortung im privaten Kontext, beispielsweise durch eigene Kinder oder die Betreuung pflegebedürftiger Angehöriger, die Reifung ebenfalls beschleunigen.

Die Klarheit über die eigene Person schließt auch ein Bewusstwerden über die eigene persönliche Reife mit ein. Dabei sollten Sie im Rahmen der Selbstanalyse keinesfalls versuchen, sich über diesen Punkt hinweg zu mogeln. Gerade junge, dynamische Führungskräfte sind oft voller Ungeduld und suchen nach Wegen, wie man den Reifungsprozess denn beschleunigen kann. Geben Sie sich die Zeit, die notwendig ist. Wir können heute von einer durchschnittlich recht hohen Lebenserwartung und in Folge der demografischen Entwicklung auch einer langen Lebensarbeitszeit ausgehen. Sie können keine neue Etappe im Marathonlauf einleiten, indem Sie versuchen, Ihre Sprinterqualitäten zu schärfen. Gerade Gelassenheit als wichtige Eigenschaft von Führenden ist eng mit der Reife verbunden (vgl. Schmid 2014, S. 15).

Unreife Früchte sind genauso wenig für den Magen und Verdauungstrakt von Mensch und Tier geeignet wie unreife Führungskräfte für die Geführten und die Gesamtorganisation einen Segen darstellen. Im Idealfall ist die reife Führungspersönlichkeit neben der fachlichen und persönlichen Reife auch mit einer sittlichen und ethischen Reife ausgestattet. Zu dieser Reife gehört die Klarheit über die Anforderungen und Erwartungen an eine Führungsrolle, wie auch die Klarheit über die Werte im Sinne einer ethisch entwickelten und sittlich reifen Führungskraft.

Führungspositionen mit hoher Führungsverantwortung stellen hohe Anforderungen an den Reifegrad der Führungskräfte. Hier spielt Erfahrung bei der Übernahme von Verantwortung eine besondere Rolle. Bei der Vorbereitung von Mitarbeiterinnen und Mitarbeitern auf Führungspositionen ist es daher eine entscheidende Aufgabe der Personalentwicklung, dafür zu sorgen, dass die künftig Führenden zentrale Erfahrungen machen können.

Sprachlich kann man sich die Bedeutung der Reife anhand der beiden am weitesten verbreiteten deutschen Schulabschlüsse klar machen. Die „Mittlere Reife“ als Abschluss der Realschule und die „allgemeine Hochschulreife“ als Abschluss allgemeinbildender Gymnasien. Die Reife für weitere Bildungsgänge ist eine Vorstufe zur Lebensreife oder Führungsreife.

Die immer wieder so benannte Führungsverantwortung wird von sittlich reifen Führungskräften auch als solche wahrgenommen. Es geht darum, persönlich Verantwortung zu übernehmen und sich dieser Verantwortung bewusst zu sein (vgl. Probst 2010).

Dabei müssen Sie in der Praxis darauf achten, dass Sie einerseits nicht unter der Last der Verantwortung leiden und andererseits nicht die Verantwortung nur dann als gegeben sehen, wenn das Unternehmen in ruhigem Fahrwasser gut vorankommt. Dies hat unter anderem auch mit der Frage der Wahrnehmung zu tun. Wer einfache Ursache-Wirkungsprinzipien vertritt, neigt mitunter dazu, Negativentwicklungen zu externalisieren. Auf gut deutsch: Wenn es gut läuft, bin ich verantwortlich, wenn es schlecht läuft, waren es die anderen, im Zweifel die Konjunktur und die Weltwirtschaft.

Auch fachliche Reife ist ein Prozess, der neben dem theoretischen und praktischen Wissenserwerb mit der Dimension der Zeit verbunden ist. Um in einem Fachgebiet exzellent zu sein, bedarf es nicht nur eines besonderen Talents, sondern ausreichender Erfahrung und Übung. Spitzensportler und Musikvirtuosen unterscheiden sich von begabten Hobbysportlern und passablen Freizeitmusikern nicht immer durch die Eignung und das zugrundeliegende Talent, aber immer in der Anzahl der Übungsstunden und damit im Umfang der Routine und Erfahrung (vgl. Gladwell 2009). Auch hier sollten Sie sich bei der Planung Ihrer beruflichen Bildungs- und Entwicklungsziele die Ruhe und die Zeit gönnen, die notwendig sind, um erfolgreich zu sein.

Es ist im Sinne der Anforderungen einer Führungsposition entscheidend, dass Sie sich nochmals darüber klar werden, welche Talente tatsächlich entscheidend sind, um den Erwartungen an eine Führungsaufgabe zu entsprechen. Die Kooperationsbereitschaft spielt hier eine sehr große Rolle, da eine mangelhafte Hinwendung zum Gegenüber, wie es aus psychologischer Sicht beschrieben wird, grundsätzlich eine echte, tiefgehende Führungsverantwortung für die Mitarbeiterinnen und Mitarbeiter erschwert. Dabei handelt es sich um eine Ausformung eines Grundprinzips, das eigentlich biologisch in uns angelegt ist. Aus der neurobiologischen Sicht sind wir Menschen nämlich auf Kooperation angelegt (Bauer 2008, S. 23) und daher bei einer positiven Entwicklung der Veranlagungen in der Lage empathisch zu führen. Für den Führungsalltag müssen vor allem die Kooperationsregeln, wie z. B. das Einhalten von Versprechen, berücksichtigt werden (vgl. Wilhelm 2011, S. 115ff.).

Jetzt können Sie sich die Frage stellen, ob es schon ausreicht, wenn Sie etwas mehr über sich selbst wissen, das heißt in der Selbstanalyse Fortschritte gemacht haben? Die Klarheit über die eigene Person ist in der Tat zunächst ein Erkenntnisprozess, der dazu dienen soll, in Bezug auf die eigene Person klar zu sehen. Für eine ambitionierte Führungskraft wäre es jedoch komplett unbefriedigend, wenn man dieses Thema lediglich so aufbaut, dass man als Führungskraft die Zuschauertribüne einnimmt. Die Erkenntnis und Klarheit über den Ist-Zustand der eigenen Persönlichkeit entbindet nicht von der Aufgabe an der eigenen Person zu arbeiten. Beispielhafte Themen, um mehr Sicherheit als Führungskraft auszustrahlen, können dabei wie folgt aussehen (Ellebracht u. a. 2011, S. 328):

- sich auf Kontexte, Menschen und Beziehungen einstellen,
- die eigene Performance verbessern und authentisch auftreten,
- Klarheit über Rollen und Beziehungsmuster erhalten (vgl. Kapitel 2)
- Blockaden auflösen,
- die Work-Life-Balance verbessern,
- die eigenen Werte überprüfen (vgl. Kapitel 3).

Bei der Frage, welche Eigenschaften Führungskräfte idealerweise mitbringen sollten, gibt es eine große Vielfalt unterschiedlicher Auflistungen. Anbei eine beispielhafte Beschreibung als Zitat (vgl. Pinnow 2011, S. 92):

- „Forschheit und Selbstbewusstsein (Führungskräfte sollten ihren eigenen Kopf haben.)
- Soziale Ader (Führungskräfte müssen ein Händchen für Menschen haben.)
- Rezeptivität (Führungskräfte sollten für neue Ideen und Erfahrungen offen sein.)
- Verträglichkeit (Führungskräfte sind im persönlichen Umgang angenehmen und teamorientiert.)
- Verlässlichkeit (Auf Führungskräfte sollte man sich verlassen können.)
- Analytische Intelligenz (Führungskräfte denken strategisch und können Situationen analysieren.)
- Emotionale Intelligenz (Führungskräfte können mit Gefühlen und Beziehungen umgehen.)"

Ulrich Lehner, in seiner Funktion als Aufsichtsratsvorsitzender von ThyssenKrupp

Multiaufseher Ulrich Lehner ist ein Mensch, der sich darüber im Klaren ist, welche Fähigkeiten und Potenziale er für die einzelnen Aufgaben mitbringt und wie er sie – trotz vielfacher Verpflichtungen – bewältigen kann (vgl. Student/Werres 6/2013).

2013, in einer Phase, in der sich der deutsche Traditionskonzern ThyssenKrupp aufgrund einiger fehlerhafter strategischer Weichenstellungen in einer existenziellen Krise befand, wurde Ulrich Lehner, bis dahin einfaches Mitglied des Aufsichtsrats, gefragt, ob er den Posten des Vorsitzenden übernehmen will. Bis zu diesem Zeitpunkt hat Lehner bereits den Aufsichtsratsvorsitz bei der Deutschen Telekom, den stellvertretenden Vorsitz bei Eon, sowie diverse weitere Mandate inne. Das Manager Magazin kam bei einer Analyse der unterschiedlichen Mandate (Hobbys und Ehrenämter nicht mit eingerechnet) zu dem Schluss, dass das Jahr für Ulrich Lehner 384 Tage haben müsste, wenn er die Zeit investiert, die von den Corporate Governance-Experten für Aufsichtsratsmandate veranschlagt wird. Nun könnte man dem ehemaligen Henkel-Chef vorwerfen, dass er damit eben gerade nicht ein Beispiel dafür ist, dass man als Führungskraft weiß, was man kann, und, vor allem, was man künftig noch leisten kann. Lehner, dessen eher ruhige und ausgleichende Art von vielen Weggefährten hervorgehoben wird, hat sich bis zu diesem Zeitpunkt bereits einen Ruf als Stratege, Lenker und Vermittler erworben. Für die Aufgabe, die schwierige Kontrolle über einen Konzern auf Schlingerkurs zu übernehmen, sind dies – gepaart mit der Erfahrung und den zahlreichen Kontakten in unterschiedlichen Bereichen der Wirtschaft – wiederum sehr zentrale und notwendige Kompetenzen. Auch die Referenzen der bisherigen Erfolge in Aufsichtspositionen sind ansehnlich. Dem erfahrenen Moderator schwieriger Meinungsbildungsprozesse wird einzig ab und an der Vorwurf gemacht, nicht hart durchzugreifen. Je nach Situation kann es aber genau diese Fähigkeit sein, die ein Unternehmen benötigt. So muss sich Lehner von einigen Seiten den Vorwurf gefallen lassen, dass er in seiner Zeit als Vorstandsvorsitzender bei Henkel eine zu weiche Gangart eingeschlagen habe. Von der „Happy Community of Low Performers“ (Student/Werres 6/2013, S. 55) war damals die Rede. Bei der Sanierung eines Konzerns wie ThyssenKrupp ist die grobe Sanierungsarbeit mit den vielen, sehr schmerzhaften Entscheidungen vor allem Aufgabe des Vorstands (im konkreten Fall von Heinrich Hiesinger). Ein allzu hemdsärmliger, operativ orientierter Aufsichtsrat könnte hier auch die Kreise der operativen Unternehmensführung im Vorstand stören. Eine ausgeglichene Persönlichkeit, die sich ihrer Führungsstärke bewusst ist, und sie mit diplomatischer Erfahrung und einem persönlichen Netzwerk verbinden kann, ist hier die bessere Wahl für die Position des Aufsichtsratsvorsitzenden. Allein die Zahl der Ämter lässt ab und an Zweifel zu, ob sich nicht auch sehr erfahrene Führungskräfte wie Ulrich Lehner überschätzen können. Eine Effizienzrendite von 25 Prozent, munkelt man, sei schon eingeplant. Es bleibt also zu hoffen, dass Lehner, der sich durch Sport und Musik Ausgleich verschafft, weiterhin ein ausgeglichenes Leben führen kann. (Student/Werres 6/2013)

1.5 Kernfragen

- Kennen Sie eine fundierte Persönlichkeitstypologie so gut, dass Sie sie für Persönlichkeitsanalysen in der Praxis einsetzen können?
- Wie gut kennen Sie Ihre eigene Persönlichkeit durch Tests, Seminare oder Coachings?
- Wie gut passen Ihre Persönlichkeitsmerkmale zu dem Anforderungsprofil Ihrer aktuellen bzw. künftigen Führungsaufgabe?
- Kennen Sie Ihre Stärken, wie sie von anderen, insbesondere Ihrem Arbeitsumfeld, wahrgenommen werden?
- Haben Sie eine Strategie, wie Sie einen Großteil dieser Stärken im Rahmen Ihrer Führungsaufgaben wirksam werden lassen?
- Kennen Sie Ihre Schwächen, durch die Ihre Persönlichkeit geprägt wird?
- Haben Sie eine Strategie, um die Auswirkungen dieser Schwächen auf die Qualität Ihrer Führungsarbeit zu begrenzen?
- Welche Entwicklungspotenziale möchten Sie künftig nutzen?
- Wie erreichen Sie Ihre persönliche Weiterentwicklung?
- Kennen Sie die unterschiedlichen Persönlichkeiten in Ihrem Arbeitsumfeld?
- Sind Sie in der Lage, die Unterschiede in den Persönlichkeiten zu berücksichtigen und nutzbar zu machen?

Literatur

Ahrens Kristina: Selbstkonzept: Was denken wir über uns selbst?; in: *Johann Thomas* (Hrsg.): *Mitarbeiter erfolgreich führen: Psychologische Grundlagen und praktische Beispiele*; Gabler Wiesbaden 2011, S. 39-49

Ahrens Cynthia und *Ahrens Leif*: *Leadership-Intelligenz – Zehn Gebote für souveräne und sozial kompetente Führung;* 2. Auflage, Springer Gabler Wiesbaden 2013

Arnold Rolf: *Spirituelle Führung: Anleitung zum Selbstcoaching – Mit einem Methoden-ABC*; Springer Gabler Wiesbaden 2012

Bauer Joachim: *Prinzip Menschlichkeit – Warum wir von Natur aus kooperieren*; Heyne Hamburg 2008

Buckingham Marcus und *Clifton Donald O.*: *Entdecken Sie Ihre Stärken jetzt!: Das Gallup-Prinzip für individuelle Entwicklung und erfolgreiche Führung*; Campus Frankfurt/New York 2007

Buß Eugen: *Die deutschen Spitzenmanager: Wie sie wurden, was sie sind. Herkunft, Wertvorstellungen, Erfolgsregeln*; Oldenbourg München 2007

Ellebracht Heiner, Lenz Gerhard und *Osterhold Gisela*: *Systemische Organisations- und Unternehmensberatung: Praxishandbuch für Berater und Führungskräfte;* 4. Auflage, Gabler Wiesbaden 2011

Gladwell Malcom: *Überflieger: Warum manche Menschen erfolgreich sind – und andere nicht*; Campus Frankfurt 2009

Hirschberger Johannes: *Geschichte der Philosophie: Band I: Altertum und Mittelalter;* 12. Auflage, Herder Freiburg 1980

Jung Hans: *Persönlichkeitstypologie: Instrument der Mitarbeiterführung*; Oldenburg München 2009

Kirchner Baldur: *Rhetorik für Führende: Rede als Ausdruck der Persönlichkeit*; Gabler Wiesbaden 1992

Kirchner Baldur: *Dialektik und Ethik: Prinzipien des Führens und Vertrauens*; Edition K Kammeltal 2006

Kirchner Baldur: *Zentrierte Persönlichkeit*, auf: *www.kirchner-seminare.de* (2014)

Kraus Josef: *Helikopter-Eltern: Schluss mit Förderwahn und Verwöhnung*; rowohlt Reinbek bei Hamburg 2013

Linde Boris von der und *Steinweg Sven*: *Psychologie für den Beruf;* 2. Auflage, Haufe Freiburg 2014

Löhner Michael: *Führung neu denken: Das Drei-Stufen-Konzept für erfolgreiche Manager und Unternehmen*; Campus, Frankfurt 2005

Matthäus 7, 17-18

Maus H. Arne: *Herausforderung Motivation: Denkpräferenzen und ihre Einfluss auf Engagement und Handeln im Beruf*; W. Bertelsmann Bielefeld 2009

Pinnow Daniel F.: *Führen: Worauf es wirklich ankommt*, Gabler Wiesbaden 2011

Probst Gilbert: Management: Die Übernahme von Verantwortung; in: *Spoun Sascha/Meynhardt, Timo* (Hrsg.): *Management: Eine gesellschaftliche Aufgabe*; Nomos Baden-Baden 2010, S. 47-64

Rheinberg Falko, Vollmeyer Regina und *Engeser Stefan*: Die Erfassung des Flow-Erlebens; in: *Stiensmeier-Pelster J./Rheinberg, F.* (Hrsg.): *Diagnostik von Motivation und Selbstkonzept (Tests und Trends N.F. 2)*; Hogrefe Göttingen 2003, S. 261-279

Schmid Wilhelm: *Gelassenheit – Was wir gewinnen, wenn wir älter werden*; Insel Berlin 2014

Schwanfelder Werner: *Buddha und der Manager*; Campus Frankfurt 2006

Stöwe Christian und *Keromosemito Lara*: *Wie Sie ohne Vorgesetztenfunktion Teams motivieren, kritische Gespräche führen, Konflikte lösen;* 2. Auflage, Springer Gabler 2013

Student Dietmar und *Werres Thomas*: Hase und Igel – Ulrich Lehner: Der Mann nach Cromme hat viele Talente und noch mehr Mandate und Ämter. Ist der Multiaufseher der Richtige für den Krisenkonzern ThyssenKrupp?; in: *Manager Magazin* 6/2013, S. 53-56

Walther Daniel: *Die 38-Stunden-Woche für Manager: Optimale Work-Life-Balance durch gute Führung;* Springer Gabler Wiesbaden 2013

Werres Thomas: Viel Radau, wenig Erfolg; in: *Manager Magazin* 6/2012, S. 14

Wildemann Bernd: *Professionell führen: Empowerment für Manager, die mit weniger Mitarbeitern mehr leisten müssen;* 6. Auflage, Luchterhand Neuwied Kriftel 2002

Wilhelm Thomas: *Wie viel Gewissen darf´s denn sein? Ethik in Beruf und Alltag;* Haufe Freiburg 2011

Wunderer Rolf: *Führung und Zusammenarbeit: Eine unternehmerische Führungslehre;* 9. Auflage, Luchterhand – Wolters Kluwer Köln 2011

2 Klarheit über die Führungsrolle

Peter Löscher als CEO von Siemens

Der holprige Abgang von Peter Löscher als Siemens-Vorstandschef ist ein symptomatisches Phänomen für eine zentrale Führungsrolle der deutschen Industrie, die als kaum wahrgenommenes Missverständnis begann und als plakatives Missverständnis endete.

Kritiker sahen bereits bei der Berufung Löschers in den Vorstand das Problem, dass „der wichtigste Job in der deutschen Industrie vergeben wurde, als handle es sich um ein Sommerpraktikum“ (Noé 4/2012, S. 54). Von dem über Freunde eingefädelten Kontakt zum damaligen Siemens-Aufsichtsratschef Cromme ist überliefert, dass die beiden sehr schnell zu einem persönlichen Gespräch zusammengekommen seien. Dabei sei es vor allem um die Persönlichkeit Löschers gegangen, ob die beiden Manager persönlich und menschlich miteinander könnten. Dies ist zwar ein wichtiger Aspekt, jedoch nicht der einzige. Die Anmerkung, dass es „eher am Rande um Siemens“ ging, scheint ein Schlüssel zu den Problemen zu sein, die während Löschers Amtszeit in München aufgetreten sind.

Die Anforderung an einen Siemens-Vorstandsvorsitzenden umfasst unterschiedliche Rollen. Löscher, der international versierte Manager, entschied sich dabei vorrangig für die Rolle des Außenministers eines Großkonzerns, der durch die Welt jettet, Fabriken eröffnet, mit Regierungen verhandelt und das Unternehmen repräsentiert.

Vermisst wurde die intern erlebbare Führungspersönlichkeit, die sich in einem überschaubaren Rahmen den Menschen in ihrer Umgebung öffnet und der es dadurch gelingt, eine gewisse Nähe herzustellen. Die Rolle des Netzwerkers übernahm der mehrsprachige, weltgewandte Löscher zwar sehr schnell, jedoch primär im Außenverhältnis, wenn es um internationale Kontakte, internationale Kunden oder die deutsche Politik ging.

Löscher war zwar nicht der abgehobene Manager, der auf allen Ebenen mit dem Vorwurf konfrontiert wurde, die Bodenhaftung verloren zu haben. Er war jedoch eine typische externe Managementkraft, die – Vorstandsvorsitz hin oder her – von der eigenen Organisation als Fremdkörper wahrgenommen wurde. Diese Situation ließ sich nur durch gezielte interne Netzwerke beheben. Die Umorganisation des Zentralvorstands und die damit verbundenen neuen Anfänge im Hause Siemens waren für die Gruppe der macht- und erfolgshungrigen Managementaktivposten noch nicht ausreichend, um eine Loyalität zum noch fremden Vorstandsvorsitzenden herzustellen.

Mit dieser Situation kam insbesondere dann Unzufriedenheit bei Mitarbeiterinnen, Mitarbeitern und Aufsichtsräten auf, als deutlich wurde, dass das eine oder andere Projekt zum Scheitern verurteilt war, da es zu wenig interne Steuerung von der höchsten

Führungsebene aus gab. Die internen Aufgaben einer Führungsrolle sind zentrale „Hausaufgaben“, an deren Erfolg nicht nur der gesamte Unternehmensbereich, sondern auch der Vorstandschef gemessen wird. Hier gab es deutlich wahrnehmbaren Nachholbedarf. (Noé 4/2012) ■

■ 2.1 Bedeutung der Führungsaufgabe

2.1.1 Der Weg in die (neue/weitere)Führungsaufgabe

In vielen Unternehmen werden Führungskräfte bei erfolgreicher Arbeit in der Linienfunktion nach einer Bewährungsphase für Führungsaufgaben ausgewählt. Die grundlegenden Unterschiede zwischen den Anforderungen an einen Sachbearbeiter oder Fachexperten und den Anforderungen an eine Führungskraft bleiben dabei außen vor. Im schlimmsten Fall werden erfolgreiche Mitarbeiter – entsprechend dem „Peter-Prinzip“ (vgl. die Weiterentwicklung der Idee bei Peter 2002) – so lange befördert, bis die Leistung so schwach ausfällt, dass keine neuerliche Beförderung mehr ansteht. Am Ende hätte so theoretisch nach diesem Prinzip jede Mitarbeiterin und jeder Mitarbeiter die Chance, hierarchisch die höchst mögliche Stufe der eigenen Inkompetenz zu erreichen.

Wenn Sie darüber nachdenken, ob das tatsächlich so drastisch ausfallen kann, werden Sie sich an dieser Stelle hoffentlich nicht selbst als Teil des Peter-Prinzips erkennen. Häufig ist allerdings die letzte hierarchische Beförderung eine Stufe zu viel und allgemeine Überforderung macht sich breit. In diesen Fällen ist erkennbar, dass diese Situation nicht nur dem Umfeld der Führungskräfte Probleme bereitet, sondern auch den Akteuren selbst in ihrer Führungsrolle wenig Freude macht.

Um selbst entscheiden zu können, welche hierarchische Entwicklung im Sinne einer Managementkarriere die Alternative zur Fachlaufbahn darstellen soll, benötigen Sie eine vertiefte Kenntnis der Führungsaufgaben und des damit verbundenen Rollenwechsels (Zack 2013, S. 61). Dabei gehört zur Klarheit über die Führungsrolle auch, dass Sie sich zunächst über die Kernaufgaben von Führung klar werden. Wer die Hauptaufgaben im Blick hat, kann nicht nur abschätzen, ob dieses Aufgabenspektrum den eigenen Interessen und Fähigkeiten entspricht, sondern ist auch darauf vorbereitet, sich bei der Umsetzung des Karriereplans auf die wesentlichen Herausforderungen der neuen Aufgabe zu konzentrieren. Das bedeutet: Die enge Beziehung von Klarheit und Einfachheit sollten Sie nutzen, um anschließend das Thema in der Umsetzung zu vertiefen (Alznauer 2013, S. 96).

! Um entscheiden zu können, welche Anforderungen eine Führungsaufgabe an eine Führungskraft stellt, muss jeder Führende zunächst Klarheit über die Erwartungen und das Rollenverständnis bekommen. ■

Buckingham/Coffmann geben vier Kernaufgaben guter Führungskräfte vor (2005, S. 61):

- gute Mitarbeiterauswahl,
- Aufbau präziser Erwartungen,
- Mitarbeitermotivation,
- Mitarbeiterentwicklung,

Damit wird deutlich: Wenn Sie Führungsaufgaben erfolgreich wahrnehmen (wollen), müssen Sie bereit sein, sich auf die Mitarbeiterinnen und Mitarbeiter als Hauptaufgabenfeld einzulassen.

Der wichtigste Schritt, wenn es darum geht, sich über die Bedeutung einer Führungsrolle klar zu werden, ist die Klarheit über den Paradigmenwechsel.

> Wenn Sie eine Führungsaufgabe übernehmen, müssen Sie sich darüber im Klaren sein, dass der persönliche Erfolg nicht mehr durch das Erreichen von individuellen Zielen möglich wird, sondern Ihr persönlicher beruflicher Erfolg nur im Zusammenspiel mit den Geführten möglich wird. Der Erfolg der Mitarbeiterinnen und Mitarbeiter ist die Voraussetzung für Ihren Erfolg als Führungskraft.

2.1.2 Das Verhältnis von Fach- und Führungsaufgabe

Klarheit über die Führungsrolle bedeutet, sich bewusst zu sein, dass auch die Arbeitsschwerpunkte und der Arbeitsalltag sich mit diesem Rollenwechsel verändern, ja oftmals sogar auch unmittelbare Veränderungen im privaten Umfeld zur Folge haben.

> Führungsaufgaben können nicht zusätzlich zur bisherigen Tätigkeit übernommen werden. Ernsthafte Führungsarbeit erfordert Zeit für die Mitarbeiterinnen und Mitarbeiter und damit eine Reduzierung der bisherigen Aufgaben.

Diese besondere, neue Sicht der Aufgabenstellung innerhalb einer Organisation bzw. innerhalb eines Unternehmens ist eng an den Begriff der Kompetenz gebunden.

Aus Sicht der Personalentwicklung ist man leicht versucht, die Kompetenz einer Organisation als Summe der persönlichen Kompetenzen im Unternehmen zu begreifen. Derartige summarische Kompetenzen in Form von Wissenslandkarten oder beispielsweise im wissenschaftlichen Bereich als Forschungslandkarte dienen zwar der Veranschaulichung der Themenpalette an Kompetenzen, können jedoch nicht die Kompetenz als Organisation oder Unternehmen beschreiben. Bei einem Franchise-Unternehmen der Fastfood-Branche werden nicht immer nur sehr kompetente Menschen in den einzelnen

Unternehmensbereichen arbeiten, dennoch können derartige Restaurants bei entsprechender Führung und Steuerung eine hohe Unternehmenskompetenz aufweisen. Bei Hochschulen gibt es mitunter einen umgekehrten Effekt. Fachlich hoch kompetente Professoren und Forscher ergeben bei schwierigen Rahmenbedingungen in der Summe manchmal ein Gebilde, dass bei mangelnder Steuerung keinesfalls die kompetente Organisation repräsentiert, die eigentlich möglich sein müsste. Ein entscheidendes Bindeglied sind gemeinsame Werte, die die Verbindung zwischen Individualkompetenzen und Unternehmenskompetenzen herstellen (Erpenbeck 2014).

Ein Redakteur, der aufgrund seiner Erfolge beim Verfassen von Artikeln zum Ressortleiter für Kultur ernannt wird, wird beispielsweise rasch feststellen, dass seine bisherigen Kompetenzen, das Recherchieren und Schreiben, nur noch indirekt relevant sind. Bereits dieser erste Einstieg in eine Führungsrolle führt dazu, dass die Themenkompetenz der Journalisten nicht mehr nur die Basis der eigenen Tagesarbeit bildet, sondern sehr viel stärker in der Ausrichtung des Ressorts und dem Feedback an die zu führenden Ressortkollegen im Rahmen der Ressortkritik zur Geltung kommt. Neben der Schwerpunktverlagerung der fachlichen Kompetenz kommt es jedoch zu einer generellen Neugewichtung der unterschiedlichen Arbeitsanteile. Das Verhältnis zwischen Arbeit im eigenen Fachgebiet und der Führungsarbeit verschiebt sich.

> **!** Originäre Fachkompetenzen müssen eine Transformation durchlaufen, bei der die Detailkenntnisse und Erfahrungen vorausgehender Tätigkeiten durch Kontext- und Überblickswissen ergänzt werden. ■

Beim Beispiel des neuen Ressortleiters gehören zur Facharbeit das Schreiben von Artikeln und in erweiterter Form die Diskussion der Themen im Rahmen der Blattplanung für das eigene Ressort. Auch die erweiterte Form der Facharbeit nimmt mit der ersten Führungsrolle nicht mehr die volle Zeit und Aufmerksamkeit in Anspruch, da – auch ohne Disziplinarvorgesetzter der Teammitglieder zu sein – Fragen der Mitarbeiterführung, das heißt die Anleitung, Begleitung und Entwicklung von Mitarbeiterinnen und Mitarbeitern an Bedeutung gewinnen. Typischerweise steigt durch diese Veränderungen des Tätigkeitsprofils auch der Kommunikationsanteil. Der Anteil selbstbestimmter und planbarer Termine nimmt dagegen beim Einstieg in die Führungsrolle ab und nimmt – wenn überhaupt – erst wieder zu, wenn die obersten zwei Führungsebenen erreicht werden.

Wenn nun der Ressortleiter in einem späteren Karriereschritt zum Chefredakteur ernannt wird, ergibt sich für ihn eine weitere Veränderung des Schwerpunkts. Die ursprüngliche Fachkompetenz im Bereich der redaktionellen Inhalte wird sich wandeln. Das „Selbstschreiben“ bleibt in der Kernfunktion auf den einen oder anderen Kommentar oder Leitartikel reduziert, die inhaltliche Expertise und Kompetenz zeigt sich dann in der Verantwortung für die publizistische Leitlinie. Die Fachkompetenz benötigt daher eine Transformation, um auch als Ergänzung zur Führungskompetenz wirksam zu sein. Den größten Teil ihrer Zeit verbringen Chefredakteure, die eine echte, direkte Führungsverantwortung haben, jedoch mit klassischer Führungsarbeit, das heißt mit der

Delegation von Aufgaben, der Kommunikation mit Vorgesetzten (Verleger, Geschäftsführer, Vorstand), Kollegen (Abteilungsleiter aus dem Marketing- und Anzeigenbereich etc.) sowie Mitarbeiterinnen und Mitarbeitern.

Die Übernahme einer Führungsrolle geht meist mit einem Rückzug aus der Rolle des Fachexperten einher. Dies stellt für viele Fachleute mit hoher intrinsischer Motivation eine persönliche Herausforderung dar. Im schlimmsten Fall kann es den Verlust der originären fachlichen Identität des Führenden zur Folge haben.

2.1.3 Die Klärung der Führungsrolle

Mitarbeiterführung im Unternehmen stellt eine besondere Variante der Menschenführung dar, die sich in unterschiedliche Teilrollen aufteilen lässt, von denen wir exemplarisch die zehn Rollen darstellen, die im Rahmen von zahlreichen Analysen durch den amerikanischen Managementforscher Henry Mintzberg ermittelt wurden (vgl. auch Eppler/Mengis 2011, S. 23, Niermeyer 2010, S. 170):

1. Führende in wirtschaftlich geprägten Organisationen haben stets auch in einem gewissen Maße die Rolle *der Unternehmerin oder des Unternehmers* inne. Darin spiegelt sich im Sinne des Entrepreneur-Begriffs die Verantwortung für die Wirtschaftlichkeit und den mittel- bis langfristigen Erfolg des Unternehmens.
2. Eine Rolle, die in jedem sozialen Gefüge den Führenden zukommt, ist die *der Chefin oder des Chefs*. Bei Wirtschaftsunternehmen ist damit auch meist – je nach Führungsstil – die Rolle des Letztentscheiders verbunden.
3. Zu dieser Chef-Rolle gehört auch die *der Repräsentantin oder des Repräsentanten*, die bzw. der die Organisation nach außen hin vertritt, aber auch intern als Vertreterin oder Vertreter der Unternehmensführung auftritt und ansprechbar ist.
4. Die Rolle *der Vernetzerin oder des Vernetzers* ist eine weitere Facette der Führungsrolle und lässt sich sowohl intern wie auch extern umsetzen, da es in beiden Bereichen notwendig sein kann, Personen, Institutionen und Interessengruppen zusammenzubringen. Die Aufgabe der Vernetzerin oder des Vernetzers geht über die personale Vernetzung hinaus und schließt auch die thematische Vernetzung im Sinne der Kombination und Verbindung unterschiedlicher Themen und Projekte mit ein.
5. Führende in Unternehmen haben auch die Aufgabe *der Kontrolleurin oder des Kontrolleurs*. Diese Aufgabe ist jedoch besonders sensibel, da sie bei falscher Wahrnehmung negative Konsequenzen hat. Eine nachvollziehbare positive Form der Kontrolle ist ein wesentliches Element der Unternehmens- und Führungskultur, um die Motivation der Geführten sowie deren Engagement und Eigenverantwortung nicht zu schwächen. Eine gelungene Kontrolle entsteht dadurch, dass Sie sich als Füh-

rungskraft ein Arbeitsergebnis zeigen und vorstellen lassen und dabei konstruktives Feedback geben und – wenn möglich – auch ein angemessenes Lob platzieren.

6. Die Facette des Kontrolleurs steht auch mit dem Rollenelement *der Ressourcenzuteilerin oder des Ressourcenzuteilers* in Verbindung. Ein wesentlicher Einflussfaktor ist die Verfügungsgewalt der Führenden über Ressourcen, die andere für ihre Existenz und Entwicklung benötigen. Diese archaische Machtquelle hat bereits in frühen Sozialisationsformen der Menschheit ihre Bedeutung gehabt und ist im übertragenen Sinne heute noch im Führungskontext spürbar.
7. Als *Problemlöserin oder Problemlöser* fungiert eine Führungskraft nicht nur im großen Maßstab bei der Annahme der Herausforderungen der strategischen Unternehmensplanung. Diese Facette der Führungsrolle schließt auch explizit den Bereich der direkten Mitarbeiterführung mit ein. Es geht also um die Fähigkeit, Problemlöserin oder Problemlöser für die fachlichen und persönlichen Probleme der Mitarbeiterinnen und Mitarbeiter zu sein.
8. Als *Verhandlerin oder Verhandler* sind Führungskräfte intern und extern gefordert. Es gibt unterschiedliche Fragen mit internen Zielgruppen (Kolleginnen und Kollegen, Vorgesetzte, Mitarbeiterinnen und Mitarbeiter) und externen Ansprechpartnern (Kooperationspartnern, Kunden, Lieferanten etc.) zu klären, die oftmals den Charakter einer strukturierten Interessensabwägung beinhalten. Hier ist es ein wesentliches Element der Führungsrolle, dass es dem Führenden gelingt, auf lange Sicht als fairer, zuverlässiger, kompetenter Verhandlungspartner wahrgenommen zu werden, der an tragfähigen Lösungen interessiert ist, die allen Beteiligten Erfolg ermöglichen.
9. Alle bisher genannten Facetten der Führungsrolle sind mehr oder weniger intensiv mit der Aufgabe der *Kommunikatorin oder des Kommunikators* verbunden, die bzw. der in der Lage ist, andere Menschen zu erreichen und auch komplizierte Sachverhalte nachvollziehbar darzustellen.
10. Die bisherigen aufgegliederten Rollenbestandteile können mehr oder minder gut ausgefüllt werden. Ob sie jedoch für andere überzeugend sind, hängt von einer weiteren Rolle, der *Vorbild-Rolle*, ab. Führende stehen durch ihre besondere Rolle innerhalb des sozialen Gefüges einer Organisation wesentlich stärker im Fokus des Interesses der Mitarbeiterinnen und Mitarbeiter. Um authentisch Leistungen und Handlungen von Mitarbeiterinnen und Mitarbeitern einfordern zu können, muss der Führende sich seiner Vorbildwirkung bewusst sein.

! Führungskraft als Vorbild – eine zentrale Aufgabe! ■

Beispielhaft kann diese Vorbildwirkung durch folgenden Sachverhalt beschrieben werden: In einem Bundesland, in dem in allen öffentlichen Gebäuden ein vollständiges Rauchverbot gilt, nimmt sich ein Mitglied des Präsidiums einer Hochschule das „Recht" heraus, in seinem Büro zu rauchen. Da das Büro im Stile der modernen Architektur gläsern gestaltet ist („Wir stehen für Transparenz."), bekommen alle Hochschulangehörigen und Besucher diesen Regelbruch mit. Diese ohnehin problematische Vorbildwirkung verkehrt sich in das komplett Negative, wenn gleichzeitig Studierende aus dem In- und Ausland vom Hausmeister ermahnt werden, wenn sie im Freien vor der Hochschule außerhalb der Raucherzonen rauchen. Aus eigener Erfahrung kann ich hier noch hinzufügen, dass es selbst ohne die negative Vorbildwirkung schwer genug ist, an einer Hochschule allgemein akzeptierte Konventionen für Raucherbereiche im Freien zu etablieren. Im oben geschilderten Fall der negativen Vorbildwirkung ist eine sinnvolle Lösung eine nur schwer lösbare Aufgabe.

2.2 Unterschiedliche Rollensegmente kombinieren

Welche weiteren Rollen in welcher Ausprägung von Ihnen eingenommen werden, hängt sehr stark von der Situation ab, in der sich Ihr Unternehmen oder der von Ihnen verantwortete Teilbereich befindet.

> **!** Die Rolle und der damit verbundene Führungsstil können sich durch Umfeldeinflüsse stark verändern.

Befindet sich ein Unternehmen in der Krise, gehört die *Rolle des Krisenmanagers* auf einmal in das Standardprogramm der Führenden. In dieser Situation müssen stärker autoritäre Stilelemente und rasch realisierbare Planungen und Entscheidungen etabliert werden. Dies ähnelt der *Rolle des Sanierers*, der gezielt beauftragt ist, ein Unternehmen in der Krise wieder in Fahrt zu bringen. Bei den genannten Rollen Sanierer und Krisenmanager besteht die Gefahr, dass die besonderen Erwartungen (klare, schnelle Entscheidungen) die Wahrnehmung des Führenden durch die Geführten prägt. Dies kann sich in der Praxis als Problem erweisen, da es zu einer dominanten Rollenzuschreibung kommen kann. In sehr ausgeprägten Fällen hilft der zeitlich befristete Einsatz als Führungskraft in einem Sanierungsumfeld und die anschließende Neuorientierung in einem eher unbelasteten Arbeitsbereich.

2.2.1 Manche Rollen wirken nach

Schauspieler werden oftmals auf bestimmte Rollentypen und Charaktere festgelegt, da das Publikum die „erlebte Erfahrung" mit dem Schauspieler in seiner Rolle als Abbild auf die dahinter stehende Person überträgt. Ähnlich verlaufen Einschätzungen von Führungskräften in Unternehmen. Daher werden Rollentypen im Umfeld Krisenmanager, Sanierer oder auch *Feldwebel*, der die Gruppe wieder in eine Struktur bringen soll, häufig auch dann noch einer Führungskraft zugeordnet, wenn die Situation und das Verhalten sich geändert haben. In der Praxis findet hier mitunter ein Führungswechsel statt oder es werden befristete externe Lösungen wie externe Berater oder Management auf Zeit benutzt, um die Führungskräfte vor einer ungünstigen Rollenfestschreibung zu schützen.

Achten Sie bei der Übernahme von Projekten und Führungsverantwortung darauf, ob es sich dabei um ein Sanierungsprojekt handelt oder nicht. Überlegen Sie sich dabei stets, welche Folgen eine erfolgreiche oder auch erfolglose Verantwortung in diesem Segment für Ihre künftige Arbeit oder auch Arbeitssuche haben kann.

2.2.2 Rollen müssen ausgefüllt werden

Weitere Rollentypen sind die des *traditionellen Vorgesetzten*, der mit disziplinarischen Kompetenzen versehen ist und innerhalb eines hierarchischen Gefüges arbeitet, sowie die *der Moderatorin oder des Moderators*, der eher eine Anleitung zum Erfolg der Mitarbeiterinnen und Mitarbeiter bietet und den Interessenausgleich im Rahmen der kooperativen Führung anstrebt.

In der Beratungs- und Seminarpraxis zeigen sich viele Probleme von Führungskräften, die sehr eng mit mangelnder Klarheit in Bezug auf die Führungsrolle verbunden sind. Gerade jüngere Führungskräfte, die im positiven Sinne im Geiste der kollegialen und kooperativen Führungsstile sozialisiert wurden, möchten, wenn sie als Stellvertretung oder auch als junge, neue Führungskraft die Aufgabe haben, Führungsfunktionen zu erfüllen, nicht unbedingt den autoritären Chef heraushängen lassen. Dieser Ansatz ist richtig und auch sehr ehrenvoll. Er verkehrt sich jedoch in denjenigen Fällen in das Gegenteil der ursprünglichen Absicht, in denen am Ende die junge Führungskraft keinen richtigen Einstieg in die Führungsrolle findet und am Ende die Führungsfunktionen nicht ausfüllen kann oder die Führungsfunktionen nicht von den eigentlich formal zuständigen Ansprechpartnern wahrgenommen werden.

2.2.3 Eignung für die Führungsrolle

Bei den Anforderungen einer Führungsrolle ist die Frage der Eignung des Führenden für die jeweilige Rolle zentral. Ist die Rolle „auf den Leib geschneidert" oder eher fremd, so dass die Gefahr besteht, „aus der Rolle zu fallen"?

Die Geführten, Kolleginnen und Kollegen sowie Vorgesetzte, die als primäres „Publikum" beurteilen müssen, ob Sie Ihre Führungsrolle entsprechend ihrer Erwartungen ausfüllen, erwarten hier den glaubwürdigen und authentischen Darsteller. Damit ist kein unreflektiertes Ausfüllen der Führungsrolle gemeint, wie es Rainer Niermeyer als Kritiker der geforderten Authentizität erwähnt (Niermeyer 2010, S. 15). Er weist darauf hin, dass es nicht hilfreich wäre im Sinne einer vollkommenen Authentizität als Chefin oder Chef stets „sein Herz auf der Zunge" zu tragen und damit immer eine vollkommene Kongruenz zwischen den Gefühlen und dem Ausdrucksverhalten herzustellen. Nein, es geht nicht um ein naives „so geht es mir jetzt gerade eben", sondern um eine authentische Grundhaltung, das heißt darum, sich immer so zu verhalten, wie es den eigenen Grundüberzeugungen entspricht.

> **!** Die Klärung der externen Erwartungen an die Führungsrolle liefert den Ausgangspunkt für die Erwägungen des Führenden, in welcher Art und Weise er diesen Erwartungen entsprechen möchte und entsprechen kann, um die eigenen Grundüberzeugungen und Talente zu nutzen. ■

Eine authentische Führung ist keine naive Arglosigkeit, sondern es geht darum, innerhalb des Erwartungsrahmens, in der Führungsrolle die eigene Persönlichkeit mit den entsprechenden Vorlieben und Werten zur Geltung zu bringen (vgl. Buchhorn 2014). Auch in den für Vorgesetzte sehr unangenehmen Fällen, wenn beispielsweise die Sanierung eines Geschäftsbereichs klare Einschnitte erfordert, kann man dies erfolgreich unter Einbeziehung der Führungskräfte sowie Mitarbeiterinnen und Mitarbeitern erreichen.

Die meisten Rollenerwartungen an Führungskräfte sind nicht so eng gefasst, dass Sie als Akteurin oder Akteur diese nicht auf unterschiedliche Art und Weise erfolgreich interpretieren können. Die Spielräume hängen sehr stark vom Umfeld einer Organisation ab. So kann ein Professor seine Führungsrolle sehr viel freier ausgestalten, als dies beispielsweise für Vorgesetzte beim Militär der Fall ist. Dennoch wird nicht jede Ausgestaltung einer Führungsrolle gleichermaßen erfolgreich sein. Wer in einem kollegialen Umfeld (beispielsweise einer Zeitungsredaktion, einer Werbeagentur, einer Universität) zu stark auf autoritäre und hierarchische Stilelemente setzt, bringt sich leicht in eine problematische Situation, auch wenn dies im tiefsten Inneren der eigenen Überzeugung und Wesensart entspricht. Es kann die richtige Führungskraft zur falschen Zeit am falschen Platz sein und damit in der Führungskrise enden.

Damit ist auch klar, dass Sie als Führungskraft nicht Ihre volle Wirkung zu jeder Zeit in jeder Organisationsart entfalten können.

> **!** Führende, die ihre Rolle klar vor Augen haben, können sich auch dafür entscheiden, Erwartungen in einzelnen Bereichen bewusst nicht zu erfüllen. Dies sollte jedoch bedacht und mit Maß und Ziel erfolgen. ■

Wenn es ein erster Schritt hin zu Veränderungen sein soll, dann können Sie sich als Führungskraft auch gegen traditionelle Erwartungen stellen und damit symbolisch einen Wandlungsprozess als Thema einführen. Wenn Sie sich entscheiden, Rollenerwartungen nicht zu erfüllen, dann kann dies ein notwendiger und sehr bewusster Prozess sein, beispielsweise um sich als autonom handelnde Führungskraft nicht von Rollenmodellen der Vorgänger und Kollegen begrenzen zu lassen. Es ist somit eine durchdachte und zielgerichtete Irritation der betroffenen Organisation.

Ein einfaches Beispiel ist ein Vorgesetzter, der in einem konservativen Umfeld, in dem sich Kolleginnen und Kollegen nur auf derselben Hierarchieebene duzen, den eigenen Mitarbeiterinnen und Mitarbeitern bewusst das „Du" anbietet, um eine neue Form von Teamidentität auch durch eine größere Nähe der Teammitglieder mit der Führung zu unterstützen. Dies mag für Außenstehende wie Vorgesetzte auf derselben Hierarchiestufe oder Mitarbeiterinnen und Mittarbeitern von Nachbarabteilungen irritierend sein. Es kann aber ein erster Einstieg in eine neue Abteilungs- und Unternehmenskultur sein.

2.3 Private und berufliche Rollen ausfüllen

2.3.1 Wie viele Rollen können Sie spielen?

Bei der Rollenanalyse muss auch berücksichtigt werden, wie viele Rollen intensiv und damit auch für alle Beteiligten positiv besetzt werden können. Oftmals ist eine Konzentration der Rollen notwendig. Seiwert rät hier zu einer Konzentration auf maximal sieben Rollen (Das können berufliche Rollen wie Abteilungsleiter, Verbandsfunktionär, Projektgruppenmitglied, aber auch private Rollen wie Gemeinderat oder Jugendtrainer sein.) (Seiwert 2013, S. 48ff.). Dabei gehört es zur Klarheit über die Führungsrolle, dass man sich bewusst ist, dass dies nicht nur die professionellen Rollen betrifft.

Wenn einige Darstellungen (Eppler/Mengis 2011, S. 23) davon ausgehen, dass es neben den vielfältigen beruflichen Rollen noch die Rolle als „Privatperson" gibt, so ist das ein wichtiger Hinweis auf ein weiteres Themenfeld, das durch weitere Rollenerwartungen gekennzeichnet ist. War es früher ein einfacher Weg der meist männlichen Führungskräfte, die Rolle der Privatperson stark an den eigenen Bedürfnissen zu orientieren, so ist diese klassische Rollenteilung in den meisten Partnerschafts- und Familienkonstellationen nicht mehr zeitgemäß, da sich die Erwartungen der privaten Zielgruppen (der Partnerin oder des Partners, der Kinder, Familie, Freunde) verändert haben.

2.3.2 Differenzierte private Rollen

Eine Verankerung in einer einheitlichen Rolle „Privatperson" ist zu undifferenziert. Gerade bei Frauen in Führungspositionen wird häufig bereits im Vorstellungsgespräch eine Differenzierung der Rolle „Privatperson" vorgenommen. So werden beispielsweise Fragen der Kinderbetreuung oder, rechtswidrig, des Kinderwunschs angesprochen oder zumindest auf Arbeitgeberseite intern diskutiert und deren potenzielle Auswirkung auf die professionelle Rolle wird analysiert. Bei Männern hingegen wird vonseiten der beruflichen Umgebung die Rolle „Privatperson" sehr viel weniger wahrgenommen.

In dieser unterschiedlichen Behandlung der Rollensegmente von Männern und Frauen liegt eine der tieferen Wurzeln der faktischen Diskriminierung, die wir in Deutschland anhand der Statistiken immer wieder veranschaulicht bekommen. Die Rollenwahrnehmung von jungen Führungskräften ist allerdings im ständigen Wandel und immer mehr Männer haben am Familienleben und an der Familienentwicklung den gleichen Anteil wie Frauen. Die gedankliche Einbeziehung privater Rollen in Fragen der Personalentwicklungsplanung sollte daher bei allen Mitarbeitern zum Standard gehören.

Typische private Rollen von Führenden sind:

- Partnerschaftsrolle (Ehefrau/Ehemann; Partnerin/Partner),
- Mutter-/Vaterrolle,
- Kindrolle (gegenüber der Eltern- oder Großelterngeneration),
- Freund/in (soziales Umfeld unterschiedlicher Intensität),
- Gesellschaftsmensch (Mitgliedschaft in Service-Clubs, Parteien, Vereinen vor Ort etc.).

2.3.3 Rollen verändern sich

Dabei sind diese Rollen in Abhängigkeit von Alter und Lebenssituation unterschiedlich dominant. Die Elternrolle ist in der Phase kleiner Kinder mitunter eine der dominanten privaten Rollen. Bildet in solchen Fällen die Rollenvorgabe aus der Führungsaufgabe ohnehin ein sehr enges zeitliches Korsett für die privaten Rollen, kann trotz intensiver Hinwendung zu den privaten Rollen im Sinne einer vernünftigen Work-Life-Balance [1] die Rolle der Partnerschaft leiden. Ähnlich verhält es sich in Situationen, die die Kinderrolle neu aktivieren, wenn beispielsweise eigene Angehörige (z. B. Eltern) pflegebedürftig sind und zusätzlich Energie, Zeit und Aufmerksamkeit benötigen.

An diesen Beispielen wird bereits deutlich, dass es auch einer Klärung der privaten Rollen bedarf, um im Sinne der intensiven Wechselwirkung zwischen den Rollen klar zu werden, welche möglichen Konfliktfelder bestehen und wo Engpässe auftreten können.

> **!** Führende müssen sich über die Führungsrolle Klarheit verschaffen, indem sie ihre beruflichen und privaten Einzelrollen sowie deren wechselseitige Abhängigkeit und deren zeitlicher Verlauf berücksichtigen. Listen Sie alle Rollen auf und bewerten Sie mit einem Plus- oder Minuszeichen, welche Rollen Sie mit Freude wahrnehmen und welche Rollen Sie als mühsam empfinden.

[1] Bei Work-Life-Balance in diesem Sinne geht es nicht nur darum sicherzustellen, dass neben der Zeit für berufliche Fragen ausreichend Zeit für das Privatleben bleibt, sondern auch dass die in der Arbeit verbrachte Zeit in einem befriedigenden Rahmen abläuft.

2.4 Passende Rollen – authentische Rollenwahrnehmung?

2.4.1 Stimmt das „Drehbuch“ für Sie?

Nicht immer passen die Anforderungen einer beruflichen Rolle auch zum Inhaber dieser Rolle. Gute Beispiele liefern immer wieder Politiker, die nicht immer in jeder Karrierephase im Drehbuch der Politik die Rolle angeboten bekommen, die am Ende auch zu ihnen passt. Horst Köhler beispielsweise war hochgeachteter Präsident des Internationalen Währungsfonds (IWF), da er hier seine Fachkompetenz in Verbindung mit den Fähigkeiten des Dialogs und der Sitzungsmoderation voll ausschöpfen konnte. Wesentlich schwieriger war es für ihn, im Amt des Deutschen Bundespräsidenten Fuß zu fassen. Dieses Amt besitzt keine ausgesprochen fachliche Prägung, sondern lebt von der glaubwürdigen und charismatischen Persönlichkeit, die dieses ausfüllt. Hier zeigte sich, dass es eine geringere Passung zwischen Kandidat und Amt gab als in der vorausgehenden Position.

Günther Oettinger ist ebenfalls ein bekanntes Beispiel für die mangelnde Passung einzelner Ämter. Er war ein anerkannter Fraktionsvorsitzender der CDU-Landtagsfraktion in Baden-Württemberg, aber ein eher weniger beliebter Ministerpräsident, da sein Habitus nicht dem des „Landesvaters“ entsprach und somit vielen externen Rollenerwartungen nicht entsprechen konnte. Die Arbeit als EU-Kommissar hingegen wird dem Charakter des Fachpolitikers wieder stärker gerecht. Die Wahrnehmung als erfolgreicher Rollenträger wird gestärkt.

Wem die Beispiele aus der Politik zu abstrakt erscheinen, der kann sich mithilfe der Analogie aus dem Schauspielsektor behelfen. Wir haben bei bekannten Schauspielern sehr häufig den Effekt, dass das Publikum nur ein bestimmtes Set an Rollen für glaubwürdig hält. Der authentische Wirkungsbereich ist dabei bei einzelnen Schauspielern teilweise sehr eng festgelegt, was dann mitunter mit Begriffen wie „Charakter-Schauspieler“ beschrieben wird. Till Schweiger verkörpert einen anderen Typus des Tatort-Kommissars, als das beispielsweise Axel Prahl im Duett mit Jan Josef Liefers macht. Gute Schauspieler wissen, wie sie einzelne Rollen glaubwürdig ausfüllen können und welche Rollen „gar nicht gehen“.

> **!** Holen Sie sich, bevor Sie eine Rolle annehmen, Feedback aus Ihrem persönlichen und beruflichen Umfeld ein, um eine solide Eigen- und Fremdeinschätzung vornehmen zu können.
> Dieses Bewusstsein über die eigene Wirkung hilft Ihnen als Führungskraft bei der Einschätzung, welche beruflichen und privaten Rollen Sie glaubwürdig ausfüllen können. Wenn dann die Entscheidung für eine bestimmte (Teil-)Rolle gefallen ist, gilt es, diese so auszufüllen, dass möglichst viele Stärken Ihrer eigenen Persönlichkeit zum Tragen kommen.

2.4.2 Was bedeutet eigentlich „Rolle“ bei Führungsaufgaben?

Damit Sie sich genauer vorstellen können, welche Folgen Rollenerwartungen haben, lohnt es sich, „Rollen“ etwas differenzierter zu betrachten. Hier hilft uns ein Blick auf die soziologischen Erkenntnisse der Rollentheorie. Möglicherweise ist Ihnen aufgrund einer ökonomischen Vorbildung das theoretische Konstrukt des „homo oeconomicus“ ein Begriff. Es handelt sich dabei um den „Idealfall“ des ökonomisch motivierten und rational handelnden Menschen, der mit dieser Grunddisposition am Wirtschaftsleben teilnimmt. Das Leben ist jedoch im Regelfall dadurch geprägt, dass uns keineswegs nur rational handelnde Managerinnen und Manager begegnen. Ralf Dahrendorf, einer der führenden Soziologen des 20. Jahrhunderts, hat bereits 1959 als Gegenentwurf den „homo sociologicus“ ins Rennen gebracht (Dahrendorf 2010). Die Diskussion über Rollen schließt auch die Themen Maske, Person, Charakter und damit das komplette Themenspektrum des Theaters mit ein (vgl. Goffman 2011).

Bei der Analyse von Rollen trennt Dahrendorf (2010, S. 35) zwischen

- Rollenverhalten (Wie verhält sich ein Mensch in einer bestimmten Rolle?),
- Rollenattributen (Wie lässt sich die Rolle charakterisieren?) und
- Rollensegmenten (Teileinheiten einer bestimmten Rolle).

> **!** Sie müssen als Führungskraft bei der Wahrnehmung der eigenen Rolle darauf achten, dass die Teilbereiche Verhalten, Attribute und Segmente einer Rolle als summarisches Bild der Führungsrolle ein schlüssiges Ganzes ergeben.

2.5 Bewusster Umgang mit Rollenerwartungen

Dahrendorf hat zudem eine Unterteilung in Muss-, Soll- und Kann-Erwartungen an eine Rolle vorgenommen (Dahrendorf 2010, S. 39ff.). Diese Unterteilung hilft Ihnen bei der Beantwortung der Frage, in wie weit Sie den detaillierten Rollenerwartungen an Führungskräfte begegnen wollen.

2.5.1 Muss-Erwartungen

Muss-Erwartungen beschreiben die Erwartungen, die Sie auf alle Fälle einhalten müssen, da es sonst beispielsweise juristische Konsequenzen geben kann. Diese Mindestanforderungen an eine Rolle sind jedoch auch dem Wandel der Zeit unterworfen. So beschreibt Dahrendorf zu seiner Zeit noch die Rolle als Mann so, dass damit der Geschlechtsverkehr mit einem anderen Mann ausgeschlossen sei (Dahrendorf 2010, S. 39), was angesichts der Legalisierung der Homosexualität und der vorangeschrittenen Gleichstellungsbemühungen (Stichwort: Homo-Ehe) im Jahr 2014 kurios anmutet.

Das Einhalten von Muss-Erwartungen ist die Erfüllung eines Mindeststandards, der keine positiven Rückkopplungen zur Folge hat. Noch ist es beispielsweise so, dass ein Investmentbanker nicht allein dafür öffentlich gelobt wird, dass er keine illegalen Geschäfte und Absprachen getroffen hat. Statt der positiven Bestätigung, dem Lob für positives Verhalten, bescheren Ihnen die Muss-Erwartungen im Alltag lediglich die Sanktionen (Kritik, Bestrafung), wenn Sie die Spielregeln nicht einhalten. Neben den rechtlichen Vorschriften gibt es hier auch den Bereich der klaren sozialen Erwartungen. Während der Verrat von Firmengeheimnissen an Wettbewerber auch strafrechtlich relevant ist, ist Illoyalität gegenüber Vorstandskollegen (Witze über die Person etc.) nicht immer direkt gerichtlich strafbar, aber dennoch ein klarer Verstoß gegen eine Muss-Erwartung.

Für Sie als Führungskraft ist es wichtig zu erkennen, welche Wertvorstellungen im Unternehmen welche Muss-Erwartungen zur Folge haben (können). Wer z. B. bei einer Unternehmung in kirchlicher Trägerschaft arbeitet, muss akzeptieren, dass selbst dann, wenn eine Sanktion arbeitsrechtlich keinen Bestand hätte, die Kirche als Arbeitgeber auch klare Anforderungen an das Privatleben, insbesondere der Führungskräfte, stellt.

Die Muss-Erwartungen können von Führenden nicht einfach so verändert oder nicht eingehalten werden. Es gibt lediglich die Möglichkeit, bei „veralteten" Muss-Erwartungen (beispielsweise in typischen Feldern wie Gleichstellung der Geschlechter, Umgang mit unterschiedlichen sexuellen Orientierungen etc.) eine Wertedebatte über diese Erwartungen in Gang zu setzen.

Eine Schwierigkeit bei den Werten kann darin bestehen, dass sie grundsätzlich zum impliziten Wissen einer Organisation gehören (North 2014) und damit nicht in allen Facetten für Führungskräfte, die neu in eine Organisation kommen, transparent sind.

2.5.2 Soll-Erwartungen

Soll-Erwartungen haben eine etwas geringere Verbindlichkeit als die Muss-Erwartungen. Sie beinhalten jedoch klare Vorstellungen, was „üblicherweise" noch zu einer Rolle oder einem Rollensegment gehört. Diese Erwartung eines Sozialsystems kann teilweise klar formuliert und adressiert werden. Sie ist jedoch häufig auch eine implizite Erwartung, die ohne formale Festlegungen besteht.

Auch hier wird die Einhaltung selten positiv, aber der Bruch der Erwartung in der Regel negativ („sozialer Ausschluss") bewertet. So wird gegenüber Ihnen als Führungskraft die „Vorbildrolle" als klare Soll-Erwartung bestehen, aber auch kleinere soziale Muster gehören mit in die Liste der Soll-Erwartungen. Die freiwilligen unbezahlten Überstunden sind meist in keiner Dienstanweisung festgelegt, dürften jedoch bei sehr vielen

Unternehmungen und Organisationen zur klaren Soll-Erwartung auf Führungsebene gehören.

Im Berufsalltag liegen hier häufig Schwierigkeiten, wenn in Unternehmungen, oder Unternehmenseinheiten (z. B. Abteilungen), die Spielregeln unklar sind. Die Mitarbeiterinnen und Mitarbeiter leben nach der von ihnen vermuteten Soll-Erwartung der Führungskräfte (z. B. „Mehrarbeit ist mit drin und wird erwartet."). Damit bewirken sie gleichzeitig eine Verhaltensänderung (Alle arbeiten länger.) und die Führungsebene sieht sich mit einer klaren Soll-Erwartung der Mitarbeiterinnen und Mitarbeiter („Die Chefin oder der soll auch länger arbeiten.") konfrontiert.

Dieses Beispiel zeigt jedoch auch, dass es gerade bei Soll-Erwartungen auch die Situation geben kann, dass es an der Zeit ist, diese Erwartung gegenüber den Erwartenden zu thematisieren und gegebenenfalls zu relativieren. Wenn Sie als Führungskraft die Möglichkeit haben, ergebnisorientiert zu führen und die individuelle Arbeitszeit und/oder der Arbeitsort als Leistungsparameter an Bedeutung verlieren, sollten Sie dies zum Thema machen.

Grundsätzlich führen Führungssituationen, bei denen die Leistungen der Mitarbeiterinnen und Mitarbeiter primär nach abgeleisteter Arbeitszeit bewertet werden, zu mäßigen Ergebnissen, wenn die Aufgaben so beschaffen sind, dass eine eigenverantwortliche Wahrnehmung durch die Mitarbeiterinnen und Mitarbeiter möglich wäre, aber nicht unterstützt wird.

2.5.3 Kann-Erwartungen

Kann-Erwartungen sind die schwächste Form von Erwartungen. Aus dem Arbeitskontext heraus wissen Sie, dass jemand, der nur das Minimum an Pflichtaufgaben meistert und angeht, sich selten einer wirklich großen Beliebtheit erfreut. Dennoch sind die Kann-Erwartungen so angelegt, dass das Erfüllen oder Übererfüllen dieser Erwartungen zu sozialer Anerkennung führen. Freiwilliges Zusatzengagement in der Firma oder bürgerschaftliches Engagement in unserer Gesellschaft beruhen auf diesem Ansatz.

2.5.4 Ihr persönlicher Umgang mit Rollenerwartungen

Eine Führungskraft als zentrierte, autonome Persönlichkeit muss nun den Weg finden, mit den Rollenerwartungen so umzugehen, dass Brüche nur dort auftreten, wo sie bewusst zur Weiterentwicklung der Organisationskultur gewünscht sind, und sie die Rollensegmente und die entsprechenden Erwartungen nicht in erster Linie als „gesellschaftlichen Zwang“ (Niermeyer 2010, S. 71) erlebt.

Dabei spielen die Freiheitsgrade von Organisationen eine Rolle (Ein Professor an einer Hochschule hat mehr Freiheitsgrade als ein Hauptmann bei den Streitkräften.), aber auch der Wertekonsens zwischen Führungskraft und Organisation.

Es ist für Sie wichtig, um selbst als Führungskraft wahrgenommen zu werden und die eigenen Überzeugungen einbringen zu können, dass Sie als Führungskraft in der Lage sind, konstruktiv mit Rollenkonflikten umzugehen. Beispielsweise können Rollenbestandteile, die Sie ablehnen, von Ihnen bewusst thematisiert werden. Damit ist Ihrer Arbeitsumgebung klar, dass Sie in diesem Punkt bewusst den Rollenerwartungen nicht entsprechen wollen. Dass hier ein feines soziales Gespür dazu gehört, dürfte aus den bisherigen Punkten deutlich geworden sein. Letztlich werden Führende nur dann aktiv (mit)gestalten, wenn sie bereit sind, neue Wege einzuschlagen (Herles 2013, S. 152).

> **!** Gefragt sind mehr denn je Querdenker, aber keine Querköpfe. ■

Hier läuft auch der schmale Grad zwischen positiver und negativer Irritation der sozialen Umwelt (zum Ansatz der „Querdenker“ vgl. Meyer-Grashorn 2009). Eingefahrene Arbeitsroutinen und starre Organisationen bedürfen teilweise einer bewussten Irritation durch eine Führungskraft. Dennoch sollten Sie darauf achten, dass Sie nicht unbewusst Irritationen in Ihrem Arbeitsumfeld hervorrufen, indem Sie beispielsweise pauschal alle Maßnahmen der Vergangenheit ablehnen.

2.5.5 Die Soziodemografie beeinflusst die Erwartungen

Bei der Frage, welche Rollenerwartung von außen besteht, das heißt was denn nun die Mitarbeiterinnen und Mitarbeiter, Kolleginnen und Kollegen sowie Vorgesetzten als „Publikum“ von Ihnen als Führungskraft („Akteurin oder Akteur“) erwarten, sind die äußeren, formalen Merkmale der Person einer Führungskraft von Bedeutung. Von einer jungen Führungskraft wird mehr Dynamik, von einer älteren Führungskraft mehr Gelassenheit, Weisheit und demonstrative Erfahrung erwartet.

Gerade auch die Genderfrage führt zu unterschiedlichen Erwartungen. Die Art, wie über Marissa Mayer (President/CEO, Yahoo) oder Sheryl Sandberg (COO, Facebook) berichtet wird, zeigt, dass die beiden IT-Managerinnen nicht nur laut Time Magazin den TOP 20 der Wirtschaftsführerinnen angehören (Arora et al. 2014), sondern dass sie als Frauen nach Kriterien bewertet werden, denen sich die meisten ihrer männlichen Kollegen nicht zu stellen haben. Eine Inhaltsanalyse von journalistischen Beiträgen ergab, dass, wie zu erwarten war, bei Politikerinnen sehr viel häufiger deren Aussehen in der Berichterstattung eine Rolle spielte als bei den Männern (Engelmann/Etzrodt 2014). Eine Ausnahme bildet jedoch Kanzlerin Merkel, die hier durch ihre herausgehobene Machtposition nicht in das typische Genderschema einsortiert wird.

Für Frauen in Führungspositionen ist es daher eine besondere Herausforderung, die unterschiedlichen Rollenerwartungen zu kennen, um anschließend autonom zu entscheiden, welchen Rollenerwartungen man selbst entsprechen möchte und welchen gerade nicht. „Die Spielregeln sind männlich.“ (Begemann 2002, S. 129) ist eine nach wie vor gültige Feststellung zu den Erwartungshaltungen, Abläufen und Gewohnheiten in den meisten deutschen Unternehmen. Einfache Bespiele können dies illustrieren. Kleidung, Körpersprache, Rhetorik in Organisationen ist stark maskulin geprägt. Für Frauen bleibt es daher eine Herausforderung, wie man mit den Erwartungen und Ritualen umgeht. Der feste Standpunkt eines Vortragenden wird bei vielen Geschäftsanlässen buchstäblich durch die Fußhaltung demonstriert, bei der die Füße im Abstand der Schulterbreite positioniert sind. Der Redner demonstriert damit Selbstbewusstsein. Man stelle sich diese Körpersprache bei einer Frau vor, die dies eins zu eins imitiert, am besten im formalen Business-Kostüm. Sie können sich sicher problemlos vorstellen, dass die geplante Präsentation, beispielsweise vor dem Aufsichtsrat, ähnlich merkwürdig wirken würde, wie seinerzeit Sandra Bullock in der Filmkomödie „Miss Undercover", als sie eine burschikose Polizistin als Undercover-Ermittlerin in der Model-Szene verkörperte.

Neben diesen formalen genderspezifischen Erwartungen zur Ausgestaltung einer Rolle gibt es beispielsweise auch Themenerwartungen, denen sich Frauen häufig gegenüber sehen. In einer Zeit, in der über freiwillige oder verpflichtende Quoten bei den Aufsichts- und Führungsgremien von Großunternehmen diskutiert wird, lohnt sich ein Blick auf die Vorstandsressorts, die man in den meisten Fällen mit Frauen besetzt. Es dominieren dabei Ressorts wie Personal und Marketing/Kommunikation, da man nicht nur bei diesen Themen mehr Frauen sowohl in den entsprechenden Studien- und Ausbildungsgängen vorfindet und somit einen höheren Frauenanteil in den Fachabteilungen besitzt, sondern im Ergebnis diese Themen als „frauenaffin" beurteilt werden.

Ulf M. Schneider,
in seiner Funktion als Vorstandsvorsitzender von Fresenius

Viele werden sich bei dieser Überschrift fragen, ob es eine kluge Wahl ist, wenn man jemanden als positives Beispiel für die Wahrnehmung der Führungsrolle identifiziert, der auch in den Kreisen der Managementinteressierten kaum bekannt ist. Oder wussten Sie sofort bei der Nennung des Namens (ohne Funktionsbezeichnung), um wen es geht?

Das Beispiel zeigt jedoch, dass man auch von einem Fachmagazin zum „Manager des Jahres" gekürt werden kann, ohne als umtriebiger Macher ständig von sich reden zu machen (Palan 12/2013). Gerade das Ruhige, Zielorientierte, Umsichtige von Schneider, das sich auch bereits an seinem planvollen Lebenslauf ablesen lässt, zeigt in den Augen der Jury, dass es sich um eine Führungskraft handelt, die klar vor Augen hat, worauf es ankommt, um eine gute Führungskraft zu sein. In seiner Zeit zwischen dem Studium in Deutschland und dem MBA (Master of Business
Das Beispiel zeigt jedoch, dass man auch von einem Fachmagazin zum „Manager des Jahres" gekürt werden kann, ohne als umtriebiger Macher ständig von sich reden zu machen (Palan 12/2013). Gerade das Ruhige, Zielorientierte, Umsichtige von Schneider, das sich auch bereits an seinem planvollen Lebenslauf ablesen lässt, zeigt in den Augen der Jury, dass es sich um eine Führungskraft handelt, die klar vor Augen hat, worauf es ankommt, um eine gute Führungskraft zu sein. In seiner Zeit

zwischen dem Studium in Deutschland und dem MBA (Master of Business Administration) an der Harvard Business School ist Schneider Vorstandsassistent beim Haniel-Konzern und lernt damit sehr stark die Führungsrolle des Verhandlungsführers kennen. Hier zeigt sich, dass Managementkompetenz nicht nur durch theoretischen Input, sondern auch durch Erfahrung und praktisches Tun geprägt wird. Nach dem MBA und dem Wiedereinstieg bei Haniel wechselt Schneider zur Fresenius-Gruppe, wo er beim Aufstieg in die Spitzenposition mit dem typischen Rollenproblem von Führungskräften konfrontiert wird.

Eigentlich besteht das Leben aus vier Bereichen (Palan 12/2013, S. 90): der Aufgabe (Unternehmensführung), dem eigenen Selbst, der Familie und den Freunden. Letztlich, so Schneider, reiche die normale Lebenszeit nur für zwei dieser Töpfe und er habe sich daher klar für die Aufgabe (Summe der Führungsrollen) und das eigene Selbst entschieden und bediene daher die privaten Rollen nur in dem Maße, wie zusätzlich Zeit und Energie übrig seien.

Die Rollen des Unternehmensführers hat er mit unterschiedlichen Teilrollen belegt:

- mit dem Netzwerker, dem es gelingt, mit Management und Eigentümern von Kooperationspartnern eine gute Basis für das Geschäft zu legen,
- mit dem Controller, der sich darum bemüht, Fehlentwicklungen im Konzern rechtzeitig zu entdecken und im kollegialen Schulterschluss mit den vor Ort Verantwortlichen gegenzusteuern,
- mit dem Vorbild, das statt Dienstwagen mit Fahrer auch mit dem Taxi auskommen kann und sich in der Kantine als Vorstandschef in die Reihe stellt,
- mit dem Moderator und Motivator, der ohne große Distanz auf seine Führungsmannschaft zugehen und sie bei den wichtigen strategischen Fragestellungen buchstäblich mit an Bord nehmen kann.

Das Beispiel zeigt, dass ein großer Teil des Führungserfolgs durch die Klarheit über die Führungsrolle gesteuert werden kann. Wer für sich verinnerlicht hat, dass die zahlreichen Subthemen der Führungsrolle nach wie vor dem Hauptziel dienen, seine eigenen Mitarbeiterinnen und Mitarbeiter erfolgreich zu machen, benötigt zusätzlich eine analytisch-strategische Begabung, um bereits für einen großen Teil der Führungsaufgaben und Herausforderungen gewappnet zu sein. (Palan 12/2013) ▪

2.6 Kernfragen

- Haben Sie einen Überblick über Ihre wesentlichen beruflichen und privaten Rollen?
- Sind die Zahl der Rollen und die jeweils damit verbundene Belastung im engeren Wortsinn für Sie überschaubar?
- Welche historischen Reste alter Rollen schleppen Sie – weil liebgewonnen – mit sich herum?
- Passen Ihre bisherigen Erfahrungen und Kompetenzen zur Anforderung der Führungsrolle?
- Gibt es einen Plan, wie Sie die fehlenden Kompetenzen erwerben oder Erfahrungen machen können, um allen wesentlichen Anforderungen der Führungsrolle zu entsprechen?
- Kennen Sie die Erwartungen der wichtigsten Zielgruppen (von Mitarbeiterinnen und Mitarbeitern, Kolleginnen und Kollegen, Vorgesetzten) an Ihre Führungsrolle?
- Welche Erwartungen möchten Sie bewusst nicht erfüllen?
- Haben Sie die externen Erwartungen, die Sie nicht erfüllen wollen, auch den Zielgruppen kommuniziert?
- In welchen Teilrollen Ihrer Führungsrolle fühlen Sie sich besonders wohl?
- Können Sie Teilrollen, in denen Sie sich nicht wohl fühlen, delegieren oder minimieren?
- Können Sie alle Muss- und Soll-Erwartungen erfüllen, gegen die Sie sich nicht bewusst entschieden haben?
- Wenn Sie bei einer guten Fee drei Wünsche frei hätten, was würden Sie sich wünschen, damit aus Ihrer Führungsrolle Ihre „Traumrolle“ werden kann?

Literatur

Alznauer Michael: *Natürlich führen: Der evolutionäre Quellcode der Führung*; 2. Auflage, Springer Gabler 2013

Arora Rupali, Dunn Catherine, Kowitt Beth, Leahey Colleen, Sellers Patricia und *Vandermey Anne*: 50 Most powerful women; in: *Time* vol. 183, No. 10, 2014, S. 34-39

Begemann Petra: *Jetzt entscheide ich! – So werden Sie ein erfolgreicher Chef: Die Rezepte der Führungsprofis*; Eichborn Frankfurt am Main 2002

Buchhorn Eva: Hauptsache authentisch; in: *Manager Magazin* 7/2014, S. 101-107

Buckingham Marcus und *Coffmann Curt*: *Erfolgreiche Führung gegen alle Regeln: Wie Sie wertvolle Mitarbeiter gewinnen, erhalten und fördern*; Campus Frankfurt/New York 2005

Dahrendorf Ralf: *Homo Sociologicus* (17. Auflage); VS Verlag Wiesbaden 2010

Engelmann Ines und *Etzrodt Katrin*: Mediale Geschlechterkonstruktion online und mögliche Ursachen: Eine Inhaltsanalyse der journalistischen Online-Berichterstattung über Politikerinnen und Politiker; in: *Medien- und Kommunikationswissenschaft* 1/2014, S. 64-82

Erpenbeck John: Unternehmenskompetenzen – verstehen, erfassen, entwickeln; Vortrag auf dem Steinbeis Consulting Tag, Stuttgart 3. Juli 2014

Goffman Erving: *Wir alle Spielen Theater – Die Selbstdarstellung im Alltag*; Piper München 2011

Herles Benedikt: *Die kaputte Elite: Ein Schadensbericht aus unseren Chefetagen*; Knaus München 2013

Meyer-Grashorn Anke: *Spinnen ist Pflicht*; Allitera München 2009

Niermeyer Rainer: *Mythos Authentizität: Die Kunst, die richtige Führungsrolle zu spielen; Sonderausgabe*, Campus Frankfurt/New York 2010

Noé Martin: Der Weltökonom; in: *Manager Magazin* 4/2012, S. 54-59

North Klaus: Wissen und Lernprozesse managen; *Vortrag auf dem Steinbeis Consulting Tag*, Stuttgart 3. Juli 2014

Palan Dietmar: Ein Wunderkind wird erwachsen; in: *Manager Magazin* 12/2013, S. 86-92

Peter Laurence J.: *Das Peter-Programm*; 17. Auflage, Rohwolt Reinbek bei Hamburg 2002

Seiwert Lothar: *Zeit ist Leben, Leben ist Zeit: Die Probleme mit der Zeit lösen: Die Chancen der Zeit nutzen*; Ariston München 2013

Zack Devora: Führung für Führungshasser: *Starten Sie durch, indem Sie einfach Sie selbst sind*; Gabal Offenbach 2013

3 Klarheit über Werte

**Christoph Franz,
in seiner Funktion als Vorstandsvorsitzender der Lufthansa**

In diesem Beispiel geht um eine Führungskraft, die sich beim Umgang mit Werten von den Werten des Unternehmens entfernt und damit die ursprünglich geplante Leistung nicht mehr möglich wird.
Es ist ein Beispiel wie aus dem Lehrbuch. In einer Zeit, in der der Markt der Luftverkehrsgesellschaften immer unberechenbarer wird, schrumpft die Wirtschaftlichkeit der deutschen Vorzeige-Airline Lufthansa zusehends durch die Konkurrenz ausländischer Carrier und den zahlreichen Billig-Fluglinien, die sich etabliert haben. Was in dieser Situation von einem verantwortungsvollen Manager erwartet wird, ist klar. Er soll möglichst rasch das Steuer herumreißen und durch ein entsprechendes Change-Programm die Kosten senken und gleichzeitig die Rentabilität der unterschiedlichen Produkte im Markt deutlich erhöhen. Dabei sollen die Mitarbeiterinnen und Mitarbeiter weiter motiviert und die Kunden vom neuen Programm überzeugt werden, sodass am Ende des gelungenen Werks das Unternehmen wieder gute Renditen erwirtschaften kann.
Soweit die Theorie. Christoph Franz startete mit dem flächendeckenden Sparprogramm „Score“, das all die Maßnahmen beinhaltete, mit denen die Kosten gesenkt und die Rentabilität erhöht werden konnten. Dazu gehören reduzierte Bonusleistungen für das Stammkundengeschäft und eine Maximierung der Packungsdichte bei der Beladung der unterschiedlichen Flugzeugtypen durch eine Verringerung des Sitzabstands. Der Wettbewerb scheint die Spielregeln, nach denen auch ein etablierter Premiumanbieter künftig spielen muss, zu diktieren.
Hier geht es beim Problem mit Werten zunächst um den fast banal anmutenden Wert der Kunden im Gesamtgefüge eines Konzerns. Welchen Stellen-WERT haben das Kundenbedürfnis und die Kundenorientierung? Diese Wertekrise ging im vorliegenden Fall jedoch mit einer innerhalb der kompletten Organisation vorherrschenden wirtschaftlichen Krise einher. Unter dem Projektnamen „Diversity Cultural Change“ (Machatschke 8/2012, S. 30) sollte von einer externen Beratung ermittelt werden, welche Chancen das Unternehmen besitze, auf Basis der Unternehmenskultur mit den künftigen Herausforderungen zurechtzukommen. Der erste Teil der 2012 präsentierten Analyse fiel ernüchternd aus, da Unfähigkeit zur Veränderung und Selbstherrlichkeit den unterschiedlichen Bereichen und Führungskräften attestiert wurde. Hier zeigte sich also bereits ein elementares Problem im Umgang mit Werten und der damit verbundenen Unternehmenskultur.
Gesteigert wurde dieses Problem, als das Beratungsunternehmen im Rahmen der Analyse feststellte, dass der Machtkampf zwischen Christoph Franz und dem Chef der Passagierflugsparte Carsten Spohr, das Unternehmen lähmte. Die Präsentation der Ergebnisse wurde daraufhin abgebrochen. Nun ja, auch im Mittelalter musste die Wahrheit gegenüber den

Mächtigen mitunter in der Verkleidung des Hofnarren präsentiert werden, da sonst jeder Überbringer der schlechten Nachricht in Ungnade gefallen wäre. Wie problematisch sich Unklarheiten bei Werten und in der Unternehmenskultur auswirken können, zeigt sich in diesem Beispiel. (Machatschke 8/2012)

Führungskräfte übernehmen Verantwortung für Unternehmen und Organisationen als Ganzes, aber auch für die Menschen, die ihnen als Mitarbeiterinnen und Mitarbeiter anvertraut sind. Nur wenn Sie sich darüber im Klaren sind, in welchen ethischen Bahnen diese Arbeit vonstattengehen soll, können Sie wirksam und verantwortungsbewusst diese Aufgabe wahrnehmen. Aus philosophischer Sicht kritisiert Thomas Vašek die gängige Grundhaltung einer falsch verstandenen Work-Life-Balance. Er wendet sich gegen eine Lebensplanung, die Arbeit nur als lästiges Übel sieht, sodass dann unter "Work-Life-Balance" der Ausgleich in einer rein spaßorientierten Freizeit gesucht wird. Nicht umsonst hat er sein Werk "Work-Life-Bullshit" genannt. „Zu arbeiten – das ist offenbar viel mehr als bloß eine Tätigkeit, mit der wir Geld verdienen. Arbeit ist nicht nur Mittel zum Zweck. Arbeit ist eine komplexe Lebensform“ (Vašek 2013, S. 97). Es geht um gute Arbeit, die den eigenen Talenten und Neigungen entspricht und auch einen Beitrag zum persönlichen Lebenssinn leisten kann. Es geht daher für die Führungskräfte, aber auch für die Mitarbeiterinnen und Mitarbeiter, nicht nur um Lebensunterhalt, sondern auch um Lebenssinn und damit bei der Frage der Werteorientierung von Führungskräften auch, so pathetisch das vielleicht für Sie klingen mag, um Ihre Aufgabe als Sinnstifter.

3.1 Orientierung, Werte und Unternehmenskultur

Werte sind heute in vielen Zusammenhängen zunächst als materielle Werte wie Unternehmenswert oder Wert einer Kapitalanlage zu verstehen. In der philosophischen und sozialwissenschaftlichen Tradition geht es bei der Suche nach Werten um die Suche nach dem Guten schlechthin. Übertragen auf die Situation von Führenden in Unternehmen repräsentieren Werte grundlegende „bewusste oder unbewusste Orientierungsstandards und Leitvorstellungen, von denen sich Individuen und Gruppen in ihrer Handlungswahl leiten lassen“ (Horn 2002, S. 290 nach Ebers/Melchers 2002, S. 39). Normen hingegen stellen keine absoluten Standards dar. Eine Norm nimmt stets auf die sozialen Rollen (vgl. Kapitel 2) und die daraus resultierenden Erwartungshaltungen Bezug. Normen beschreiben also das, was wir von anderen in ihrer Rolle erwarten und wir orientieren uns als Norm an den Dingen, die nach unserer Erfahrung andere von uns in dieser Rolle erwarten werden. Dabei ist auch im Kontext der Unternehmensethik klar, dass es das Problem geben kann, dass Normen und Standards auch zu Lasten von Werten gehen können (Leistinger 1997, S. 14). Eine Norm, die die Qualität und Preiswürdigkeit einer Leistung abprüft, kann sich beispielsweise in der Praxis zu Lasten sozialer Standards in Herkunftsländern und damit zu Lasten des Werts der Menschlichkeit auswirken. Hier sind Sie als Führungskraft gefordert, den Abwägungsprozess mit zu gestalten. Dies beginnt in der Praxis bereits damit, dass man solche Widersprüche transparent macht und zur Diskussion stellt. Die allgemein gültigen Werte der Unternehmung haben dabei in der Regel Vorrang vor der Norm.

Klarheit über die Werte bedeutet für Führende auch die Kompetenz, gängige Normen entweder ethisch zu begründen oder begründet in Frage zu stellen und – falls erforderlich – anzupassen, ohne den Mitarbeiterinnen und Mitarbeitern die Orientierung zu nehmen bzw. die Organisation in ein Stadium der Beliebigkeit zu führen.
Werte sind dem Wortsinne nach (auch für Sie) eine Kraftquelle, die sehr eng mit dem Begriff der Würde verbunden ist (vgl. Grün 2010, S. 104). Daher ist es für den langfristigen Erfolg eines Unternehmens unumgänglich, dass sich die Führungsebene mit Werten befasst.
Die Übereinstimmung der gelebten Unternehmenswerte mit den persönlichen Werten ist auch eine elementare Vorsorge zur psychischen Hygiene, denn wer gegen seine persönlichen Überzeugungen arbeitet, gefährdet mittel- und langfristig sein seelisches Wohlbefinden. Bereits Martin Luther sagte am 28. Januar 1521 auf dem Reichstag zu Worms, dass „wider das Gewissen zu handeln beschwerlich, unheilsam und gefährlich ist“ (o.V.: Reden die die Welt bewegten, o.J., S. 23).

Für viele Diskussionen im Rahmen der Unternehmensethik haben sich Werte als Fundament etabliert, dennoch herrscht mitunter eine „Ideologie der funktionalistischen Wirtschaftsethik“ (Thielemann 2000, S. 351). Dahinter verbirgt sich die Idee, dass ethisches Verhalten sich für alle Akteure (Führungskräfte und Unternehmen) am Ende des Tages auszahlen wird. Dies lässt sich zwar sehr gut anhand unterschiedlicher Anwendungsbereiche, wie etwa der Unternehmenskommunikation darstellen, dennoch geht es bei ethischem Handeln und Wertorientierung von Führenden nicht lediglich um eine Variante des betriebswirtschaftlich sinnvollen Verhaltens, sondern um eine grundlegende weltanschauliche Haltung, die man kritisch sehen kann (vgl. Maurer 2011), die jedoch als Fundament für eine sittliche Kompetenz der Führungskräfte und des Unternehmens als Akteur erforderlich ist.

Ihre Arbeit als Führungskraft benötigt, um eine Metapher des derzeitigen Vorsitzenden der katholischen Bischofskonferenz, Reinhard Marx, zu entleihen, „einen ausreichenden moralischen Grundwasserspiegel“ (Marx 2010, S. 128).

Als Quelle der moralisch-ethischen Überzeugungen haben sich Philosophie mit der Werten Gerechtigkeit, Tapferkeit, Maß und Klugheit (Frey/Schmalzried 2013) sowie

Religion mit den Kardinaltugenden Glaube, Hoffnung, Liebe (vgl. Rohrhirsch 2013) in unterschiedlichen Ausprägungen bewährt und gehen auch heute in das Wertefundament der meisten Führungskräfte und Unternehmungen ein. Dabei wurde schon von Max Weber darauf hingewiesen, dass es Zusammenhänge zwischen der soziologischen Schichtung und der religiösen Orientierung bzw. der daraus abgeleiteten Alltagsethik geben kann (Weber 2005, 27f.), weshalb aus seiner bereits zur damaligen Zeit nicht unumstrittenen Arbeit abgeleitet wird, dass beispielsweise die protestantische Arbeitsethik das unternehmerische, kapitalistische Gewinnstreben einzelner Akteure geprägt habe. Dabei griff Weber nicht nur auf die soziologischen Erfahrungen in Deutschland, sondern vorwiegend auf historische Daten sowie nur am Rande auch auf die Ergebnisse seiner Amerikareise im Jahr 1904 zurück (Kaube 2014, S. 202). Die Theorie von Max Weber hat aber letztlich deshalb den historischen Zeitkontext und den Diskussionsstreit unter den Gelehrten sowie Wissenschaftlerinnen und Wissenschaftlern überlebt, weil sie sich mit der Alltagserfahrung vieler Menschen deckt, dass die ethisch-moralischen Überzeugungen sich auf das Arbeits- und Leistungsvermögen auswirken können.

Was sind nun typische Werte?

Leistungswerte:

- Nutzen, Kompetenz,
- Leistungsbereitschaft,
- Flexibilität,
- Kreativität,
- Innovationsorientierung,
- Qualität.

Kommunikationswerte:

- Achtung,
- Zugehörigkeit,
- Offenheit,
- Transparenz,
- Verständigung,
- Risikobereitschaft,
- Aufrichtigkeit,
- Sensibilisierung,
- Positionierung,
- Offensivität.

Kooperationswerte:

- Loyalität,
- Teamgeist,
- Konfliktfähigkeit,
- Offenheit,

- Kommunikationsfähigkeit,
- Vorbildfunktion,
- Standardsetzung,
- Maßstabsetzung.

Moralische Werte:

- Gesetzestreue,
- Integrität,
- Fairness,
- Ehrlichkeit,
- Vertragstreue,
- Verantwortung,
- Anstand,
- Engagement,
- Wertorientierung,
- Bindung an Moral,
- Rücksicht,
- Weitsicht.

Diese Werte sind keine erschöpfenden, allgemein verbindliche Richtgrößen, sondern lediglich eine typische Darstellung des aktuellen gesellschaftlichen Konsenses in Deutschland (vgl. Schwegler 2008, S. 262 als Erweiterung von Wieland 1999, S. 94).

Sie können als Führungskraft Ihr Unternehmen oder Ihre Organisation dabei im Sinne der Unternehmensethik als moralische Akteure verstehen (Neuhäuser 2011, S. 32). Dies setzt jedoch voraus, dass bei Ihnen als Führungskraft und auch innerhalb Ihrer Führungsriege und der Unternehmenskultur ein Bewusstsein für Werte und ethisches Handeln vorhanden ist. Denn nur so können vonseiten des Unternehmens selbst moralische Standards entwickelt werden, die nicht nur als Minimalkonsens das widerspiegeln, was gegenwärtig von der Gesellschaft oder vom Gesetzgeber eingefordert wird.

Die Unternehmenskultur ist in diesem Zusammenhang ein "System von Wertvorstellungen, Verhaltensnormen, Denk- und Handlungsmustern, welches von einem Kollektiv von Menschen erlernt und akzeptiert worden ist" (Bleicher 2002, S. 6). Dabei geht es um unterschiedliche Ebenen, die für den Kulturbegriff typisch sind (vgl. Bleicher 1999, S. 226):

- *Artefakte*: sichtbarer äußerer Ausdruck (Gebäude, Produkte, Werbematerialien),
- *Werte und Normen*: Einstellungen gegenüber den Stakeholdern (Bezugsgruppen) etc.,
- *Grundlegende Annahmen*: Weltbild, Menschenbild einer Organisation.

Da wir in den meisten Fällen im Unternehmen zunächst die Ebene der Artefakte erkennen, bietet sich, analog zu den bekannten Darstellungen im Rahmen des Change Managements, ein Eisbergmodell an, das verdeutlicht, welche Elemente der Unternehmenskultur für einen Außenstehenden erkennbar sind und welche verborgenen Elemente dahinter stehen. Bild 3.1 veranschaulicht, dass dabei Werte und Annahmen die tieferliegende Ebene und damit das Fundament für die Kultur sind.

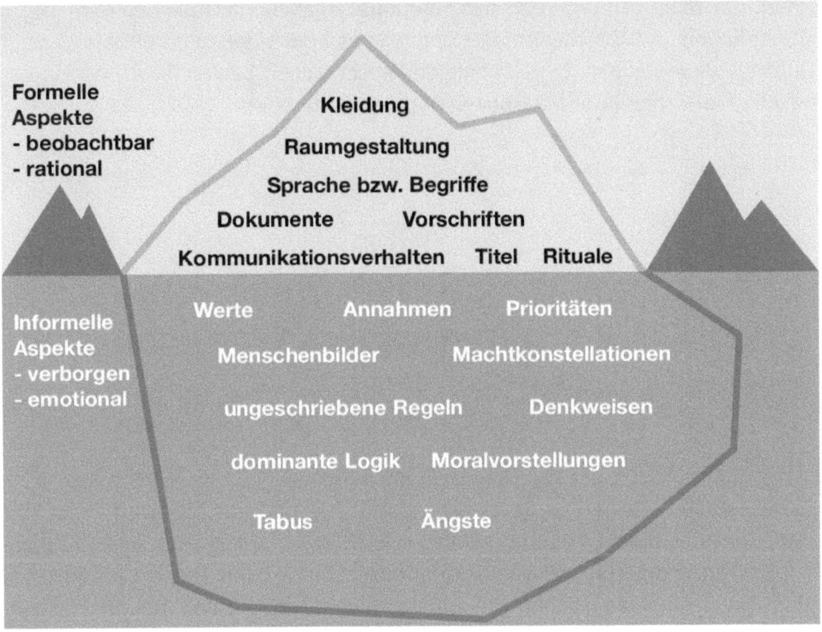

Bild 3.1 Eisbergmodell (Eppler/Mengis 2011, S. 139)

> Es ist nicht möglich, als Führungskraft eine Unternehmenskultur in einem Unternehmen zu etablieren, die sich ausschließlich auf die äußerlich sichtbaren und steuerbaren Merkmale stützt, wenn diese im Widerspruch zu den tieferliegenden Grundüberzeugungen der Menschen und der Unternehmung als Gemeinwesen stehen. ■

Unserer Gesellschaft wird häufig eine Wertekrise und ein Verlust an Werten attestiert. Wir können mit Blick auf das Verhalten von Unternehmen jedoch eine zweigeteilte Entwicklung konstatieren. Während für einen großen Teil der Bevölkerung Werte an Bedeutung verloren haben, sind für andere die Sinnsuche und die Hinwendung zu individuellen, religiösen, gesellschaftlichen, politischen oder ethischen Werten wichtiger geworden. Dies erklärt auch die immer wieder aufkommenden Trends zu „sinnstiftenden" Seminaren, die jedoch nicht immer dieses Versprechen einlösen können, und die Attraktivität von religiösen oder spirituellen Gruppierungen, die den Mitgliedern Halt, Sicherheit und Orientierung bieten können.

> Einen wichtigen Teil des Lebenssinns und der Orientierung im Alltag berufstätiger Menschen steht in Verbindung mit ihrer Arbeit. Es ist daher mit einer Ihrer wichtigen und zentralen Führungsaufgaben, dass Sie den Mitarbeiterinnen und Mitarbeitern die Sinnhaftigkeit der eigenen beruflichen Tätigkeit verdeutlichen. Dies ist eine der wesentlichen Säulen für die berufliche Motivation Ihrer Mitarbeiterinnen und Mitarbeiter.

3.2 Akteure der Unternehmensethik: Sittliche Kompetenz als Eigenschaft von Führenden

Die unterschiedliche Wertigkeit von sozialer Kompetenz und reiner Fachkompetenz für Führungskräfte haben wir bereits dargestellt. Damit Sie als Führungskraft jedoch tatsächlich Orientierung bieten können, gehört, wie Bild 3.2 zeigt, auch eine „sittliche Kompetenz" im Sinne einer Werteorientierung dazu. Damit ist es Ihnen als Führungskraft möglich, tatsächlich auch als Führungspersönlichkeit zu wirken. Aus der Funktion der Chefin oder des Chefs wird dadurch eine glaubwürdige Person. Dabei ist davon auszugehen, dass Glaubwürdigkeit durch das Führungsverhalten konkret gestärkt werden kann. Wenn bei Ihnen beispielsweise Handeln und Sprechen im Gleichklang steht (weil Sie das machen, was Sie sagen und Sie das sagen, was Sie machen), ist dies schon ein wichtiger Schritt um Glaubwürdigkeit zu erlangen. Bettina Würth hat als Tochter in der Nachfolge des Firmengründers die Führung des gleichnamigen Schraubenimperiums übernommen. Sie benennt Geradlinigkeit, Ehrlichkeit und Transparenz als die entscheidenden Erfolgsfaktoren (Hartmuth 2012, S. 46). Klarheit über die Werte ist daher auch aus Sicht der Praxis ein Erfolgsfaktor.

Dass Sie Glaubwürdigkeit durch einzelne Maßnahmen erzeugen können, beispielsweise durch bestimmte Rituale (Echter 2011, S. 38), ist bei genauem Hinsehen nicht richtig. Sie können damit die Zuschreibung von Eigenschaften zwar stärken, aber nicht im Detail steuern.

Ausgehend von der Erkenntnis, dass zur Führungsfähigkeit eine sittliche Kompetenz der Führenden gehört, stellt sich in der Praxis die Frage, was diese sittliche Kompetenz umfasst und wie sie erreicht werden kann.

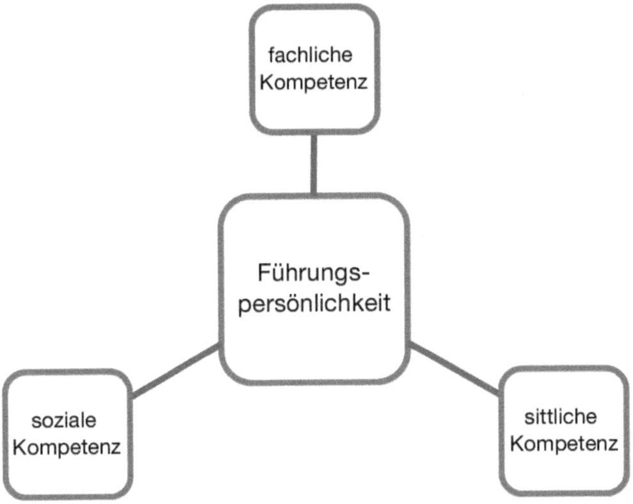

Bild 3.2 Die drei Kompetenzfelder einer Führungskraft nach: (Kirchner 2006, S. 56)

„Sittliche Kompetenz bedeutet die Fähigkeit, mit Normen sinnvoll und verantwortungsvoll umgehen zu können. Sie ist das Ergebnis einer konstruktiven Gewissensbildung" (Kirchner 2006, S. 86).

Grundlegend für die sittliche Kompetenz sind nicht Ihre theoretische Kenntnis der Philosophiegeschichte oder Ihre formale Verankerung in Glaubenssätzen, sondern Ihr Interesse als Führungskraft an den Bedürfnissen und das Wissen um die Belange der Mitarbeiterinnen und Mitarbeiter (vgl. Kirchner 2006, S. 53). Die egoistischen und teilweise narzisstischen Motivationen, die viele Führenden, insbesondere die bekannten Alphatiere, aufweisen, müssen durch eine Hinwendung zum Gegenüber, den Geführten kompensiert werden. Dies setzt Beziehungsfähigkeit voraus, die wiederum die Grundlage dafür ist, dass Vertrauen entstehen kann. „All the best exponents of leading beyond their authority have a profound interest in people" (Middleton 2007, S. 108).

Vertrauen in Personen wiederum ist nicht nur die Grundlage einer modernen Gesellschaft (Gross 2010, S. 129), sondern die Voraussetzung dafür, dass Sie als Führungskraft hervorragende Leistungen gemeinsam mit Ihren Mitarbeiterinnen und Mitarbeitern zustande bringen. Vertrauen schafft die Basis für die Übernahme von Verantwortung, einen guten Kommunikationsfluss innerhalb von Teams und eine verbesserte Problemlösungskompetenz von Gruppen (Krystek 1999, S. 268f.).

Bei Kant lässt sich ein wesentlicher Grundsatz für die sittliche Autorität ableiten. In seinem Werk „Kritik der praktischen Vernunft" erhebt er in „§7 Grundgesetz der praktischen Vernunft" folgendes Postulat:

„Handel so, dass die Maxime deines Willens jederzeit zugleich als Prinzip einer allgemeinen Gesetzgebung gelten könne“ (Kant 2011, S. 738).

Dieser „kategorische Imperativ“ veranschaulicht wesentliche Fundamente des Führungshandelns: Vorbildcharakter, Glaubwürdigkeit und Verlässlichkeit (vgl. auch Niquet 2007, Drosdek 2005, S. 143ff.). Um diesen Anspruch nach sittlicher Autorität und Reife einlösen zu können, muss bei Ihnen als Führungskraft eine konstruktive Gewissensbildung erfolgt sein. Dies ist im Wesentlichen ein Prozess aus der Kindheitsentwicklung, der im Idealfall darin mündet, dass Sie dem Gewissen keine zu strengen, starren oder engen Maßstäbe zugrunde legen (vgl. Kirchner 2006, S. 88f.).

Klarheit in Bezug auf das Wertefundament bedeutet daher keinesfalls ein besonders enges oder ideologisch umhülltes Konzept, sondern eine nachvollziehbare Wertebasis, die die Grundlage dafür bildet, dass sich die Führungskraft im Rahmen der Führungsbeziehung seinen Mitarbeitenden zuwenden kann.

3.3 Werteabgleich zwischen Gesellschaft, Unternehmen und Führungskraft

Klarheit über Werte und Unternehmenskultur bedeutet zunächst den Abgleich Ihrer eigenen Wertvorstellungen als Führungskraft mit den Werten des Unternehmens, die wiederum mit der Unternehmensumwelt und somit mit den gesellschaftlichen Werten abzustimmen sind. Dabei ist das Verständnis von gemeinsamen Werten eines Unternehmens ohnehin ein elementarer Part der strategischen Unternehmensführung. Ist es doch eine wichtige Voraussetzung, um eine klar positionierbare Marke für das Unternehmen und die Kernprodukte des Unternehmens etablieren zu können.

„Als Führungskraft haben Sie die Aufgabe, die gemeinsamen Werte des Unternehmens und der mit dem Unternehmen verbundenen Menschen glaubwürdig zu leben.
Dies setzt die Kenntnis der Werte, die passende innere Haltung zu diesen Werten und die Einhaltung der Werte auch in schwierigen Phasen und bei anspruchsvollen Entscheidungen voraus“. (Seeger/Breyer-Mayländer 2013, S. 154)

Zur Klarheit über die eigenen Werte im Sinne einer reifen und konstruktiven Gewissensbildung gehört auch die Klarheit über die Wertebasis im Unternehmen. Als Führungskraft müssen Sie in den ethischen Grundfragen mit der allgemeinen Unternehmenslinie im Einklang stehen, um damit eigene moralische Konflikte zu vermeiden, die sich auf die eigene Glaubwürdigkeit als Führungskraft auswirken. Gleichzeitig vermeidet dieser Wertekonsens Situationen, in denen sich die Geführten zwischen Ihnen als Führungskraft und der Unternehmensleitlinie entscheiden müssen.

Wenn auch die Mitarbeiterinnen und Mitarbeiter den Wertekonsens von Führungskraft und Unternehmen teilen, besteht damit die Chance, basierend auf diesem Wertekonsens, eine konstruktiv kritische Kooperation auf Augenhöhe hinzubekommen.

Friedrich Nietzsche über Führung und Werte:

„*Lange schlief Zarathustra, und nicht nur die Morgenröte ging über sein Antlitz, sondern auch der Vormittag. Endlich aber tat sein Auge sich auf: Verwundert sah Zarathustra in den Wald und die Stille, verwundert sah er in sich hinein. Dann erhob er sich schnell, wie ein Seefahrer, der mit einem Male Land sieht, und jauchzte: denn er sah eine neue Wahrheit. Und also redete er dann zu seinem Herzen: »Ein Licht ging mir auf: Gefährten brauche ich, und lebendige – nicht tote Gefährten und Leichname, die ich mit mir trage, wohin ich will. Sondern lebendige Gefährten brauche ich, die mir folgen, weil sie sich selber folgen wollen – und dorthin, wohin ich will.*“ (zitiert nach Drosdek 2008, S. 270)

Mit diesem Beispiel aus einem der zentralen Werke von Nietzsche wird deutlich, was die Klarheit über eine gemeinsame Wertebasis leistet. Sie stellt sicher, dass die kritischen Mitarbeiterinnen und Mitarbeiter nicht nur Ja-Sager sind.

„Was? du suchst? du möchtest dich verzehnfachen, verhundertfachen? du suchst Anhänger? – Suche Nullen!“

Friedrich Nietzsche (zitiert nach Drosdek 2008, S.223)

Stattdessen gibt es als Basis den Konsens der gemeinsamen Werte, die wiederum eine gute Voraussetzung für die operative Führungsarbeit in Bezug auf Strategien und Ziele darstellen. Achten Sie darauf, dass Sie nach eigenständigen Mitarbeiterinnen und Mitarbeitern suchen. Denn nur mit Ihnen werden Sie in komplexen Märkten erfolgreich arbeiten können. ■

Eine weitere Integrationsleistung, die Sie im Rahmen Ihres Einflussbereichs als Führungskraft vollbringen müssen, ist die Abstimmung der Werte des Unternehmens und damit der darin aktiven Führungskräfte und Mitarbeitenden mit dem gesellschaftlichen Umfeld. Unternehmen stehen mit einer Reihe unterschiedlicher Interessensgruppen, den sogenannten Stakeholdern, wie etwa den Mitarbeiterinnen und Mitarbeitern, den Kunden, dem Stadtrat oder der lokalen Öffentlichkeit etc. in Kontakt. Bild 3.3 veranschaulicht, dass Werte auch hier das Fundament für ein erfolgreiches Zusammenwirken der in einem Unternehmen agierenden Beteiligten sind.

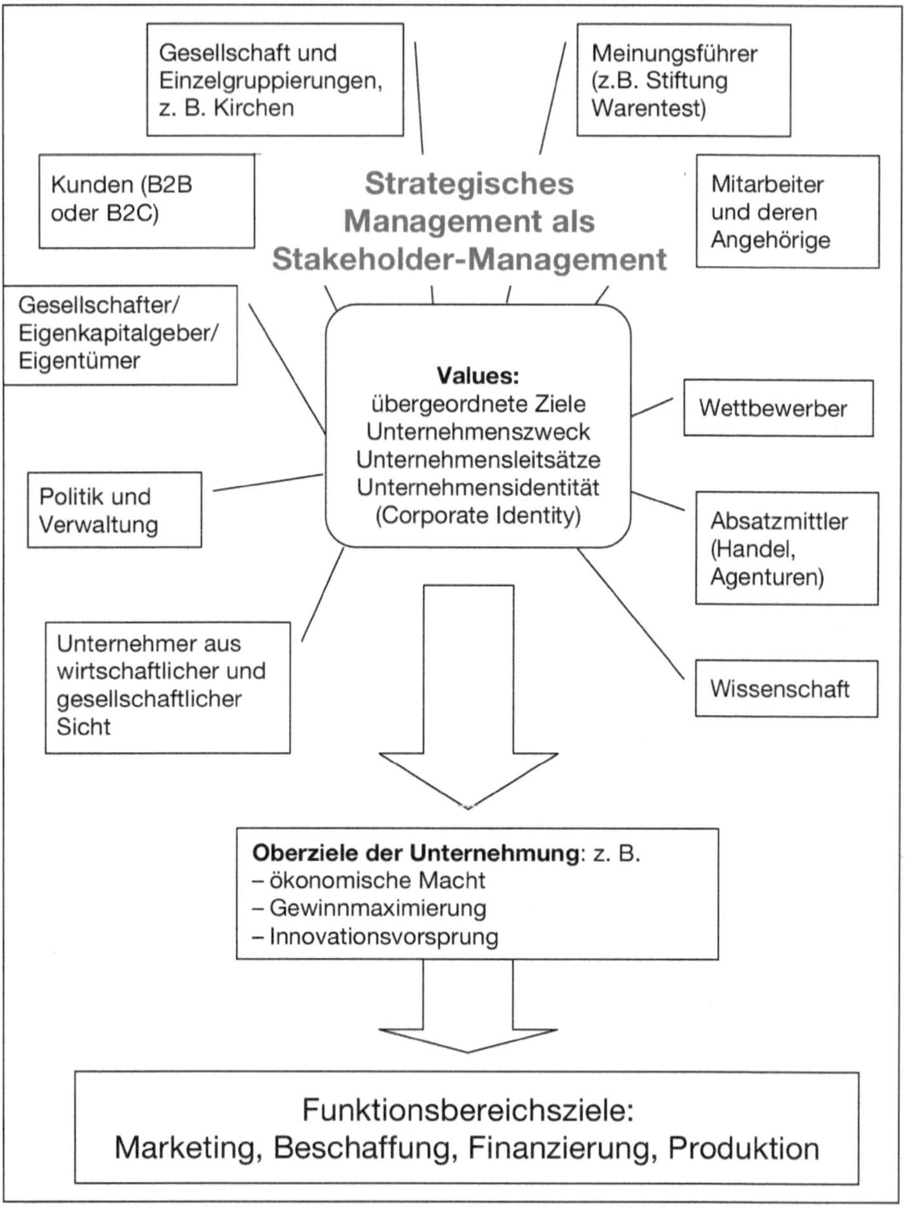

Bild 3.3 Abgleich der Unternehmenswerte mit den Stakeholdern

Die zuvor schon skizzierte Sinnsuche in unserer Gesellschaft betont nochmals die Notwendigkeit einer abgestimmten Wertebasis, in der sich auch wesentliche aktuelle Werte unserer Gesellschaft wiederfinden.

Sinnfindung durch Werteverwirklichung ist eine Grundlage für erfolgreiches Leben und Arbeiten. Sie können mit Werten sich selbst sowie Ihre Mitarbeiterinnen und Mitarbeiter motivieren, wenn alle Akteure die Leistungen und Erfolge ihrer Arbeit im Einklang mit ihren ureigenen persönlichen Grundüberzeugungen erleben können. Dies wirkt sich in der Konsequenz positiv auf die Betriebsergebnisse aus. Sinn und Werte tragen daher wesentlich zur Leistungsbereitschaft und zum Engagement des Einzelnen bei. Damit handelt es sich um eine zentrale Aufgabe einer Führungskraft, den Sinn der notwendigen Aufgaben und Arbeiten Ihren Mitarbeiterinnen und Mitarbeitern zu kommunizieren und darzustellen (vgl. Seeger/Breyer-Mayländer 2013, S. 156).

3.4 Leitbild als Ausdruck der Unternehmenskultur

Ein wesentliches persönliches Entwicklungsziel für Sie als Führungskraft ist die Klarheit über die eigene Wertebasis, die Werte der Mitarbeiterinnen und Mitarbeiter und damit über die Unternehmenswerte. Die Abstimmung dieses Fundaments mit dem gesellschaftlichen Umfeld und der Marktumgebung ist das Kernziel des „Wertemanagements". Darunter versteht man eine werteorientierte Unternehmensführung. Um von den klaren Werten zu profitieren, müssen diese Unternehmenswerte und die Unternehmenskultur kommuniziert werden, was üblicherweise im Rahmen eines Leitbilds erfolgt. Um ein solches erstellen zu können, müssen zuerst in einem gemeinsamen Entwicklungsprozess, der alle Hierarchieebenen einschließt, Werte und Normen identifiziert und festgelegt werden, die dann das Leitbild formen.

„Ein gutes Leitbild weist folgende Eigenschaften auf:

Es ist vital, konkret und realistisch und zudem zukunftsorientiert. Die wichtigste Aufgabe des Leitbildes ist es aber, die eher abstrakte Philosophie des Unternehmens in eine greifbare Zielsetzung zu übersetzen. Das Leitbild dient dem Unternehmen als lebendiges und bildhaftes Kommunikationsmittel seiner Werte und Ziele." (Seeger/Breyer-Mayländer 2013, S. 158)

Ein Leitbild zu entwickeln ist eine Gemeinschaftsaufgabe, an der möglichst alle Hierarchieebenen innerhalb des Unternehmens teilhaben. Das Leitbild ist ein entscheidender Faktor der sichtbaren Ebene der Unternehmenskultur, das jedoch nur dann lebendig sein kann, wenn die Inhalte des Leitbilds auch mit der unsichtbaren Ebene (dem beim Eisbergmodell unter der Wasserlinie liegenden Teil der informellen Normen) in Einklang stehen.

An dieser Stelle sei auf die normative Kraft des Faktischen verwiesen. Regelungen auf formeller Ebene im Unternehmen haben in der jüngsten Vergangenheit stark an Bedeutung gewonnen. Die Festlegungen im Rahmen der Compliance-Regelungen zur Korruptionsbekämpfung oder der Corporate Social Responsibility (CSR) zur Wahrnehmung von gesellschaftlicher Verantwortung sind letztlich lediglich sichtbare, normierte Ausprägungsformen des Wertekonsenses und somit Teil der Unternehmenskultur. Gerade beim Boom-Thema Compliance (vgl. Steßl 2012 und Quentmeier 2012) kann man sich auch die Frage stellen, ob es sich dabei nicht eher um einen internationalen Normierungstrend handelt, der fehlende Werteorientierung durch strukturierte Managementtools mit Spielregeln zur Korruptionsvorbeugung ersetzen soll.

Ob diese Dinge am Ende jedoch wirklich gelebt werden und ob die tatsächlich praktizierten Normen mit diesen formal überprüfbaren Elementen im Einklang stehen, ist Teil der Lebensrealität, die damit selbst eine Gruppennorm darstellt. Führungskräfte haben die Aufgabe, diesen Effekt im Blick zu behalten, damit der unternehmenseigene Prozess der Leitbildentwicklung am Ende nicht zur Farce wird. Dies bedeutet auch, dass Sie sich die Zeit nehmen müssen zu beobachten, um neben der formalen Organisation die informellen Regeln, Normen und Machtverhältnisse in einer Organisation zu verstehen (vgl. Greene 2014, S. 67ff.). Durch die Überführung von Werten in Leitbilder und damit in Artefakte der Unternehmenskultur entsteht ein Prozess, der am Ende ein klar kommunizierbares Selbstverständnis des Unternehmens und seiner Unternehmenspersönlichkeit beinhaltet. Dies ist die Verbindung von Corporate Identity und der gestalterischen Ausprägung des Corporate Designs (vgl. Herbst 2009, S. 19) mit dem Wertemanagement.

> **!** Damit die inhaltliche Klarheit auch tatsächlich für alle Beteiligten deutlich wird, müssen die Werte als Inhalte in den sichtbaren Teil der Unternehmenskultur Eingang finden. ■

Die Werte in einem Leitbild unterliegen dabei einem steten Wandel. Dies führt nicht automatisch zu einer zeitabhängigen Beliebigkeit, sondern sichert im Rahmen der Entwicklungsfähigkeit einer Organisation ihre Vitalität. Ein einfaches und aktuelles Beispiel kann dies illustrieren:

Die soziologisch klar umrissene Generation Y, das heißt die Jahrgänge von 1977 bis 1998, zeichnen sich beispielsweise durch eine neue Form der Sinnsuche innerhalb der Arbeit aus. Klassische Karriereperspektiven werden darauf überprüft, ob sie Freiräume für Selbstverwirklichung bringen und familienkompatibel sind. Die im Regelfall gut ausgebildeten Fach- und Führungskräfte dieser Generation stellen als Geführte die Führungsarbeit ihrer Vorgesetzten häufig auf den Prüfstand. Hier muss man als Führungskraft sowohl die Wertvorstellungen der Zielgruppe vor Augen haben, als auch bereit sein, den erhöhten Kommunikationsaufwand in Kauf zu nehmen. Diese Änderungen der

Wertvorstellungen relevanter Anteile der eigenen Belegschaft und Führungsmannschaft kann nicht spurlos am eigenen Unternehmensselbstverständnis und Leitbild vorübergehen, sondern muss entsprechend bei den Aktualisierungen integriert werden.

Jürgen Hambrecht,
in seiner Funktion als Vorstandschef von BASF

Jürgen Hambrecht ist kein Manager, der ständig durch die Diskussion über seine Werte oder eine intensive PR-Arbeit über Werte und Moral auf sich aufmerksam machte. Dennoch kann er auch als Bespiel für die Notwendigkeit der Klarheit über Werte als Voraussetzung für Führungserfolg herangezogen werden.

Hambrecht war von 1976 bis 2011 für die BASF tätig, dabei die letzten acht Jahre als Vorstandschef. Dies allein ist durch die enge Verbundenheit mit einem Arbeitgeber und damit einer hohen Identifikation mit der Managementrolle und dem Wohlergehen des Unternehmens bereits ein Umstand, der heute schon Seltenheitswert hat und künftig wohl noch schwieriger realisierbar sein wird. Wertebereiche, die hier bereits sichtbar werden, sind die Verbundenheit mit der Aufgabe, Identifikation und aus Sicht der Mitarbeiterinnen und Mitarbeiter sowie der Kolleginnen und Kollegen die Verlässlichkeit.

Wenn man hinter die Würdigungen schaut, mit denen Jürgen Hambrecht anlässlich seiner Aufnahme in die „Hall of Fame" des Manager Magazins bedacht wurde, kann nachspüren, dass der Erfolg der beruflichen Lebensleistung eng mit einem klaren Wertegerüst verbunden ist. Die Unvoreingenommenheit im Umgang mit unterschiedlichen Interessengruppen ermöglichte ihm nach seiner Phase als Vorstandslenker auch in seinen Funktionen als Aufsichtsrat unterschiedlicher Firmen, wie beispielsweise Daimler, schwierige Interessenskonstellationen aufzulösen und in ein erfolgreiches Gesamtkonzept umzuformen.

Die authentische Begeisterung für Themen beschreibt der ehemalige Bosch-Chef Franz Fehrenbach mit den Worten: „Wenn er spricht, dann spürt jeder, wie er für ein Thema brennt, das überzeugt." (vgl. Werres 7/2013, S. 43) Hier zeigt sich also eine Einstellung. Gemäß Augustinus ist die Voraussetzung, um in anderen ein Feuer zu entfachen, dass man selbst für etwas brennen muss. Auch das ist bei genauerer Betrachtung eine klare Werteorientierung, die Identifikation mit der Aufgabe, und auch eine authentische Kommunikationsleistung.

Zu dieser Charakterisierung passen auch die zahlreichen Beispiele, die illustrieren, dass Hambrecht für seine Überzeugungen offen eintritt. Sein Ausspruch „Ich sage, was ich denke, und tue, was ich sage." (Werres 7/2013, S. 44) bringt seine Kernforderung nach klaren Werten für Unternehmensführer auf den Punkt. Einen Nachteil kann die Standfestigkeit und Offenheit im Alltag mitunter mit sich bringen. Sie kann bei einigen Themen auch in Sturheit münden. Dass dies kein Problem wird, wie es bei anderen Managern und Alphatieren mitunter der Fall ist, wird bei Hambrecht durch die Werteorientierung des Handelns sichergestellt. Er gilt als Verfechter der sozialen Marktwirtschaft, was bei einer Reihe von Themen automatisch bedeutet, dass die Interessen, Sorgen und Nöte der anderen Beteiligten ebenfalls einen hohen Stellenwert besitzen. (Werres 7/2013)

3.5 Kernfragen

- Können Sie die fünf für Sie persönlich wichtigsten Werte benennen?
- Können Sie die fünf für Ihr Unternehmen wichtigsten Werte benennen?
- Wie groß ist die Überschneidung zwischen Ihren Werten und denen Ihres Unternehmens oder Ihrer Organisation?
- Welche Widersprüche zwischen den vorgegebenen oder gängigen Normen in Ihrem Umfeld und Ihren persönlichen Wertepräferenzen gibt es?
- Welche Widersprüche zwischen den vorgegebenen oder gängigen Normen in Ihrem Umfeld und den Wertepräferenzen Ihres Unternehmens oder Ihrer Organisation gibt es?
- Welche Maßnahmen zur Angleichung von Werten und Normen stehen an?
- Welche Artefakte in der Unternehmenskultur korrespondieren nicht mit Ihren Werten?
- Welchen Betrag zur Organisations- und Unternehmenskultur möchten Sie leisten?
- Wie gut passt Ihr aktuelles Leitbild zur Unternehmenskultur und den eigentlichen Kernwerten Ihrer Organisation?
- Wie gut ist Ihr Leitbild im Unternehmen, in Ihrem Zuständigkeitsbereich bekannt, anerkannt und verankert?
- Trägt Ihre Arbeit dazu bei, dass Sie Ihrem Leben einen Sinn beimessen?

Literatur

Bleicher Knut: Unternehmenskultur und strategische Unternehmensführung; in: *Hahn, Dietger; Taylor, Bernhard; Strategische Unternehmensplanung – Strategische Unternehmensführung*; 8. Auflage, Physica Heidelberg 1999, S. 223-265

Bleicher Knut; Integriertes Management als Herausforderung; in: *Schwendt Stefanie* und *Funk Dirk* (Hrsg.); *Integrierte Managementsysteme: Konzepte, Werkzeuge, Erfahrungen*; Physica Heidelberg 2002, S. 1-23

Drosdek Andreas: Die wichtigsten Philosophen für Manager; *Handelsblatt Management Bibliothek Band 7*; Campus Frankfurt 2005

Drosdek Andreas: *Nietzsche für Manager: Mit Mut zum Erfolg*; Campus Frankfurt 2008

Ebers Thomas und *Melchers Markus*: *Vom Wert der Wertdebatte: Anmerkungen und Orientierung*; Herder Freiburg 2002

Eppler Martin J. und *Mengis Jeanne*: *Management Atlas: Management-Methoden für den Arbeitsalltag*; Hanser München 2011

Echter Dorothee: *Führung braucht Rituale – So sichern Sie nachhaltig den Erfolg Ihres Unternehmens*; 2. Auflage, Vahlen München 2011

Frey Dieter und *Schmalzried Lisa*: *Philosophie der Führung: Gute Führung lernen von Kant, Aristoteles, Popper & Co.*; Springer Heidelberg 2013

Greene Robert: *Perfekt: Der überlegene Weg zum Erfolg*; Hanser München 2014

Gross Peter: Vertrauenskollaps und Vertrauensmanagement; in: *Spoun Sascha* und *Meynhardt Timo* (Hrsg.): *Management: Eine gesellschaftliche Aufgabe*; Nomos Baden-Baden 2010, S. 123-134

Grün Anselm und *Zeitz Jochen*: *Gott, Geld und Gewissen: Mönch und Manager im Gespräch*; Vier-Türme Münsterschwarzach 2010

Hartmuth Dorian: *So entsteht Ihre große Karriere: Prominente Führungspersönlichkeiten erklären, was wirklich zählt*; Gabler Wiesbaden 2012

Herbst Dieter: *Corporate Identity: Aufbau einer einzigartigen Unternehmensidentität, Leitbild und Unternehmenskultur: Image messen, gestalten und überprüfen*; Cornelsen Brlin 2009

Kant Immanuel: *Die drei Kritiken (Kritik der reinen Vernunft, Kritik der praktischen Vernunft, Kritik der Urteilskraft), hrsg. von der Königlich Preußischen Akademie der Wissenschaften*; Anaconda Köln 2011

Kaube Jürgen: *Max Weber: Ein Leben zwischen den Epochen*; Rohwolt Berlin 2014

Kirchner Baldur: *Dialektik und Ethik: Prinzipien des Führens und Vertrauens*; Edition K, Kammeltal 2006

Krystek Ulrich: Vertrauen als Basis erfolgreicher strategischer Unternehmensführung; in: *Hahn, Dietger; Taylor, Bernhard; Strategische Unternehmensplanung – Strategische Unternehmensführung*; 8. Auflage, Physica Heidelberg 1999, S. 266-288

Leistinger Klaus M.: *Unternehmensethik: Globale Verantwortung und modernes Management*; C.H. Beck, München 1997

Machatschke Michael: Fragen Sie Franz; in: *Manager Magazin* 8/2012, S. 26-31

Marx Reinhard: *Das Kapital: Ein Plädoyer für den Menschen*; Knaur München 2010

Maurer Rainer: Hochschulen im Ethikboom – Darf „Corporate Social Responsibility" zum Lernziel erklärt werden?; in: *Die Neue Hochschule (DNH)* 3/2011, S. 102-106

Middelton Julia: *Beyond Authority: Leadership in a Changing World*; Macmillan New York 2007

Neuhäuser Christian: *Unternehmen als moralische Akteure*; Suhrkamp Berlin 2011

Niquet Bernd: *Kant für Manager*; Campus Frankfurt 2007

o.V.: *Reden die die Welt bewegten*; 9. Auflage, Phaidon Essen (Imprint Emil Vollmer Verlag) o.J.

Quentmeier Helma: *Praxishandbuch Compliance: Grundlagen, Ziele und Praxistipps für Nicht-Juristen*; Gabler Wiesbaden 2012

Rohrhirsch Ferdinand: *Christliche Führung – Anspruch und Wirklichkeit: Führen mit Persönlichkeit und Ethik*; Springer Gabler 2013

Schwegler Regina: *Moralisches Handeln von Unternehmen: Eine Weiterentwicklung des neuen St. Galler Management-Modells und der neuen Ökonomischen Ethik*; Gabler Edition Wissenschaft Wiesbaden 2008

Seeger Christof und *Breyer-Mayländer Thomas*: *Vom Studenten zur erfolgreichen Führungskraft*; UVK Konstanz 2013

Steßl Antonia: *Effektives Compliance Management in Unternehmen*; Springer VS, Wiesbaden 2012

Thielemann Ulrich: Angewandte, funktionale oder integrative Wirtschaftsethik – Die Befolgung ethischer Normen in und angesichts der Wirtschaft zwischen Unmöglichkeit, Notwendigkeit und (Un)Zumutbarkeit; in: *Kettner Matthias* (Hrsg.): *Angewandte Ethik als Politikum*; Suhrkamp Frankfurt 2000, S. 342-364

Vašek Thomas: *Work-Life-Bullshit: Warum die Trennung von Arbeit und Leben in die Irre führt*; Riemann München 2013

Weber Max: *Die protestantische Ethik und der Geist des Kapitalismus*; area Erftstadt 2005

Werres Thomas: Der Feuerkopf; in: *Manager Magazin* 7/2013, S. 42-44

Wieland Josef: *Die Ethik der Governance (Institutionelle und evolutorische Ökonomik Band 9)*; Metropolis Marburg 1999

4 Klarheit der Kommunikation

**Jürgen Fitschen und Anshu Jain,
in ihrer Funktion als Chef-Duo der Deutschen Bank**

Wer und was kommt nach Josef Ackermann? Das war eine der spannendsten Fragen in der deutschen Wirtschaft, als die Karriere des einstigen Vorstandschefs der Deutschen Bank dem Ende zuging. Sein Versuch, die Nachfolge selbst zu regeln und sich damit auch eine Rolle im zukünftigen Aufsichtsrat nach der Abklingzeit zu sichern, scheiterte. Die der Öffentlichkeit präsentierte Doppelspitze wurde als sehr spannend wahrgenommen.

Der bodenständige Jürgen Fitschen, trotz internationaler Karriere im Auftrag der Deutschen Bank in den Strukturen der Deutschland AG bestens verdrahtet, sollte die Schnittstelle für das deutsche Establishment liefern. Der vierzehn Jahre jüngere Anshu Jain, britischer Staatsbürger mit indischen Wurzeln und groß geworden im Investmentbanking, sollte die Dynamik der internationalen Finanzplätze verkörpern.

Was würde nun bei der Unterbrechung der personellen Kontinuität an strategischen und damit inhaltlichen Neuerungen bei Deutschlands wichtigster Geschäftsbank ins Haus stehen? Die für April 2012 angekündigten Neuerungen mussten auf September 2012 vertagt werden. Dies ist bereits im Sinne einer Klarheit der Kommunikation ein Nachteil. Die Ankündigung einer Vorstellung hat ein gespanntes Publikum zur Folge, das sich ungern auf einen späteren Zeitpunkt vertrösten lässt.

Das Misstrauen, das innerhalb des Instituts und, offensichtlich durch zahlreiche Schadenersatzprozesse, ebenfalls außerhalb des Instituts gegenüber dem Geschäftsgebaren der Deutschen Bank, insbesondere gegenüber dem Bereich des Investmentbankings, vorherrschte, übertrug sich auch auf das Führungsduo. Dadurch kam die neue Führungsspitze sehr schnell in die Defensive, was sich im späteren Fortgang der Entwicklung immer wieder als nachteilig erwies. Die Verwicklung der Deutschen Bank London in die Manipulation des Indexwertes Libor für das Interbankengeschäft war hierfür ein sehr prominentes Beispiel, das auch empfindliche Strafzahlungen nach sich zog.

War dies im Sinne der Kommunikation ein Problem, das sehr stark an der Person von Anshu Jain festgemacht wurde, der den Bereich Investmentbanking London durch seine Person und Vita verkörperte, so gab es weitere Kommunikationspannen, die wiederum den anderen Teil der Doppelspitze betrafen. Die schlechte Unterstützung der Staatsanwaltschaft bei Ermittlungen gegen Bankkunden, die im Verdacht der Steuerhinterziehung standen, fand eines Tages durch einen spektakulären Polizeieinsatz ein jähes Ende. Die Staatsanwaltschaft forderte durch diese Aktion mit den ihr zur Verfügung stehenden Mitteln die Kooperation ein. Jürgen Fitschen wiederum erkannte nicht die Gefahr, die selbst aufgestellte Fettnäpfchen in der Kommunikation mit sich bringen, und rief den hessischen

Ministerpräsidenten an, um sich über das Vorgehen der Exekutive zu beschweren. Kurzum, die notwendige Strategieerläuterung wurde verschoben, was nach innen ein Kommunikationsvakuum zur Folge hatte. Die bestehenden Probleme wurden in der Kommunikation nach außen nur sehr unzureichend gelöst. In der Summe also ein Experiment, bei dem eine spannende Kombination von Persönlichkeiten zunächst nur unzureichend in Führungsstärke mündete. (Balzer 7/2012)

Führung ist im Wesentlichen eine Kommunikationsaufgabe. Nicht nur, dass der Großteil der Arbeitszeit einer Führungskraft wenig planbar und durch Kommunikation geprägt ist (vgl. Mintzberg 2011, S. 35, 43). Die zentralen Führungsziele, wie die Schaffung eines vertrauensvollen Führungsklimas, hängen von der Art der Kommunikation im Unternehmen ab (vgl. Sommerlatte/Fullon 2012, S. 19ff.).

Der Erfolg oder Misserfolg Ihrer Führungsarbeit hängt damit in hohem Maße von Kommunikation ab.

Wenn wir zum Beleg die Gliederung dieses Buches anführen, und darauf hinweisen, dass jedes Kapitel mit Kommunikation zu tun hat, dann könnten Sie als Leserin oder Leser einwenden, dass dies an unserer Themenauswahl liegt. Sie werden jedoch bei allen Fachbüchern, Seminaren und Workshops zum Thema Führung feststellen, dass es sich um ein Themenfeld handelt, das sehr stark durch Kommunikation geprägt ist (vgl. Simon 2009). Typische Führungsaufgaben wie Konfliktmanagement oder Kritik sind mit die auffälligsten Detailthemen, die einen direkten Kommunikationsbezug haben.

„Die Rede ist auch Einflussnehmen durch das Wort. Der Redende ist der Führende." (Kirchner u. a. 2006, S. 21) Dabei gilt der Umkehrschluss, dass ein Führender auch ein Redender sein muss. Dies bedeutet nicht, dass vorwiegend Menschen Führende sein sollten, die mehr reden als zuhören können. Im Gegenteil: Der Fähigkeit des Zuhörens kommt in der Führungsarbeit eine große Bedeutung zu. Es geht daher generell um die Bereitschaft einer Führungskraft, auch adäquat zu kommunizieren. Rede als Einflussnahme ist jedoch zentral, denn Führung beinhaltet auch stets den Aspekt der Einflussnahme auf Gruppen und Einzelpersonen und dabei auch mehr oder minder stark den Teilaspekt der Durchsetzung des Fremdwillens durch den Führenden, was nur durch Einflussnahme möglich ist.

Über Kommunikationsarbeit in der Führung gibt es zahlreiche Abhandlungen und selbst die umfangreichen unter ihnen, die versuchen, alle Teilaspekte zu vereinen (vgl. Simon 2004), sind nicht vollständig. Die Aspekte der Kommunikation, die wir im Folgenden unter dem Gesichtspunkt der Klarheit herausgreifen, sollen diese Darstellungen nicht ersetzen, sondern die Zusammenhänge verdeutlichen.

Die besondere Bedeutung der Kommunikation für Ihre Führungsarbeit lässt sich auch an einigen Bezügen zu anderen Teilkapiteln dieses Buchs beschreiben. Goffman (2011, S. 6) weist darauf hin, dass das Einnehmen von sozialen Rollen dazu führt, dass der einzelne sich „ausdrückt“ und damit andere „beeindruckt“. Ausgangspunkt der Überlegungen zur Kommunikation ist wiederum die Persönlichkeit des Sprechenden und damit für uns die Klarheit des Führenden über die eigene Person (vgl. Kapitel 1). Denn die „psychischen Grundqualitäten“ des Sprechenden, das heißt von Ihnen als Führungskraft, sind maßgeblicher Bestandteil der Wirkungsweise (vgl. Kirchner 1992, S. 35). Die Persönlichkeit desjenigen, der sich in den Kommunikationsprozess begibt, ist ein entscheidender Faktor für alle weiteren Stufen der Kommunikationsarbeit.

Falls Sie die Gelegenheit hatten, sogenannte „TOP-Trainer“ der Rhetorik und des Verkaufens in Großveranstaltungen zu erleben, dann können Sie das folgende Beispiel nachvollziehen. In einer Atmosphäre, die in etwa dem konzentrierten Arbeiten in einer Stadionhalle gleicht, in der ein „Comedian“ wie Mario Barth oder Cindy aus Marzahn ihre Erkenntnisse zum Besten geben, werden dann wirksame Erfolgsrezepte für Vortrag und Verkauf dargeboten. Dabei ist in diesen Fällen der Auftritt der Kolleginnen und Kollegen (Der Großteil davon sind nach wie vor Männer.) professionell durchchoreografiert und die Effekte, mit denen das Publikum angesprochen wird, sind sorgfältig geplant. Lässt sich ein solcher Vortrag nun vonseiten der Zuhörerinnen und Zuhörer imitieren? Ist das das Ergebnis und Ziel einer solchen Veranstaltung?

Wir merken bei kurzem Nachdenken sehr schnell, dass es nicht darum gehen kann, effektvolle Tricks aus der Zauberkiste des Infotainment in die Alltagskommunikation zu übernehmen. 20 TV-Stunden Hirschhausen machen aus einem introvertierten Controller noch keinen Entertainer. Selbst dann, wenn Ihnen die Imitation rhetorisch und intellektuell begabter Entertainer gelingt, wäre der Erfolg aus Führungssicht zweifelhaft. Ihre Grundhaltung als Sprechende oder Sprechender wäre bei derartigen Auftritten vor Ihrem Unternehmenspublikum zu hinterfragen. Sie würden in diesem Fall ein Rollenbild des Sprechenden vermitteln, das sich mit Recht als „narzisstisch“ (Winkler/Commichau 2011, S. 15) beschreiben ließe. Das heißt: Sie würden ein rhetorisches Selbstverständnis zeigen, nach dem Sie als Redner nur zufrieden sein können, wenn das Publikum Sie gut findet und im Zweifel besser findet als alle anderen. Willkommen bei „Deutschland sucht den Supersprecher“. Diesen Weg sollten Sie daher auf keinen Fall anstreben, denn in der narzisstischen Ausgestaltung der Führungsrolle liegt eine sehr große Gefahr.

Übertragen auf die Führungsaufgabe, kommen wir bei narzisstischen Persönlichkeiten und einem entsprechenden Rollenverständnis rasch an einen Punkt, an dem nicht nur das eigene Handeln und Sprechen, sondern auch die Wahrnehmung der Realität, das heißt z. B. auch das Feedback der Mitarbeiterinnen und Mitarbeiter, durch diesen Blickwinkel interpretiert wird. Kritiker werden beispielsweise abgewertet und entfernt (vgl. Eidenschink 2003, S. 7). Die narzisstische Sichtweise führt auch zu einem enormen Erfolgsdruck. Der Führende und Sprechende muss der Beste sein. Mittelmaß wird nicht akzeptiert. Wer dies unproblematisch findet und lediglich als das Rezept erfolgreicher Menschen betrachtet, sollte sich jedoch Gedanken über die Wirkung dieser Art von Kommunikation machen. Die Zuhörer verabschieden sich bei dieser Art von Rhetorik aus der aktiven Rolle (Winkler/Commichau 2011, S. 18). Statt selbst zum Denken und Handeln angeregt zu werden, werden die vorgegebenen Inhalte übernommen. Diese problematische Haltung zeigt sich auch in Führungsbeziehungen. Gerade bei Führungskonzepten, die als „charismatische Führung“ bezeichnet werden, kann das Identifikationsangebot durch die Führungskraft so starke Wirkung entfalten, dass die Geführten (insbesondere jüngere Mitarbeiterinnen und Mitarbeiter) einen Teil ihrer eigenen Identität opfern und dem Führenden folgen. Authentisches und charismatisches Führungsverhalten kann eine Stärke sein. Wer darauf achtet, wie wirkungsvoll ein echtes Lachen mit den Augen eine engagierte Darstellung unterstreichen kann, weiß, wie die positiven Fälle charismatischer Kommunikation aussehen (vgl. Scherer 2010, S. 97). Narzisstische Führungspersönlichkeiten befinden sich hingegen aufgrund ihrer persönlichen Disposition auf dem direkten Weg in die egozentrierte Einsamkeit. Dabei wird nicht nur im Sinne der Kommunikation die Fähigkeit der Hinwendung zum Gegenüber blockiert, sondern es besteht auch kaum die Chance, Rückmeldungen von außen offen aufzunehmen, da das Feedback in der Regel mit dem eigenen perfektionistischen Weltbild kollidiert (vgl. Kirchner 1996, S. 188ff.).

Wie kann nun eine klare Kommunikation im Rahmen der Führungsarbeit aussehen, ohne dass hierbei lediglich „klare Ansagen“ im Sinne einer Konfrontation gemeint sind?

! Damit Sie klar kommunizieren können, müssen Sie über die Funktionsweise von Kommunikation Bescheid wissen. Das bedeutet: Sie müssen wissen, wodurch Unbestimmtheit, Unklarheit und Unsicherheit beim Empfänger hervorgerufen werden. ■

■ 4.1 Klarheit durch Kenntnis der Kommunikation

Kaum ein Themengebiet wird publizistisch annähernd intensiv erschlossen wie die Kommunikationswissenschaft. Die Disziplin liebt es über sich selbst zu kommunizieren. Aus den zahlreichen Modellen zur Erklärung und Beschreibung kommunikativer Prozesse werden daher nur einige zentrale Ansätze in sehr knapper Form vorgestellt (vgl. Seeger/Breyer-Mayländer 2013, S. 111).

4.1.1 Die fünf Axiome von Paul Watzlawick

Bereits 1969 hat der bekannte Kommunikationswissenschaftler Paul Watzlawick die berühmten fünf Axiome der Kommunikation veröffentlicht:

1. Axiom: „Man kann nicht nicht kommunizieren."

Bei menschlicher Kommunikation handelt es sich immer um eine Interaktion zwischen mindestens zwei Personen (Es sei denn, Sie führen Selbstgespräche.). Dabei findet ein „wechselseitiger Ablauf von Mitteilungen" statt. Sie kommunizieren als Führungskraft jedoch nicht nur über die reine Sprache in Form des gesprochenen oder geschriebenen Worts, sondern auch über die Körper- und Parasprache (Stimmlage, Lautstärke, Sprechrhythmus etc.), das heißt über Verhalten in jeder Form. Kein Mensch kann kein Verhalten zeigen, genauso wenig, wie man nicht nicht reagieren kann. Alles, was Sie tun oder eben auch nicht tun, ist eine Art von Kommunikation und sagt den Mitmenschen etwas aus. Passives regungsloses Verhalten beispielsweise kann die Botschaft „Lass mich in Ruhe!" aussenden. Es findet also zu jeder Zeit eine Art der Kommunikation statt, auch wenn diese zum Beispiel nur darin besteht, zu vermitteln, dass man gerade nicht verbal kommunizieren möchte.

> **!** Gerade für Sie als Führungskraft ist es wichtig, dass Sie sich darüber im Klaren sind, dass die erhöhte Aufmerksamkeit, die Ihnen zuteil wird, auch dazu führt, dass man sehr intensiv wahrnimmt und interpretiert, was Sie nicht tun und nicht sagen. ■

2. Axiom: „Jede Kommunikation hat einen Inhalts- und einen Beziehungsaspekt, derart, dass letzterer den ersteren bestimmt und daher eine Metakommunikation ist."

Dieses Axiom sagt aus, dass in einer Mitteilung zum einen die reine informative Botschaft, der Inhaltsaspekt, enthalten ist und zum anderen auch eine beziehungsgeleitete Botschaft, der Beziehungsaspekt. Diese beiden Aspekte sind mit der Sach- und der Beziehungsebene des Eisbergmodells vergleichbar und finden sich auch im Modell der Vier-Ohren (siehe Abschnitt 4.1.2) wieder. Bei der Beziehungsebene geht es beispielsweise um die Einstellung einer Person zu seinem Gesprächspartner. Je nachdem, wie negativ oder positiv Ihre Beziehung zu einem Gesprächspartner ist, desto mehr oder weniger stark spielt der Beziehungsaspekt eine Rolle und beeinflusst so den Inhaltsaspekt. Die Reaktion einer Person auf eine Mitteilung kann dementsprechend in drei verschiedenen Formen ausfallen: Je nach Art der Beziehung wird die Aussage des Gesprächspartners bestätigt, verworfen oder entwertet.

> **!** Für Sie als Führungskraft ist es notwendig, auf die Beziehungsebene zu achten. Diese Ebene verbindet einerseits Sie als Führungskraft mit Ihren Mitarbeiterinnen und Mitarbeitern sowie den Kolleginnen und Kollegen. Sie ist jedoch auch maßgeblich, wenn es um die Beziehungsebenen innerhalb Ihrer Mitarbeiterschaft geht, die Sie allein schon im Interesse des Arbeitsklimas im Blick behalten sollten. Gerade für Konflikte und verdeckte Konflikte ist dies im Sinne des Beziehungsmanagements im Team unerlässlich. ■

3. Axiom: „Die Natur einer Beziehung ist durch die Interpunktion der Kommunikationsabläufe seitens der Partner bedingt."

Das heißt: Jeder Mensch ordnet bestimmte Kommunikationsabläufe in seine individuelle Sicht der Wirklichkeit ein und bestimmt innerhalb dieser selbst den Beginn eines Kommunikationsprozesses. Jedes Verhalten ist immer „gleichzeitig Reiz, Reaktion und Verstärkung" für das weitere Verhalten des Interaktionspartners. Sie können auch bei typischen Führungsauseinandersetzungen nicht unterscheiden, ob Sie nun ein bestimmtes Kommunikationsverhalten ausgelöst haben, oder Ihr Verhalten nicht bereits eine Folge des Verhaltens Ihres Gesprächspartners (z. B. Mitarbeiters) ist. Wenn Sie schon einmal – insbesondere mit Kindern – versucht haben, einen Streit zu schlichten, kennen Sie das Phänomen: „Der andere hat angefangen." Beide Parteien nehmen die Realität so wahr, dass sie davon ausgehen, der jeweils andere habe das Problem durch sein Verhalten ausgelöst und somit einen Teufelskreis in Gang gesetzt. Das eigene Verhalten wird lediglich als Folge und Reaktion auf das des Kommunikationspartners gesehen.

> **!** Achten Sie in Ihrer Führungsrolle auf die Auswirkungen Ihrer Handlungen und die Wahl Ihrer Worte. ■

4. Axiom: „Menschliche Kommunikation bedient sich digitaler und analoger Modalitäten."

Es gibt sowohl eine digitale als auch eine analoge Kommunikation. Die digitale Kommunikation gibt dabei den Dingen Namen, die durch Worte ausgedrückt werden können und auf Konventionen, wie einer gemeinsamen Sprache (Verbalisation), beruhen. Die analoge Kommunikation arbeitet mit Zeichensprache und Ausdrucksgebärden (Körper- und Parasprache).

> **!** Setzen Sie die digitale und die analoge Kommunikation als Führungskraft bewusst ein. ■

5. Axiom: „Zwischenmenschliche Kommunikationsabläufe sind entweder symmetrisch oder komplementär".

Bei einer Beziehung zwischen zwei Kommunikationspartnern gibt es grundsätzlich zwei Möglichkeiten der gemeinsamen Basis. Zum einen kann eine Interaktion symmetrisch sein. Das bedeutet, die beiden Partner sind sich sehr ähnlich und versuchen unterbewusst, Ungleichheiten zu vermeiden. Zum anderen kann eine Beziehung komplementär sein. Das heißt, die Interaktion basiert auf sich wechselseitig ergänzenden Ungleichheiten. Meist übernimmt hierbei einer den dominanteren und der andere den passiveren Part in der Kommunikation, ohne diesen aufgedrängt zu bekommen.

> **!** Als Führungskraft kann man Verhaltensmuster nutzen und damit Gespräche auch gezielt steuern. Achten Sie in Ihrer Führungsrolle darauf, dass Sie nicht reflexartig in jeder Kommunikationssituation den dominanten Part übernehmen. ■

Was können wir zusammenfassend aus diesem Modell für die erforderliche Klarheit der Kommunikation entnehmen?

Zunächst zeigt sich anhand der Komplexität, die bereits bei diesen fünf kurzen Axiomen deutlich wird, dass Kommunikation in den meisten Fällen ein vieldeutiger Prozess ist, bei dem eben nicht davon ausgegangen werden kann, dass die Bemühungen, die der Sender beispielsweise für klar hält, beim Empfänger auch so verstanden werden.

> **!** Kommunikationsprozesse sind grundsätzlich komplex. Deshalb werden auch klar gemeinte Botschaften nicht immer klar formuliert und platziert und bleiben für den Empfänger oftmals vieldeutig.
> Bevor nun auf Seiten des Kommunikationspartners interpretiert wird, muss eine Rückversicherung erfolgen, ob das Wahrgenommene auch tatsächlich das Gesagte war.
> Als Führungskraft sollten Sie im Interesse der Klarheit die empfangenen Botschaften durch Rückfragen überprüfen und auch nachfragen, was beim Gesprächspartner ankam. So erfahren Sie, ob die von Ihnen abgeschickten Botschaften ankamen und welche Wirkung sie hatten.
> Sorgen Sie für Klarheit in der Kommunikation, indem Sie die unklaren Bereiche der eigenen oder der anderen Aussagen identifizieren. ■

4.1.2 Das Vier-Ohren-Modell

Sie müssen als Führungskraft nicht alle Kommunikationsmodelle kennen oder beherrschen. Es ist jedoch für eine klare, zielgerichtete Kommunikation hilfreich, ein paar zentrale Funktionsmechanismen aus einer übergeordneten Perspektive zu verstehen. Das Vier-Ohren-Modell ist eines der wichtigsten Kommunikationsmodelle der heutigen Zeit. Es stammt von Friedemann Schulz von Thun und enthält Teile des 2. Axioms von Paul Watzlawick (Jede Kommunikation hat einen Inhalts- und einen Beziehungsaspekt.). Das Modell sagt aus, dass ein Gesprächspartner aus der Aussage einer Person immer mehr als nur die reine Sachinformation herauslesen kann. Eine Mitteilung von Ihnen enthält nicht nur eine einzelne angeblich objektive Botschaft.

Nach dem Vier-Ohren-Modell gibt es für Ihren Gesprächspartner vier verschiedene Möglichkeiten, eine Aussage zu interpretieren: Neben der Sachinhaltsebene und der Beziehungsebene gibt es zudem eine Selbstkundgabeebene und eine Appellebene. Das heißt: Jede Mitteilung kann vom Kommunikationspartner durch vier verschiedene Kanäle bzw. Ohren aufgenommen werden. Mit jedem dieser Ohren wird eine Botschaft anders interpretiert und die rein sachliche Aussage bekommt eine zusätzliche Bedeutung zugewiesen. Man liest also quasi immer auch zwischen den Zeilen einer Aussage Zusatzinformationen heraus. Ebenso kann der Sender eine Mitteilung über diese vier Kanäle formulieren und so dem eigentlichen Inhalt zusätzliche implizite Botschaften beifügen. Stimmen die Kanäle von Sender und Empfänger nicht überein bzw. wird eine Nachricht über den falschen Kanal interpretiert, kann es schnell zu Kommunikationsproblemen kommen, wie Bild 4.1 veranschaulicht.

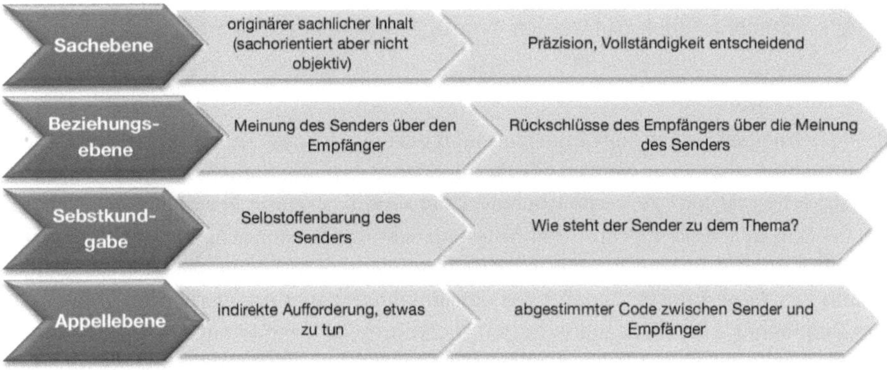

Bild 4.1 Das Vier-Ohren-Modell (nach: Schulz von Thun 1981)

Diese vier Ebenen einer Nachricht sowie deren Interpretationsmöglichkeiten können Sie anhand des folgenden Beispiels von Schulz von Thun näher unter die Lupe nehmen: Ein Beifahrer sagt zu seiner Frau, die beim Autofahren am Steuer sitzt: „Du, da vorne ist grün!" Welche Informationen können aus einer einfachen Aussage wie dieser nun durch die verschiedenen Ohren herausgehört werden?

1) Sachinhaltsebene

Diese Ebene enthält die reine Sachinformation, die in der Nachricht enthalten ist. Hier werden lediglich die gesprochenen Worte wahrgenommen und ohne eigene Interpretation des Empfängers (autofahrende Frau) als Tatsachen verstanden. Betrachtet man das Beispiel, so lautet die mit dem Sachinhaltsohr gehörte Botschaft schlicht und einfach: „Die Ampel da vorne ist grün!" Darin sind keinerlei Wertungen enthalten, sondern lediglich der Fakt einer grünen Ampel.

2) Selbstkundgabeebene

In jeder Nachricht steckt immer auch Selbstoffenbarung über die eigene Persönlichkeit des Senders (Beifahrer). Hierin enthalten sind häufig sowohl eine beabsichtigte Selbstdarstellung als auch eine eher unbeabsichtigte Selbstenthüllung. Der Sender verrät mit seiner Aussage automatisch Hintergrundinformationen über seine Person, ob er dies möchte oder nicht. Im Beispiel könnte die Botschaft mit dem Selbstkundgabeohr folgendermaßen verstanden werden: „Ich habe es eilig."

3) Appellebene

Auf diesem Kanal versucht der Sender, dem Empfänger mit seiner Nachricht zu übermitteln, dass dieser etwas Bestimmtes tun soll. Er fordert ihn implizit dazu auf, eine Handlung auszuführen oder bestimmte Dinge zu denken bzw. zu fühlen. Die Botschaft aus dem Beispiel könnte demnach über das Appellohr folgendermaßen verstanden werden: „Fahr schneller, dann schaffen wir es noch über die grüne Ampel." Diese Ebene steht bei vielen Kommunikationsvorgängen häufig im Vordergrund. Sollte dies der Fall sein, werden die drei verbleibenden Ebenen auf diesen Appell hin funktionalisiert, um Umstände hervorzurufen, welche letztendlich eine bestimmte Reaktion des Gesprächspartners erzeugen sollen. Sie werden damit „zum Mittel der Zielerreichung".

4) Beziehungsebene

Die Beziehungsebene enthält Informationen darüber, welche Meinung der Sender über den Empfänger hat. Hier werden häufig die Körper- und die Parasprache eingesetzt, um dieses Verhältnis klar zu verdeutlichen. Über eine bestimmte Formulierung, den Tonfall, die Stimmlage oder Gestik und Mimik drückt der Sender aus, wie er zum Empfänger steht und was er über ihn denkt. Im Gegensatz zur Selbstkundgabeebene enthält die Beziehungsebene Informationen über den Empfänger und das Verhältnis vom Sender zum Empfänger, allerdings keine reinen Auskünfte über den Sender selbst und dessen Verfassung. Im Beispiel könnte die Nachricht demnach lauten: „Du brauchst meine Hilfe beim Autofahren." Das Beziehungsohr ist häufig für Kommunikationsstörungen verantwortlich, da eine falsch entschlüsselte Botschaft auf dieser Ebene leicht zur Kränkung des Gegenübers und somit zu trotzigen Reaktionen und dem Beginn eines Teufelskreises führen kann.

Achten Sie bei der Formulierung Ihrer Botschaften auf die unterschiedlichen Kommunikationsebenen und schaffen Sie nach Möglichkeit Klarheit, bevor Missverständnisse auftreten. In der Führungspraxis lassen sich eine Reihe von Konflikten dadurch entschärfen, dass die Führungskraft moderierend eingreift und auf der Metaebene den Beteiligten verdeutlicht, warum ein eigentlich harmlos gemeinter Gedanke wie „Wir sollten uns überlegen, wie wir unseren 'Tag der offenen Tür' künftig noch attraktiver machen können." unterschiedliche und teilweise heftige emotionale Reaktionen hervorrufen kann.
Sorgen Sie für Klarheit in der Kommunikation, indem Sie die betroffenen Ebenen klären.

4.1.3 Die vier Phasen der Kommunikation

Ein praxistaugliches Modell in der Führungsarbeit ist das Modell der vier Phasen der Kommunikation, das Bild 4.2 illustriert. Ein häufiger Fehler von Kommunikation im Unternehmen ist, dass man als Sender einer Botschaft immer davon ausgeht, dass diese Botschaft auch ankommt. Dies muss aber nicht so sein. Aufgrund unterschiedlicher Rahmenbedingungen kann beispielsweise ein Empfänger eine Botschaft vielleicht gar nicht empfangen. Wenn Sie als Vorgesetzte oder Vorgesetzter beispielsweise ein Mitarbeitergespräch einberufen und der Mitarbeiter mitten in einer wichtigen Projektphase ist, kann man nicht davon ausgehen, dass das Gesagte auch tatsächlich beim Empfänger ankommt, da dieser vielleicht nur physisch anwesend ist, aber überhaupt nicht zuhört.

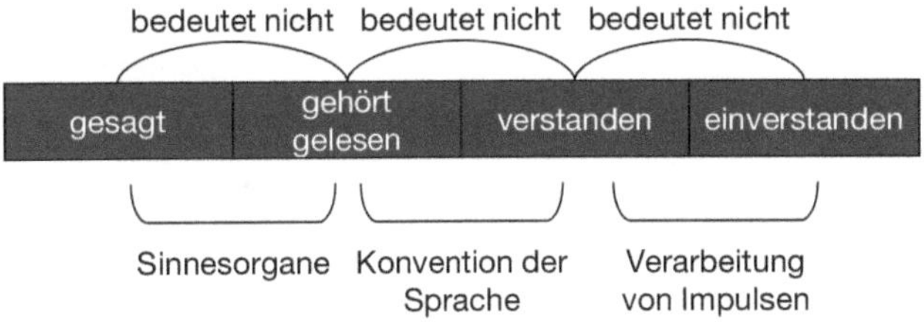

Bild 4.2 Die vier Phasen der Kommunikation

Das heißt, dass allein aufgrund der Wahl des Gesprächsortes und der Terminierung Kommunikationsfehler vorprogrammiert sein können.

Wenn Ihre Botschaft angekommen ist, ist wiederum nicht zwangsläufig davon auszugehen, dass die Botschaft von Ihrem Gesprächspartner auch verstanden wurde. Sprechen Sender und Empfänger beim Einsatz bestimmter Begrifflichkeiten auch vom Selben? Betrachten wir nur einmal die verschiedenen Bedeutungen von „Marketing". Was ist dann also darunter zu verstehen, wenn Sie die Ausarbeitung einer „Marketingstrategie" von einem Mitarbeiter verlangen? Wird Ihr Mitarbeiter sich nur um Werbung und Kommunikation kümmern? Wird er auch einen kritischen Blick auf die Produktpalette werfen und damit zentrale Aufgaben der Produktpolitik mit berücksichtigen? Auch wenn sich dies nun ein wenig akademisch anhört, so ist doch die Definition von Begriffen von zentraler Bedeutung.

Als Führungskraft sollten Sie immer wieder die Bedeutungsdimensionen von verwendeten Begriffen innerhalb des Teams und der Organisation abgleichen, damit jeder weiß, wovon der andere spricht.

Ein Einverständnis des Empfängers mit der gesendeten Botschaft ist die letzte Phase der Kommunikation. Diese muss nicht immer erreicht werden, aber sie wäre die beste Grundlage dafür, dass Ihre Mitarbeiter motiviert sind und auch die gemeinsame Zielsetzung verstehen. Wenn das Einverständnis nicht herzustellen ist, so kann die Stufe des Verständnisses zumindest für bestimmte Dinge ausreichen.

Achten Sie als Führungskraft auf die „Vierer-Kette“. Vergewissern Sie sich vor allem, ob das Gesagte oder Geschriebene auch wahrgenommen wurde. Der Klassiker passiert hier in vielen Führungssituationen auf der Ebene der elektronischen Kommunikation, wenn beispielsweise Informationen im Intranet hinterlegt werden, um dann im Konfliktfall den Mitarbeiterinnen und Mitarbeitern mitzuteilen, dass sie ihrer Holschuld nicht nachgekommen seien und die Führungsebene sich daher nichts vorzuwerfen habe, wenn einzelne nicht so gut informiert sind.
Das Verständnis und Einverständnis lässt sich in der Führungspraxis sehr gut durch Rückfragen der Führungskraft und eine Zusammenfassung (z. B. ein Zwischenfazit) absichern. Dies gibt Ihnen die Chance – falls erforderlich – die unklaren oder strittigen Passagen erneut anzusprechen und für eine Klärung zu sorgen und damit die Klarheit der Kommunikation zu verbessern.

4.2 Klarheit der Sprache

„Sprache ist das Werkzeug der Beeinflussung und damit das Organ der Führenden.“ (Rohrhirsch 2011, S. 149)

Wie wichtig es ist, dass Sie eine klare und eindeutige Sprache nutzen, können Sie dann ermessen, wenn Sie schon Situationen erlebt haben, in denen es an dieser Eindeutigkeit fehlte. Dabei kann dieses Fehlen an Eindeutigkeit beispielsweise allein durch die Betonung und Aussprache entstehen, wenn die Lautbildung nicht den gelernten Konventionen entspricht. In der Satiresendung „heute-show“ wurden im Jahr 2013 alle Äußerungen des FDP-Politikers Rainer Brüderle mit Untertiteln versehen, die die Kombination aus Dialekt und Artikulation karikierten. Dieses Beispiel zeigt, wie stark wir durch unsere Erwartungshaltung geprägt sind und wie die Sprache in Bezug zur Rolle (Politiker auf der Ebene der Bundespolitik) geprägt ist. Womit wir bei der Frage sind, wie Erwartungen der Umgebung und des Publikums den Umgang mit Sprache prägen.

4.2.1 Sprache und Rolle

Wenn Sie sich nicht klar sind über die Erwartungen und Facetten der Führungsrolle können Sie nur schwer Ihre Führungsrolle ausfüllen. Dieser Zusammenhang zwischen

Rollenkenntnis und der Wirksamkeit der Führungsarbeit bildet eine entscheidende Achse, die sich zwingend auf den Einsatz der Sprache auswirkt.

Dabei wird die Rolle auch in unterschiedlichen Situationen individuell ausgeformt sein. Ein Geschäftsführer wird während der Betriebsversammlung anders auftreten als beim Sommerfest der Firma, obwohl er in beiden Situationen in derselben beruflichen Rolle steckt. In der Summe geht es um ein Situationsbewusstsein. Analog zum Prinzip der situativen Führung, bei der es darum geht, Führungsstile nicht nur in Abhängigkeit von den Führenden oder Geführten auszugestalten, sondern der Situation anzupassen, muss die Sprache und der Stil der Kommunikation auf den Kontext (die Situation) abgestimmt werden.

Um authentisches Sprechen zu ermöglichen, gilt es zwischen authentischem Selbstverständnis (Wie sehe ich meine Rolle?) und dem Situationsbewusstsein (Welche Erwartungen gibt es im Kontext der Situation?) zu vermitteln. Dabei gibt es zu jedem Ansatz die „entwertende Übertreibung" (Winkler/Commichau 2011, S. 96f). Das heißt: Der ursprüngliche Ansatz wird in der Kommunikation so übertrieben, dass sich die positiven Kommunikationsansätze ins Negative verkehren (vgl. Bild 4.3). Wer beispielsweise zu sehr darauf achtet, was andere in einer bestimmten Situation, beispielsweise der Verabschiedung eines Mitarbeiters, von ihm erwarten, kann am Ende als austauschbar erlebt werden, da er nur noch lehrbuchartig das abspult, was man in einer solchen Situation sagen sollte. Dies hinterlässt dann meist einen sehr faden Eindruck.

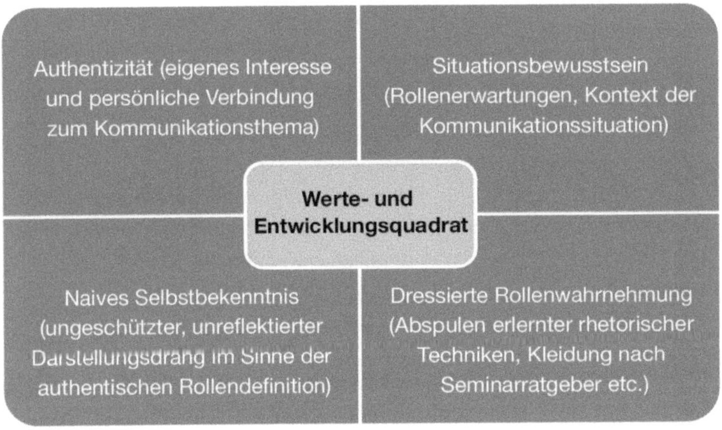

Bild 4.3 Werte- und Entwicklungsquadrat (in Anlehnung an: Winkler/Commichau 2011, S. 97)

! Klarheit entsteht dann, wenn eine sinnvolle Balance gefunden wird, das heißt wenn Sie als Sprecherin oder Sprecher authentisch Ihre Rolle ausfüllen und dabei die Erwartungen der Umgebung und die Wirkung der Situation bedenken. ■

4.2.2 Aktive Sprache und bewusste Rhetorik

Kennen Sie Führungskräfte, deren Hauptmerkmal der Gebrauch des Konjunktivs ist? „Wir könnten, sollten, würden gerne ...

Dieser Sprachgebrauch spiegelt nicht nur Unsicherheit und Entscheidungsunwilligkeit (oder Entscheidungsunfähigkeit) wider, sondern er ist auch symptomatisch für eine Sprach- und Führungskultur, bei der Eindeutigkeit und Entschiedenheit zur Sondersituation werden. Wenn Sie intensiv vom Konjunktiv Gebrauch machen, verstärken Sie Unklarheiten bei den Adressaten und provozieren somit Nachfragen. Denn für Ihre Mitarbeiterinnen und Mitarbeiter ist es ein großer Unterschied, ob sie etwas machen „könnten" oder etwas machen „sollen". Sie können die Mehrdeutigkeit der Sprache bewusst nutzen, damit sie Probleme nicht so angehen, dass die von Ihnen bevorzugte Lösung forciert wird. Die Klarheit wird mit solchen Maßnahmen nicht erhöht und eine solche Sprache verhindert auch Motivation.

Die Motivation Ihrer Mitarbeiterinnen und Mitarbeiter hängt stark davon ab, ob aus Ihren Ausführungen als Führungskraft klare Zielsetzungen entnommen werden können, die wiederum erreichbar sind und deren Erreichung eine emotional positive Bedeutung bekommt. Bei einer stark formelhaften Sprache, die sich im Konjunktiv bewegt, gibt es jedoch keine aktiv erreichbaren Ziele. Wegen der Schwierigkeiten, die Unstimmigkeiten und Unklarheiten für die Abläufe einer Organisation bzw. einer sozialen Gemeinschaft bewirken, ist die aktive Sprache notwendig, um Klarheit für alle Beteiligten zu bewirken und damit die Motivation der Gesamtorganisation zu stärken.

> **!** Sprache ist das Werkzeug für die Führungsarbeit. Daher ist Rhetorik „Ausdruck und Verwirklichung kommunikativer Kompetenz" (Kirchner u. a. 2006, S. 20), die aufgrund ihrer Zielgruppenorientierung auch Teil der sozialen Kompetenz ist. Dabei ist für Sie als Führungskraft nicht nur die angewandte Rhetorik im Sinne der freien und oftmals spontanen Rede relevant, sondern vor allem die Dialogfähigkeit als kommunikativer Ausdruck der Menschen- und Mitarbeiterorientierung von Bedeutung. ■

In der Managementausbildung wird Rhetorik entweder nur kursorisch behandelt, indem es beispielsweise bei entsprechenden akademischen Studienprogrammen als Wahlfach den Bereich der „Soft Skills" ziert oder es geht bei der praxisorientierten Managementweiterbildung sehr oft um einzelne Techniken, die eingeübt werden. Abgesehen von der Problematik, dass einige der in diesem Metier tätigen Trainer selbst warnende Beispiele für die „Narzissmus-Falle" verkörpern, geht es dann allzu oft um das Antrainieren vorgefertigter Verhaltensweisen. Im Sinne unseres Buchtitels könnte man nun unterschiedliche Figuren und Redeabläufe zum Seminargegenstand machen, bei denen es gelingt, ein Thema möglichst anschaulich und klar darzustellen.

Klarheit in der Rhetorik setzt jedoch in erster Linie ein authentisches Führungsverhalten voraus. Getreu dem Motto „Wer andere führen möchte, möge gelernt haben, sich selbst zu führen!" (Kirchner 2008), wird Rhetorik nur dann wirksam, wenn Sie als Führungskraft mit der eigenen Person und Ihrer Rolle im Einklang stehen und sich aufgrund der Hinwendung zum Gegenüber auch für andere öffnen können. Diese Fähigkeit wird gerne mit Empathie oder auch emotionaler Intelligenz beschrieben, setzt sie doch voraus, dass ausreichende Selbstwahrnehmung und positive Emotionalität beim Sprecher und Führenden vorhanden sind (Goleman 1995, S. 127). Am Anfang der Rhetorik steht somit nicht der Sprechunterricht, sondern die Bereitschaft zur persönlichen Weiterentwicklung zu emotionaler Tiefe (Cooper/Sawaf 1997, S. 223). Damit ist auch der Bezug zur Aufgabenstellung des Selbstcoachings klar.

Rhetorik als Trainings- und Weiterbildungsbereich ist ein sehr sensibles Thema. Zahlreiche Veranstaltungen haben zum Ziel, dem Teilnehmer den einzig richtigen Weg der Rede und Selbstdarstellung zu vermitteln. Dies wird jedoch im Regelfall nicht zum Erfolg führen. Aus einer heterogenen Teilnehmerschar identische Führungspersönlichkeiten zu formen, führt zu austauschbarem formelhaften Verhalten, das z. B. von den Mitarbeiterinnen und Mitarbeitern oder Kunden als wenig authentisch wahrgenommen wird.

Sie sollten eine strukturierte Auseinandersetzung mit der Rhetorik anstreben.

Sprechstil

Der Sprechstil gehört zum formalen Bereich der Rhetorik. Mit den Elementen Satzlänge, Satzbau und Wortwahl orientiert er sich am Anlass. Ein wichtiger Aspekt ist dabei die Angemessenheit des Sprechstils für die Zielgruppe. Mit kurzen klaren einfachen Sätzen und einer verständlichen Wortwahl vermeiden Sie es als Führungskraft, Teile der Zuhörerschaft auszuschließen.

Klarheit im Sprechstil bedeutet daher immer auch eine Vorabklärung des Erwartungshorizonts der Zielgruppe. Wer einen „elaborierten Code“ mit komplizierten syntaktischen Mustern und abstrakten Gedanken verwendet (vgl. Kirchner u. a. 2006, S. 138), wird von einer Zielgruppe, die eher den „restringierten Code“ mit begrenztem Wortschatz und weniger reflektierter Kommunikation bevorzugt, im Regelfall nicht verstanden werden. Der Geschäftsführer, der im Rahmen der Betriebsversammlung den Mitarbeiterinnen und Mitarbeitern der Produktion die Strategie für die nächsten Jahre und die damit verbundenen Ziele in der Produktion nahebringen möchte, darf daher keinesfalls das Fachvokabular und den Sprachstil einsetzen, den er im Abstimmungsgespräch mit dem Wirtschaftsprüfer oder der Unternehmensberaterin benutzt.

In der Praxis fallen immer wieder akademisch gebildete Führungskräfte mit einer besonderen beruflichen Sozialisierung durch wenig geeignete Sprache und Wortwahl auf. Besonders belastet sind hier im Regelfall Marketingexperten, die gerade an der Schnittstelle zwischen Marketing und digitalen Medien einen Schwall von Abkürzungen und Anglizismen zu Sätzen formen, die jenseits der eigenen fachlichen Zunft kaum nachvollziehbar sind. Unternehmensberater haben diese Kultur nach dem Motto „Akronyme und Amerikanismen über alles." am weitesten kultiviert. Nicht umsonst verweist Benedikt Herles in seiner kritischen Analyse („Die kaputte Elite“) auf den „Beratersprech“, bestehend aus „hohlen Fachausdrücke(n)“ und „Pseudo-Komplexitäten“ (Herles 2013, S. 103).

Wie bei der inhaltlichen Ortsbestimmung ist auch hier eine Bodenerdung durch ein stabiles Leben mit Bezügen außerhalb der eigenen Berufszunft hilfreich, damit Sie aus der Distanz heraus eigene Fehlentwicklungen korrigieren können.

Sprechtechnik

Sprechtechnik, vor allem die Betonung der Worte („Monotonie ist der Tod jeder Rede."), Sprechtempo und Klangfarbe sind weitere Bestandteile der formalen Rhetorik. Kurze, im Klangbild klare Sätze, ein angemessenes Sprechtempo, das durch Variation und Dynamik den Inhalt unterstreicht sowie ein sparsamer Gebrauch rhetorischer Figuren (Wiederholung, Steigerung etc.) sind in vielen Fällen empfehlenswert. Angespannte Redende haben oft bei offiziellen Anlässen eine um mehrere Tonwerte nach oben verschobene Stimme, die Klangfarbe verkrampft, angestrengt und wenig souverän wahrgenommen wird. Auch das Sprechen im hinteren Rachenraum, das sogenannte „Knödeln", wie es beispielsweise Ex-Bundespräsident Wulff bei offiziellen Statements zelebrierte, wird als weniger angenehm und wenig authentisch wahrgenommen. Letztlich ist dies einer der Effekte, wenn statt einer eigenen persönlichen Haltung zur Aufgabe und Situation des Sprechens und der damit verbundenen Hinwendung zum Publikum ein Abspulen erlernter rhetorischer Bausteine erfolgt. Klarheit erfordert auch hier eine klare Sprechweise, um akustisch verständlich zu sein, damit zumindest – unabhängig von der inhaltlichen Dimension – gesagt auch gehört bedeutet und ein akustisches Verstehen möglich ist. Sie sollten daher über Übung und eine ausreichende Anleitung zur authentischen Sprache verfügen, damit diese Nebeneffekte der Sprechtechnik, die Ihren authentischen Auftritt behindern, keine Rolle spielen.

Kinesik

Die Kinesik oder auch Körpersprache ist ein weiterer Einflussfaktor auf die Wirkung einer Rede. Zur Körpersprache gehören: Stand, Haltung sowie Mimik und Gestik. Molcho schreibt zur Bedeutung der Körpersprache: „Körpersprache [...] benennt nicht, sondern bezeichnet, in ihr wird der Vorgang der Umcodierung von Gedanken in Materie sichtbar" (Molcho 1998, S. 20). Der Psychologe Albert Mehrabian ermittelte, dass aus dem Klang der Stimme 38 Prozent und aus der Körpersprache 55 Prozent der Informationen bezogen werden können.

Die Klarheit in der Kommunikation hängt in hohem Maße davon ab, dass keine Widersprüche zwischen den vorgeblichen Inhalten des gesprochenen Worts und der Gestik wahrgenommen werden. Daher müssen Sie als Führungskraft sich stets prüfen, ob die Einheit von Körper und Geist, die der Körpersprache zugrunde liegt, einen authentischen Auftritt ermöglicht oder nicht. Einige Techniken wie etwa das Neurolinguistische Programmieren (NLP) setzen bei der Analyse von Verhaltensweisen sehr stark auf diesen Zusammenhang (vgl. z. B. Sawizki 1996). Viele Angebote, das eigene Handeln zu überprüfen und zu verbessern sind so aufgebaut, dass ein möglichst schneller Erfolg in der Anwendung eintreten soll. Im Beraterdeutsch würde man hier von den „Quick Wins" sprechen. Ähnlich wie im Fußball ist jedoch eine Konzentration auf das Training von Standardsituationen noch keine Strategie zum Spielerfolg. Voraussetzung dafür, dass Sie wirklich im Sinne der Klarheit eindeutig kommunizieren, ist der Umgang mit der eigenen Körperlichkeit. Ihre Basis ist daher zunächst einmal die körperliche Selbstakzeptanz im Sinne des Selbstwertgefühls (Kapitel 1), die vor allem eine der Voraussetzungen für eine neurosenarmen Führungspersönlichkeit darstellt (vgl. Kirchner u. a. 2006, S. 55ff.). Für den konkreten Redeanlass geht es jedoch darüber hinaus um:

- *Positive Beziehung zur räumlichen Redesituation*
  Nicht jeder Raum liegt uns in gleicher Weise um einem bestimmten Redeanlass gerecht zu werden. Wer schon einmal in einem Hörsaal für 280 Personen versucht hat, elf Zuhörer enthusiastisch zu begrüßen und auf den nachfolgenden Abendvortrag eines Gastredners einzustimmen, weiß wovon hier unter anderem die Rede ist. Als Führungskraft sollten Sie daher bei der Planung von Veranstaltungen und Redesituationen berücksichtigen, ob das geplante räumliche Umfeld günstig oder ungünstig ist für den Zweck des Sprechens. Wenn Sie Einfluss auf das Setting nehmen können, dann sorgen Sie für ein günstiges Redeumfeld. Die grassierende Unsitte in Business-Hotels die Zahl der Stockwerke zu optimieren, indem große Räume mit niedriger Deckenhöhe geplant werden, führt mitunter zu sehr schwierigen Raumsituationen in mittelgroßen Tagungs- und Konferenzräumen, die im Regelfall zu einer gedrückten, mitunter auch aggressiven, Grundstimmung der Zuhörerinnen und Zuhörer beitragen können. Informieren Sie sich bei der Planung wichtiger Zusammenkünfte vorab, damit Sie hier keine unangenehmen Überraschungen erleben.
- *Positive Beziehung zur exponierten Redesituation*
  Dies hat bei Führungskräften zunächst einmal etwas mit der Frage zu tun, ob es gelingt, insgesamt ein positives Verhältnis zur exponierten Situation der Führungsrolle (siehe Kapitel 2) zu entwickeln. Die exponierte Redesituation, die durch die Erwartungshaltung der Zuhörer auch Angst machen kann, ist nur die Ausdrucksform einer Facette der Führungsrolle im Themenfeld der Kommunikation. Je weniger außergewöhnlich die exponierte Rolle für Sie als Führungskraft und Rednerin bzw. Redner ist, desto einfacher ist es für Sie, mit der exponierten Redesituation insgesamt umzugehen.

! Gerade im Themenfeld der Kommunikation zeigt sich, dass eine Führungskraft, die Klarheit in der Führung verkörpert, nur eine authentische Führungskraft sein kann. Wer als Redner nicht mit sich selbst im Reinen ist, wer nicht tatsächlich persönlich hinter den Aussagen steht, die er meint, in der Situation machen zu müssen, wird es nicht schaffen, eine klare Botschaft an seine Mitarbeiterinnen und Mitarbeiter zu senden.
Der meist sichtbare Konflikt zwischen Körpersprache und dem gesprochenen Wort wird in diesen Situationen nicht immer vom Publikum bewusst wahrgenommen und als Widerspruch analysiert. Es bleibt jedoch das ungute Gefühl mangelnder Authentizität. Diese ist jedoch wiederum Voraussetzung für Glaubwürdigkeit, ohne die dem Führenden auch kein Vertrauen zuerkannt und geschenkt werden kann. Klarheit durch eine klare Führung setzt jedoch eine klare, empfängerorientierte Kommunikation voraus. ■

Kleidung und Symbole

Nicht nur für Frauen stellt sich immer wieder die Frage, für welchen Anlass denn nun welche Kleidung angemessen ist. Das in vielen Scherzen strapazierte Phänomen, mit dem Satz „Ich habe gar nichts Passendes anzuziehen!“ den vollen oder überfüllten Kleiderschrank zu begutachten, zeigt nicht nur Entscheidungsunwillen und -überforderung, sondern ist in vielen Situationen ein reales Problem, da die entscheidenden Parameter oft unklar bleiben. Wie werden andere sich kleiden? Was wird als angemessen empfunden? Möchte ich exponiert sein oder in erster Linie angepasst? Wer nicht seinen eigentlichen inhaltlichen Part dadurch belasten möchte, dass er gegen die (Fehl-)Kategorisierung der unangepassten Kleidung ankämpfen muss, ist mit dem Ratschlag sich etwas eleganter als die Adressaten und im Zweifel eher konservativ zu kleiden (Prescott 2002, S. 160), gut beraten.

In der Praxis muss jedoch auch hier wieder an die Authentizität appelliert werden. Wer einmal erlebt hat, wie Menschen bei „großen Terminen“, wie Vorstellungsgespräch oder öffentlichen Rede- und Presseterminen wirken, wenn sie sich zum ersten Mal in eine formelle Kleidung zwängen, kann diesen Hinweis nachvollziehen. Beim einen oder anderen Bewerber wirkt der frisch erworbene Anzug wie gerade der Konfirmation entkommen (wobei heutige Konfirmanden diese formelle Kleidung oft mit größerer Selbstverständlichkeit tragen). Wenn dann noch die Markenaufnäher, die unbedingt zu entfernen sind, stolz den Ärmel des Sakkos zieren, wird der Eindruck im negativen Sinne abgerundet.

Claus Hipp verweist in seinem lesenswerten Buch „Achtung Anstand“ (2013, S. 30f.) darauf, dass es nicht nur darum geht, sich dem Publikum anzupassen, sondern dass eine gute und formale Kleidung auch Respekt gegenüber dem Anlass ausdrücken kann. Ein Beispiel ist die Führungskraft, die für Kundenkontakte stets Anzug und Krawatte trägt, den langjährigen Kollegen dann jedoch im Casual Friday-Look, in Jeans und Poloshirt, verabschiedet. Hier kann die dahinter stehende Idee zwar sein, nicht abgehoben zu wirken, jedoch kann es vom Publikum auch so interpretiert werden, dass dieser Anlass eben nicht so wichtig ist wie das Kundengespräch.

Damit wird bereits der Stellenwert der Kleidung deutlich. Es geht nicht nur um die Form, in der sich die Inhalte, nämlich in unserem Fall Sie sich als Führungskraft präsentieren, sondern es geht dabei auch um eine Kommunikation mit Hilfe von Symbolen. Hierin liegt auch eine große Bedeutung der Themen Gestik und Kleidung. Beruhen doch einige zentrale Botschaften der Kommunikation häufig auf derartigen symbolischen Handlungen. Wer Pressetermine und Fotos der großen Politik entsprechend analysiert, wird immer wieder eine Wechselwirkung zwischen gewählten Symbolen, medialer Aufbereitung und langfristiger Wirkung von inhaltlichen Botschaften feststellen können (vgl. Hommers 2011).

Auch über Gegenstände, wie beispielsweise Gebäude, Büroräume und Dienstwagen kann eine Kommunikation stattfinden. Hier schließt sich auch der Kreis zum Themenfeld der Artefakte, die eine der Ausgestaltungsformen der Unternehmenskultur sind.

> **!** Die Wirkung von „Äußerlichkeiten“ wie Kleidung und Symbolen in der Führungskommunikation sollte stets bedacht werden. Nur dann, wenn die symbolischen Handlungen authentisch zur Führungskraft passen und auch die inhaltliche Linie der Auseinandersetzung (intern oder extern) stützen, wird den Botschaften der Führungskraft die notwendige Klarheit und damit auch die notwendige Überzeugungskraft verliehen. ■

Eine bewusste Weiterentwicklung der Kommunikation durch Symbole ist mit Hilfe von Ritualen im Führungsalltag möglich. Sie geben in vielen Situationen den Mitgliedern einer Organisation Halt und Orientierung. Sie können jedoch auch für kleinere Schritte zur Weiterentwicklung des Führungsklimas genutzt werden. Gerade in Zeiten ständiger Veränderung (manche Unternehmen kommen aus dem Change Management schon gar nicht mehr heraus) ist es wichtig, dass Sie mit solchen kommunikativen Codes die Zusammengehörigkeit und Struktur zu stärken (vgl. Echter 2011, S. 31ff.). Einer der Erfolgsfaktoren für das Gelingen schwieriger Veränderungsprozesse ist das Bekenntnis der Führung zum Wandel (vgl. Schwarz/Cokbudak 2007). Dabei kommen Kommunikationsphasen (Vision, Kommunikation, Beteiligung) die entscheidende Bedeutung für den Erfolg des Wandels zu (vgl. Stolzenberg/Heberle 2006).

Auch bewusste Visualisierungen können ein starkes symbolisches Mittel der Kommunikation sein. So ist es ein Unterschied, ob man einem Geschäftsbericht entnehmen kann, welche Kosten durch die Produktion von Ausschuss entstehen, oder ob diese Kosten visualisiert durch den Gegenwert fühlbar und damit erlebbar werden. Wenn man dafür 200 neue Mittelklasse-Mercedes in einer Halle präsentiert und den Mitarbeiterinnen und Mitarbeitern deutlich macht, dass dies der Gegenwert des Jahresausschusses ist, dann wird das Problem für jeden spürbar (vgl. Tominaga 1996, S. 192).

Kommunikation ist mehr als Sprechen

Entscheidend bei wirklich sinnvoller Kommunikation ist nicht nur das Sprechen, sondern vor allem das Zuhören. Dass diese Qualität in der Kommunikation traditionell weniger im Fokus der Ausbildung von Fach- und Führungskräften liegt, hat seinen guten Grund. In früheren Zeiten war beispielsweise in der Führungsfunktion ein eher autoritärer Führungsstil verbreitet. Dieser Führungsstil erfordert die Fähigkeit (vor allem bei den patriarchalischen Abwandlungen) die eigene Meinung gut darzustellen und möglichst überzeugend zu präsentieren. Im Verbund mit der hierarchischen Weisungsbefugnis stand somit nach dieser "alten Denke“ einer überzeugenden Führungsarbeit nichts mehr im Wege als Zuhören. Da der patriarchalische und der autoritäre Führungsstil nicht daran orientiert sind, Impulse der Mitarbeiterinnen und Mitarbeiter aufzunehmen, kommt dem Zuhören keine besondere Bedeutung zu. Ähnlich waren früher die Anforderungen an Vertriebsfachleute. Auch hier ging man traditionell davon aus, dass erfolgreiche Mitarbeiterinnen und Mitarbeiter überzeugend verkaufen und präsentieren und nicht darauf ausgerichtet sind, Impulse der Kunden aufzunehmen.

Wenn wir jedoch davon ausgehen, dass Führungsstile zumindest variieren und je nach Situation auch Führungsstile aus dem kooperativen Bereich Anwendung finden, so müssen wir auch dafür sorgen, dass Sie als Führungskraft in ausreichendem Maße im Zuhören geschult sind. Dies mag zunächst übertrieben klingen, aber im Zuhören (vor allem dem aktiven Zuhören) liegt ein wesentlicher Schlüssel für geglückte Kommunikation.

Vorteile des Zuhörens (vgl. Simon 2004, S. 110) sind:

- Informationen des Gesprächspartners werden wahrgenommen.
- Absichten, Meinungen, Wünsche, Ansichten des Gesprächspartners werden deutlich.
- Wichtige Anhaltspunkte für die eigene Argumentation können abgeleitet werden.
- Missverständnisse werden vermieden oder ausgeräumt.
- Der Gesprächspartner empfindet das aktive Zuhören als Wertschätzung.

Diese Auflistung zeigt, dass die Klarheit der Kommunikation durch gutes Zuhören wesentlich gestärkt wird und somit das Zuhören auch entscheidend zur Klarheit des Führungsverhaltens beitragen kann. Beim aktiven Zuhören widmen Sie dem Gesprächspartner die ungeteilte Aufmerksamkeit und bestärken ihn durch Körpersprache und kurze auffordernde Einschübe in seinen Ausführungen. Dies kann mit weiteren kommunikationsfördernden Zuhörtechniken (Simon 2004, S. 112f.) verbunden werden. Die Ausführungen des Gesprächspartners werden dabei zusammengefasst, umschrieben und in eigene Worte gefasst oder beispielsweise in ein Wortbild (eine Metapher) übertragen. Bei manchen Mitarbeiterinnen und Mitarbeitern, die bislang kaum so viel Unterstützung bei ihren Schilderungen erfahren haben, muss man das Mitteilungsbedürfnis im Anschluss auch wieder korrigieren und auf ein gesundes Mittelmaß bringen.

! Das kommunikationsfördernde Zuhören trägt entscheidend zur Klarheit der Führungssituation bei. Die Gesprächspartner bekommen rückgemeldet, was bei der Führungskraft selbst angekommen ist und haben somit die Chance, Irrtümer und Missverständnisse aufzuklären. Gute Vorgesetzte sind auch immer gute Zuhörer, die demonstrieren können, dass das entgegengebrachte Vertrauen gerechtfertigt ist. Dies setzt wiederum eine emotional reife Führungspersönlichkeit voraus. ■

Die Bestätigung und Ermunterung zu weiteren Ausführungen kann auch in den Hintergrund treten gegenüber der Absicht, das Gespräch indirekt zu leiten. Gerade durch den gezielten Einsatz von Fragen können Sie Gespräche klar und zielorientiert steuern. Die offenen Fragen haben dabei die Funktion neue Themengebiete anzustoßen, während Sie mit den geschlossenen Fragen in knapper Form Sachverhalte im Detail klären können. Einen kurzgefassten Überblick ergibt die Darstellung von Simon, die Bild 4.4 zeigt.

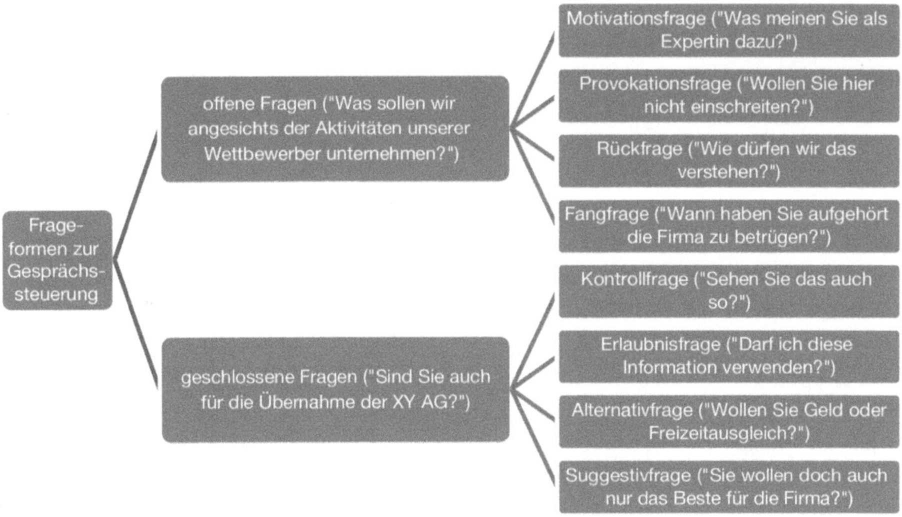

Bild 4.4 Fragetechniken zur Gesprächssteuerung (vgl. Simon 2004, S. 103)

Wenn Sie bewusst Fragen als Steuerungsinstrument für die Gesprächsführung einsetzen, können Sie unterschiedliche Rollen als Führungskraft glaubwürdig einnehmen. Die Fähigkeit, ein Gespräch zu leiten, ohne durch plumpe Dominanz und erdrückenden Redeanteil jedes Gespräch zum Vortrag umzufunktionieren, ist eine wesentliche Voraussetzung für einen klaren Führungsstil, der ausreichend Hinwendung zum Gegenüber beinhaltet.

4.3 Klarheit durch Kommunikationsformen und -kanäle

Ob Sie als Führungskraft mit Ihren Ideen als klar oder eher nebulös wahrgenommen werden, liegt nicht nur an der Fähigkeit der Sprache, sondern auch am richtigen Einsatz der Kommunikationskanäle. Hier denken Sie vielleicht zunächst an die großen Kommunikationsanlässe, wenn ein neuer Vorstandsvorsitzender eines internationalen Großkonzerns vor der Frage steht, ob es ausreicht, den neuen Kurs des Unternehmens auf einer Pressekonferenz zu erklären, oder ob stattdessen eher TV-Spots und Anzeigenserien zur Kommunikation geeignet sind. Zweifellos ist auch das ein Feld, auf dem Unternehmerinnen und Unternehmer zunehmend ihre Kompetenz unter Beweis stellen müssen (vgl. Kirchner/Brichta 2002). Die Notwendigkeit, den ausgewählten

Kommunikationskanal hinsichtlich seiner Tauglichkeit zu überprüfen, lässt sich jedoch auch an Beispielen aufzeigen, die im Alltag sehr vieler Führungskräfte vorkommen.

4.3.1 Brief und E-Mail

Neben der ältesten Form der Kommunikation von Führenden in Form des gesprochenen Worts ist der Brief jahrhundertelang im Geschäftsleben eine der wichtigsten Kommunikationsformen gewesen, deren Einsatzbereich jedoch in den vergangenen zwanzig Jahren deutlich zurückging und sich mehr und mehr auf formale Kommunikationsprozesse konzentrierte. Dennoch lässt sich anhand der Kultur des Briefeschreibens eine Menge Erfolgsfaktoren aufzeigen, die in gleicher oder ähnlicher Form auch für den Substitutionskanal E-Mail gelten.

Briefe haben stets den Charakter des Schriftlichen und Dauerhaften. Im Gegensatz zum unbedachten Wort in einer hitzigen Diskussion ist das im Brief formulierte Wort auch nach langer Zeit noch recherchierbar und nachweisbar. Eine besondere Herausforderung ist daher der kritische Brief, da wir den Einsatz von Briefen zunehmend auf wenige, eher rechtlich bedeutsame formelle Anwendungsfelder verengen. Hier gibt es mit der LIMO-Formel eine einfache Grundlage für klare Worte, die nicht verletzen und am Ende eine positive gemeinsame Veränderung zulassen:

- „L" steht für „Lob", das heißt einen positiven Einstieg in das Thema des Briefs.
- „I" steht für „Interesse", also die Fokussierung auf das im Brief zu behandelnde Themenfeld.
- „M" steht für den „Mangel" oder das Problem, das in dem Brief geschildert und später gelöst werden soll.
- „O" steht für die „Offenheit", das heißt für die vorwärtsgerichtete Lösungsorientierung.

Mit einfachen Mustern lassen sich im Brief, wie auch im Gespräch, klare Worte unter deutlicher Benennung des Mangels finden, ohne damit eine Lösung zu behindern.

> Briefe sind heute meist als formelle Kommunikationskanäle im beruflichen Umfeld verbreitet. Nach außen gerichtete Schreiben gehen häufig an Kunden, Kooperationspartner oder Lieferanten. Interne Schreiben mit formalem Charakter reichen von der Abmahnung bis zum formalen Lob mit Zuerkennung einer Prämie. Briefe haben Dokumentencharakter und gestatten daher nur Themen, die auch im klassischen Sinne aktenkundig werden sollen. Kritische Briefe bedürfen einer durchdachten Dramaturgie, damit am Ende der Brief eine gemeinsame Lösung begünstigt. Wer selbst unsicher in seinen Formulierungen ist, sollte sich für entscheidende Briefe stets eine zweite Meinung einholen, damit die Briefe klar in der Zielsetzung sind und dennoch diplomatisch genug, um nicht weitere positive Entwicklungen zu blockieren.

Virtuelle Führungsumgebungen sind in der Kommunikation eine besondere Herausforderung (vgl. Herrmann u. a. 2012). Aber auch in realen Gruppensituationen gilt elektronischen Kommunikationswegen wie Mail, Chatdiensten, WhatsApp etc. eine besondere Aufmerksamkeit. Wie verhält es sich aber beim Umgang mit dem Kommunikationskanal E-Mail? Er wird fast ubiquitär benutzt. Das heißt: Ständig und überall gibt es eine Unmenge an Nachrichten, sodass zusätzlich zu den für Briefe gültigen Spielregeln weitere notwendig sind. Die sogenannte Netiquette beschreibt nicht nur Umgangsformen im Internet, sondern auch solche, die den Mailverkehr betreffen. Gerade bei Streitereien und Animositäten sollte man sich zum Leitsatz machen, dass die beste E-Mail die ist, die nicht geschrieben wurde. Das gilt angesichts der Flut von E-Mails mit zu trivialem oder zu komplexem Inhalt. In beiden Fällen ist mit dem Griff zum Telefon oder einem persönlichen Gespräch das Problem meist schneller und einfacher gelöst.

> Grundsätzlich gilt beim Verfassen einer E-Mail die gleiche Sorgfalt wie auch bei Geschäftsbriefen. Achten Sie neben der korrekten Anrede auf eine formelle Verabschiedung, eine ordentliche Orthographie und auch eine Signatur, die alle wichtigen Kontaktdaten zum Unternehmen und der eigenen Person enthält. Wer Klarheit in der Führung umsetzen möchte, sollte daran mitwirken, dass bei aller Individualität Mail-Signaturen innerhalb der eigenen Firma einem gemeinsamen Standard entsprechen.

Die Klarheit der Botschaft lässt sich bei längeren Mails durch eine Strukturierung des Inhalts erhöhen. Absätze und kurze einfache Sätze helfen dem Schnellleser, der diese Nachricht oftmals neben hundert anderen aus seiner Mailbox fischt und rasch beantworten möchte.

Am Anfang jeder E-Mail steht jedoch der Betreff. Dieser sollte aussagekräftig und dennoch so kurz wie möglich sein. Die Empfänger möchten direkt wissen, was sie erwartet, andernfalls werden E-Mails häufig schon gar nicht mehr geöffnet. Das gilt auch für viele Weiterleitungen oder cc-Mails. Im Empfängerfeld werden alle Personen eingetragen, die direkt von der E-Mail betroffen sind oder Handlungsanweisungen bekommen. Hier sollten Sie nicht zu viele Personen aufführen, da sich im Ernstfall sonst niemand für die Erledigung der genannten Aufgaben verantwortlich fühlt. In der cc-Zeile, der Kopie, können Kolleginnen und Kollegen sowie Mitarbeiterinnen und Mitarbeiter eingetragen werden, die die E-Mail zur Kenntnis erhalten sollen, an welche aber keine direkten Aufgaben übergeben werden. Auf das Verwenden der bcc-Zeile, der Blindkopie, sollte im Rahmen einer transparenten Unternehmenskommunikation weitestgehend verzichtet werden. Alle anderen Empfänger sehen nicht, wer in dieser Zeile geführt wird, weswegen sie häufig zur übermäßigen Kontrolle missbraucht wurde. Gerade in einer Führungsposition sollten Sie solche Schikanen unterlassen.

Schließlich noch folgender, wichtige Hinweis: Dinge, die Sie als informelle Absprache nicht in eine entsprechende Akte (z. B. Personalakte, Projektakte) legen und dokumentieren wollen, haben auch bei einem noch so informellem E-Mail-Kontakt keinen Platz.

Genau diese schriftlichen Festlegungen können Ihnen später gegebenenfalls entgegengehalten werden.

> Führen durch Klarheit beinhaltet auch klare Worte. E-Mails sind jedoch nicht geeignet, um klare und vertrauliche Worte gleichermaßen zu transportieren. Mails bergen stets das Risiko, dass sie ohne großen Aufwand kopiert und weitergeleitet werden können. Durch Unachtsamkeit kann somit eine Vertraulichkeit der vermeintlich klaren Worte nicht gewährleistet werden.

Vor allem die Möglichkeit Mails rasch zu beantworten und weiterzuleiten führt sehr schnell zu schwierigen Situationen. Wenn innerhalb der Firma zwei Kollegen sich per Mail über einen Kunden austauschen, dann wird oftmals ein deutliches Vokabular gewählt. Wie am Telefon oder im persönlichen Gespräch wird in vielen Mails auch über Dritte geurteilt und gelästert. Wenn anschließend weiter im Maildialog über das Kundenprojekt diskutiert wird, dann geschieht es leicht, dass die weiter unten stehenden Äußerungen nicht mehr ausreichend präsent sind. Der Klassiker besteht nun darin, bei Sachfragen diese Mail dem Kunden weiterzuleiten, damit er zu den Sachfragen seinen Informationsbeitrag leisten kann.

Die wenig erfreuliche Wirkung solcher Flops ist nachvollziehbar. Wie lassen sich diese Pannen vermeiden? Einerseits liegt es in Verantwortung der Mail-User, auch bei internen Diskussionen damit zu rechnen, dass es nicht nur gegenüber dem amerikanischen Geheimdienst NSA keine Vertraulichkeit bei E-Mails gibt, sondern E-Mails allgemein nicht als Plattform für Lästereien geeignet sind. Die weitere Verantwortung liegt bei demjenigen, der eine Mail weiterleitet. Hier besteht die Pflicht, die komplette Nachricht nochmals daraufhin zu überprüfen, ob sie tatsächlich für eine Weiterleitung geeignet ist. Als Führungskraft sind Sie auch hier Vorbild. Lästereien sollten Sie in dieser Vorbildrolle ohnehin selbst vermeiden und dort, wo sie auftreten, begrenzen.

Da wir uns ja der Klarheit in der Kommunikation verpflichtet fühlen, muss man noch über das Medium E-Mail im Zusammenhang mit Konflikten nachdenken. Die schnelle, schriftliche Antwortmöglichkeit bei echten oder vermeintlichen Angriffen stellt eines der größten Probleme bei E-Mails dar. Bevor Sie nun in kurzen Abständen sich mit Ihren Kolleginnen und Kollegen gegenseitig mit Mails bombardieren, empfiehlt es sich, gemäß der preußischen Beschwerdeordnung zunächst eine Nacht über die Antwort zu schlafen und nachzudenken, bevor Sie in die Tasten greifen.

Eine weitere Gefahr bei Mails stellt die Mail im vertrauten Kreise enger persönlicher Freunde dar, mit denen man auch über Jahre erfolgreich zusammenarbeitet. Wenn in solchen Mails beispielsweise der Chef der Investmentbank Morgan Stanley erläutert, dass der Ministerpräsident von Baden-Württemberg Angie (gemeint war die Bundeskanzlerin) mit seinen Truppen töten könnte, dann mag das zwar als saloppe Unterhaltung noch durchgehen, da Mails aber den Charakter von Aktenvermerken haben und selbst die SMS der Kanzlerin Eingang ins Bundesarchiv finden sollen, ist eine solche Redewendung per Mail deplatziert. Prompt sind diese Dinge dann auch die Punkte, auf die die Öffentlichkeit Bezug nimmt, wenn sie sich an den Inhalten eines Vorgangs stört (vgl. Kirchner/Breyer-Mayländer 2014, S. 40f.).

4.3.2 Reden, Statements und Ansprachen

Die öffentliche Ansprache ist in vielen Fällen eine Herausforderung für Sie als Führungskraft. Insbesondere dann, wenn Sie nur wenig Möglichkeit haben, einen öffentlichen Auftritt zu trainieren, und Sie daher nur eine begrenzte Routine mitbringen, wird die Ansprache mitunter zu einem regelrechten Angsttermin. Es gibt eine Reihe von spezifischen praxisorientierten Werken und Seminaren, die hier Abhilfe schaffen. Im Sinne der Klarheit des Führens sollen hier nur einige Rahmenbedingungen angesprochen werden, die man „klar" haben muss, um am Ende nicht am Bedarf vorbei zu arbeiten und dann mit viel Energie im Rahmen der Rede wenig zu bewegen.

Der Anlass, die Zielgruppe, der Rahmen (Welche Programmpunkte und Inhalte kommen davor und danach?), der Raum und die inhaltlichen Erwartungen des Veranstalters bzw. Auftraggebers und des Publikums sind entscheidende Parameter für Ihre Rede, die bereits im Vorfeld planbar sind. Schwieriger wird es mit Stimmungen vor Ort und anderen kurzfristig auftretenden Faktoren, die entscheidend für den Erfolg der Rede sein können.

Auch die Rolle, in der eine Rede gehalten wird, sollte vor Beginn der inhaltlichen Disposition geklärt sein. Als Experte geht es darum, das Fachwissen verständlich zu vermitteln oder eine Einschätzung zu einem Sachverhalt zu vermitteln. Der Entscheider steht in seiner Funktion innerhalb der Organisation im Mittelpunkt. Von ihm wird häufig eine Vermittlung der Zusammenhänge und eine Erläuterung der Ziele und Strategien erwartet. Der Repräsentant ist der Vertreter einer Organisationseinheit (z. B. Firma, Regierung, Verband), die er nach außen vertritt und durch ihn in der Wahrnehmung des Publikums wirksam wird.

Je nach Anlass ist es dann eben die längere Rede, das kurze Statement (beispielsweise die Stellungnahme der Geschäftsleitung auf der Betriebsversammlung) oder die kurze Ansprache (Abteilungsversammlung, Mitarbeiterjubiläum etc.), die von Ihnen erwartet wird.

Wenn Sie mit dem Fokus auf Klarheit führen möchten, müssen Sie erkennen, wann und wo von Ihnen (hoffentlich) klare (im Sinne von verständliche) Worte erwartet werden. Ein Beispiel, bei dem neben dem formalen Kündigungsanlass einer Führungskraft als Kündigungsgrund auch eine Kommunikationsverweigerung eine Rolle spielte, ist die fristlose Entlassung des kaufmännischen Direktors eines Universitätsklinikums. Beim Hintergrund der Kündigung war darüber diskutiert worden, dass die Führungskraft offenbar Angst hatte, vor einer Menschenmenge zu sprechen und er sich daher bei den Protesten der Mitarbeiterinnen und Mitarbeiter gegen Einsparungen im Büro eingeigelt habe und der Redepart somit dem ärztlichen Direktor zugefallen sei, der dafür eigentlich nicht zuständig war.

> Als Führungskraft müssen Sie in der Lage sein, bei spontanen Anlässen ein paar klare Botschaften und Worte an das eigene Team zu richten. Dies kann bei größeren Unternehmen medial vermittelt werden, dennoch bleibt die Voraussetzung, dass Sie in der Lage sind, sich eindeutig zu äußern.

Die Klarheit der Aussage ist mit eine der zentralen Anforderungen an Führung durch Klarheit. Dies gilt in besonders hohem Maße für Situationen, in denen Klarheit und Struktur entscheidend sind (Rinschar 2005, S. 80). Das sind Phasen der Veränderung, Konfliktsituationen, wie Kündigungen, Versetzungen, Schließungen etc. Hier sind unklare Aussagen („In den nächsten Monaten ...", „Voraussichtlich müssen wir schließen ..." etc.) mehr als störend. Stattdessen wird die klare Aussage und Ansage bei klarer Übernahme der Verantwortung erwartet:

„Wir sind in der Geschäftsführung zu dem Schluss gekommen, dass wir künftig diesen Produktbereich nicht mehr wirtschaftlich betreiben können und haben daher zum Jahresende die Schließung der Abteilung XY beschlossen."

4.4 Klarheit durch Kommunikationsanlässe und Rahmenbedingungen

4.4.1 Besprechung und Konferenzen

Es gibt Themen und zu fällende Entscheidungen, die von Ihnen nicht via Telefon oder E-Mail erledigt werden können. Daher nehmen Meetings bzw. Besprechungen im Arbeitsalltag von Führungskräften einen großen Raum ein und gehören zu den teuersten Kommunikationsmitteln eines Unternehmens. Da viele Mitarbeiterinnen und Mitarbeiter Besprechungen oft als lästig empfinden und gerade Führungskräfte mit wenig Zeit von Termin zu Termin laufen, müssen diese Anlässe gut vorbereitet und effizient gestaltet werden.

Häufig bildet schon die Terminfindung die erste große Hürde, weswegen nur Personen geladen sein sollten, die zum Erfolg des Treffens bzw. zur Entwicklung des Themas beitragen können. Ist ein Termin gefunden und eine Zeitspanne festgelegt, gehört es zu den Aufgaben der Teilnehmerinnen und Teilnehmer, sich entsprechend vorzubereiten. Zu diesen Vorbereitungen zählen das Lesen vorheriger Besprechungsprotokolle, die allgemeine Einarbeitung in das zur Diskussion stehende Thema, die Sicherstellung der Pünktlichkeit oder auch die Aufarbeitung eigener Inhalte.

In der Praxis trifft man immer wieder auch hochrangige Gremiensitzungen an, in denen die Mitglieder beispielsweise eines Aufsichtsrats im Verlauf der Sitzung erst einmal geräuschvoll den dicken Ordner mit den Sitzungsunterlagen öffnen. Wer so unvorbereitet in die Sitzung startet, kann kaum erwarten, dass der Anspruch an einen professionellen Verlauf tatsächlich eingelöst werden kann. Unvorbereitete Meetingteilnehmerinnen und -teilnehmer halten auf und werden ungern gesehen.

Eine entscheidende Rolle kommt der Sitzungsleiterin bzw. dem Sitzungsleiter zu, die als Moderatoren die Fäden in der Hand behalten müssen. Dabei haben die Moderatoren eines Meetings vor dem eigentlichen Termin die Aufgabe, eine Tagesordnung zu erstellen, die organisatorische Vorarbeit des Treffens zu leisten sowie den konfliktfreien und effizienten Ablauf des Termins im Blick zu behalten. In der Praxis sind Zeitdauer, Ergebnisqualität und Verbindlichkeit und damit verbunden die Zufriedenheit der Teilnehmerinnen und Teilnehmer direkt mit der Rolle des Moderators verbunden. Wenn Sie als Führungskraft hier unsicher sind, sollten Sie daher unbedingt Hilfestellung für diese Rolle suchen (Seminare und Coachings können hier einiges bewirken.), da die Klarheit Ihrer Führung eng mit dem strukturierten Ablauf von Sitzungen verbunden ist.

Während des Meetings sind Verhaltensregeln einzuhalten, die im Grunde selbstverständlich sein sollten und zum respektvollen Miteinander gehören. Aufmerksamkeit anderen gegenüber sowie konstruktives Verhalten stehen hierbei ganz oben. Kolleginnen und Kollegen lässt man aussprechen, eigene Einwände formuliert man positiv und das Handy sollte mindestens lautlos gestellt sein, dringende Telefonate werden außerhalb des Meeting-Raums wahrgenommen. Gerade als Führungskraft sollten Sie diese Grundlagen beherrschen, um Ihrer Vorbildfunktion in vollem Maße nachzukommen. Die effiziente Besprechung wird durch ein mit To-Do's versehenes Protokoll, das allen Teilnehmerinnen und Teilnehmern zur Verfügung gestellt wird, abgerundet.

Regeln für Besprechungen

- Tagesordnung/Agenda (am besten vorab per E-Mail),
- ständiger Agendapunkt (offene Punkte „vom letzten Mal"),
- Unterlagen für komplexe Dinge (am besten vorab per E-Mail),
- Moderation und Zeitrahmen (Klarheit für alle Beteiligten),
- Detaildiskussionen separieren (Aufgabe der Moderatorin bzw. des Moderators),
- keine bilateralen Agendapunkte (verhindert Längen),
- Zusammenfassung bei jedem Tagesordnungspunkt,
- klare Beauftragung (Wer?, Wann?, Was?),
- Ausblick auf Zukunft (nächste Schritte),
- Protokoll (am besten zeitnah).

4.4.2 Mitarbeiter/innen-Gespräch

Das wichtigste beim Mitarbeiter/innen-Gespräch ist die Klarheit für beide Seiten, was das Ziel und die Aufgabenstellung eines solchen Gesprächs ist. Es geht dabei nicht um das Fachgespräch oder das Gespräch zwischen Tür und Angel. Dabei sollen diese Gesprächsanlässe nicht diskreditiert werden. Gerade das Gespräch „im Türrahmen" ist eine sehr zwanglose, da nicht arrangierte Gesprächsform, die nicht nur in WGs sehr spontan und ergiebig sein kann.

> **!** Das fest verankerte, turnusgemäße Mitarbeiter/innen-Gespräch ist die institutionalisierte und normierte Gesprächsform, in der beide Seiten, Führungskraft und Mitarbeiterin bzw. Mitarbeiter, Rückschau halten (Was haben wir bisher erreicht?, Was war gut?, Was war weniger positiv?) und gemeinsam ihre künftigen Erwartungen klären. Dabei können – je nach Anlass – unterschiedliche Themen (beispielsweise die persönliche und fachliche Entwicklung der Mitarbeiterin oder des Mitarbeiters, oder eine neue Organisationsstruktur) den Schwerpunkt bilden. Das Gespräch sollte in den meisten Organisationen mindestens jährlich in einer standardisierten Form durchgeführt und dokumentiert werden.
> Bei einer rollierenden Planung, agilen Managementmethoden und anderen Situationen, die eine große Dynamik aufweisen, müssen die Gespräche in verkürzter Form in hoher Frequenz durchgeführt werden. Wichtig ist jedoch auch hier eine Institutionalisierung, damit die Gesprächsinhalte nicht auf einer Zufälligkeit und Beliebigkeit unterliegen. ■

Was hat nun das Mitarbeiter/innen-Gespräch mit Klarheit zu tun? Es schafft Klarheit über die von den beiden Gesprächspartnern wahrgenommene Entwicklung im vergangenen Zeitabschnitt, klärt die gegenwärtige Situation und sorgt für klare und verbindliche Zielsetzungen für die folgende Periode. Bei Jahresgesprächen sind am Ende des Gesprächs die Eindrücke aus dem alten Jahr und die Planungen für das neue Jahr zentrale Eckpfeiler für die Weiterentwicklung nicht nur der Mitarbeiterinnen und Mitarbeiter, sondern der Führungsbeziehung insgesamt. Das Gespräch liefert Ihnen einen institutionalisierten Rahmen für gegenseitiges Feedback.

4.4.3 Feedback

Eine der wichtigsten Gesprächssituationen in Ihrem Führungsalltag ist das Feedback. Es findet sich in unterschiedlichen Konstellationen. So gibt es das Feedback der Mitarbeiterinnen und Mitarbeiter an Sie als Führungskraft, was sich vom einfachen Bottom-up-Feedback über das Feedback auf Kollegenebene unter Einbeziehung von Vorgesetzten, Kunden und Lieferanten zum 360-Grad-Feedback ausbauen lässt.

Hier kommt es darauf an, dass Sie als Führungskraft in der Rolle als Empfänger von Feedback in der Lage sind, gelassen und souverän auch schwierige Rückmeldungen entgegenzunehmen ohne in eine Rechtfertigungsdiskussion zu gelangen. Dies ist in der Praxis für viele Führungskräfte eine der schwierigsten Aufgaben, da sie immer die vermeintlich besseren Argumente vor Augen haben und diese daher unbedingt einbringen möchten. Nur wenn Sie in der Lage sind, aus dem Umfeld der Arbeit und aus dem privaten Sektor in ausreichendem Maße Feedback über die eigene Person einzuholen, können Sie sich persönlich weiterentwickeln. Diese Kenntnis über die eigene Person ist jedoch wiederum eine wesentliche Voraussetzung für Ihre persönliche Entwicklung zu einer Wesenstiefe, die es Ihnen ermöglicht, als zentrierte Persönlichkeit Ihre Führungsverantwortung wahrzunehmen. Im Ranking der Feedbacks ist das berufliche Umfeld neben der Partnerbeziehung, der Familie und dem engeren Freundeskreis nur eine Quelle von vielen (Kirchner 2013).

Für den Führungsalltag ist es vor allem wichtig, dass Sie als Führungskraft in der Lage sind, sowohl im positiven wie auch negativen Sinne den Mitarbeiterinnen und Mitarbeitern eine klares Feedback zu geben. Es ist einer der häufigsten Kritikpunkte von Mitarbeiterinnen und Mitarbeitern, dass es zu wenig Rückmeldung der Führungskräfte gibt (Gabrisch/Krüger 2005, S. 79).

> Feedback kann sowohl positiv als auch negativ oder neutral sein. Das Ziel des Feedbacks ist es in allen Fällen, auf Seiten des Feedbackempfängers eine positive Entwicklung zu stimulieren. Dies setzt eine entsprechende Grundhaltung des Feedbackgebers voraus. ■

Das Feedback muss in einem vertrauten und vor allem bei negativem Feedback in einem geschützten und vertraulichen Rahmen stattfinden. Um tatsächlich wirksam zu sein, muss es zudem zeitnah erfolgen. Hier zeigen sich wieder die Parallelen zwischen Führung und Erziehung. Insbesondere bei der Erziehung von kleineren Kindern oder Hunden sind uns folgende Anforderungen bewusst:

- Feedback muss sich auf das Verhalten und nicht auf die Person beziehen. Wir kritisieren das Verhalten oder die Einstellung, nicht aber die Persönlichkeit.
- Feedback muss sich auf ein begrenztes Themenfeld beziehen (keine Generalabrechnung in Lob oder Verdammnis).
- Feedback muss zeitnah erfolgen.
- Feedback darf subjektiv sein. Subjektive persönliche Eindrücke sollten jedoch bewusst auch so formuliert werden, damit sie auch so nachvollzogen werden können. („Ich habe den Eindruck ...“).
- Feedback bedarf einer klaren, verständlichen Sprache.
- Feedback sollte bei kritischen Rückmeldungen immer zukunfts- und lösungsorientiert enden.

Dass das Feedback und Ihre Haltung als Führungskraft eng miteinander verbunden sind und sich auf die Kernaufgaben von Führung beziehen, lässt sich auch an Beispielen von Führungsprinzipien ableiten, die, als sie entstanden sind, nicht dazu gedacht waren, in Powerpoint-Form den nächsten Beratungsauftrag zur Neustrukturierung eines Unternehmens an Land zu ziehen. Wer sich mit Philosophen und Kirchenführern beschäftigt, kann dabei einige zeitlos gültige Grundprinzipien des Führens als „Leiten von Seelen“ (Kirchner 1994, S. 69) erkennen. Zur Interaktion mit den Geführten empfiehlt beispielsweise Benedikt von Nursia drei Grundmuster (Kirchner 1994, S. 83ff.):

- den gütigen, milden Umgang,
- den ermutigenden Umgang und
- den tadelnden Umgang.

Wenn Sie diesen Rahmen für die eigene Haltung im Bereich Mitarbeiterfeedback zugrunde legen, können Sie nicht der Versuchung erliegen, spontane Kritik als Frustabbau durchzuführen, was in der Praxis immer wieder anzutreffen ist. Es geht bei Ihrer Kritik als Führungskraft an die Geführten im Kern eben nicht darum, „etwas loszuwerden“, wie es einige Führungskräfte bereits einleitend vor dem Abfeuern der Kritikmunition vorwegschicken. Die emotionale Selbstbefriedigung des Führenden darf nicht die Grundlage eines Kritikgesprächs sein.

4.4.4 Konflikte

Ein typischer beruflicher Gesprächsanlass für Führungskräfte ist das Konfliktgespräch bzw. das aktive Eingreifen in Konflikte. Dabei muss zunächst einmal festgehalten werden, dass Konflikte, das heißt zwei widerstreitende Interessen keinesfalls per se etwas Negatives sind. Die kollegiale Suche zweier Mitarbeiter nach der besten Lösung für ein fachliches Problem kann – je nach fachlichem Standpunkt – zwar ein Konflikt sein; dieser ist dann jedoch im Sinne der Beteiligten und des Unternehmens, da er so angelegt sein kann, dass die Suche nach der besten Lösung – und dies muss nicht immer ein Kompromiss sein – im Vordergrund steht. Voraussetzung für diesen konstruktiven Sachkonflikt ist jedoch eine unbelastete Beziehungsebene der beiden Konfliktpartner. Das bedeutet, dass auf beiden Seiten ein ehrlicher persönlicher Respekt vorhanden ist, der beinhaltet, dass man sein Gegenüber in seiner fachlichen und persönlichen Andersartigkeit akzeptiert. Diese Beziehungsebene zu stärken, ist eine Ihrer Führungsaufgaben und sie muss dann gemeistert werden, wenn es den meisten Beobachtern überflüssig erscheint. Aber es hilft nichts, wenn Sie dann in Teambildungsmaßnahmen investieren, wenn die Karre bereits im Dreck steckt. Eine zerstrittene Abteilung sollte man eher nicht im Kletterpark mit Grenzerfahrungen konfrontieren.

Es ist Ihre Aufgabe als Führungskraft, die Balance der Beziehungsebene zwischen den direkt zugeordneten Mitarbeiterinnen und Mitarbeiter im Blick zu haben und daran mitzuwirken, die Beziehungsebene zu stärken und positiv mitzugestalten. Ein offenes Klima innerhalb des Arbeitsbereichs ermöglicht es den Beteiligten, Konflikte ebenfalls offen auszutragen. Es hilft nichts, wenn eine vordergründige "Konsens-Soße" über alle Konfliktfelder gegossen wird, da dies oftmals zu verdeckten oder verdrängten Konflikten führt, die ähnlich einer Eiterbeule lange unerkannt bleiben, bevor sie mit unappetitlichen Folgen das wahre Ausmaß offenbaren.

Zu Ihren Aufgaben als Führungskraft gehört es, in den entscheidenden Momenten vermittelnd aufzutreten und den Konflikt einerseits sichtbar zu machen und ihn zu begrenzen und in solche Bahnen zu lenken, dass eine Lösung des Konflikts möglich wird. Hier sind unterschiedliche Rollen wie die Moderation (im inhaltlichen wie auch formalen Sinne)(vgl. Siegert 2001, S. 131) oder auch die Mediation möglich.

Mediation hat dabei das Ziel, zwischen den Konfliktparteien zu vermitteln und aus einer neutralen Position heraus eine konstruktive Einigung zu ermöglichen (vgl. Warschburger 2009, S. 29). Damit ist klar, dass Sie als Führungskraft nur in solchen Fällen als Mediator auftreten können, in denen Sie nicht so tief im System stecken, dass Sie bereits Teil des Konfliktes sind. „Der Mediator ist ein Vermittler, in manchen Fällen auch ein Schiedsrichter. In der Regel befindet er sich in einer unabhängigen dritten Position und versucht, gemeinsam mit den beiden Konfliktparteien Lösungen zu finden. Er greift aktiv in den Einigungsprozess ein, hinterfragt auch den Inhalt von Vereinbarungen, entwickelt aber keine eigene Vorstellung von der 'besten' Lösung" (Motamedi 1999, S. 121).

Mediator können Sie als Führungskraft selbst sein. Diese Aufgabe kann jedoch auch ein Externer aus dem Unternehmen sein (Einige Großunternehmen haben hierfür extra einen firmeneigenen Pool an Kollegen, die in Mediation ausgebildet sind.) oder die Funktion wird von einem externen Dienstleister übernommen. Mediation wird grundsätzlich dann angewandt, wenn die Konfliktparteien selbst nicht mehr zu einer Lösung finden können. Die Kunst der Mediation kommt aus dem Bereich der Verhandlungen und kann auf unterschiedliche Alltagssituationen angewandt werden (vgl. die Harvard-Methode als Goldstandard der Mediation; Fisher/Brown 1989).

Abgeleitet aus der Harvard-Methode gibt es ein einfaches Muster für Konfliktgespräche:

1. Ansprechen der Störung, bzw. des Problems
2. Statt Positionen, Herausarbeiten des Hintergrundbedürfnisses und der eigentlichen Interessensfelder
3. Suche nach einem gemeinsamen Nenner (common ground)
4. Umformulierung der vergangenheitsorientierten Störung in Wünsche an die künftige Situation
5. Sammeln von Lösungsvarianten
6. Bewerten der Vorschläge und Ideen
7. Sichern des Gesprächsergebnisses

! Gerade im Konfliktfall zeigt sich Ihre Kompetenz als Führungskraft. Es geht darum, dass Sie Konflikte annehmen, eine offene Konfliktkultur anstreben und entscheidende Beiträge zur konstruktiven Lösung von Konflikten leisten.
Der Beitrag als Führungskraft zur Lösung eines Konflikts kann neben der eigenen Vorbildwirkung beim Umgang mit Kritik und Konflikten, an denen Sie und weitere Führungskräfte selbst beteiligt sind, auch die Stärkung der Beziehungsebene und damit der konstruktiven Konfliktbereitschaft innerhalb des eigenen Einflussbereichs sein.
Wenn Konflikte auftreten, sollten sie offengelegt und begleitet werden. Hier kann ein Vorgesetzter auch als Moderator oder bei entsprechender Eignung auch als Mediator aktiv werden.

Dies trägt entscheidend zur Klarheit bei, da Konflikte somit offene und klare Meinungsunterschiede deutlich machen und durch klare Vereinbarungen im Konfliktfall negative Wirkungen wie Motivationsverlust begrenzt werden können. ■

4.4.5 Bestehendes Image und Klarheit der Kommunikation

Wenn Sie sich innerhalb der Organisation mit bestimmten Rollenerwartungen konfrontiert sehen, tun Sie gut daran, ein Image aufzubauen. Die konstruierte Wirklichkeit (Fiktion) eines passenden Images kann auch gleichzeitig eine starke faktische Wirkung entfalten (Merten 2014). Hierbei müssen Sie das gepflegte Image, das mit der Realität korrespondieren muss, so aufbauen und weiterentwickeln, dass es die Botschaften, die einer Führungskraft wichtig sind, verstärkt und nicht konterkariert. Wenn eine Führungskraft die Botschaft hat, dass es auf Details ankommt, dann kann das Image nicht weitergepflegt werden, dass für die Führungskraft selbst Details nicht interessant sind und sie sich nur ums große Ganze kümmert. Der generalistisch angelegte zerstreute Auftritt vor Führungskräften würde damit zwar das ursprüngliche Image bedienen, die Botschaft, die jedoch angesagt ist, würden Sie mit einem solchen Verhalten deutlich in Frage stellen.

Björn Gulen, in seiner Funktion als Puma-Chef

Jochen Zeitz hinterließ als Puma-Chef große Fußstapfen für den Nachfolger, was charismatische Unternehmensführung, Außendarstellung und Identifikationspotenzial mit dem Firmenchef angeht. Sein direkter Nachfolger Franz Koch stellte jedoch bald fest, dass es zudem noch ein paar Strategielöcher zu stopfen galt, was für den vom alten Chef auserwählten Nachfolger nicht immer einfach zu lösen war. Wenn man Klartext spricht, sieht das nach Undankbarkeit gegenüber dem einstigen Förderer aus. Wenn man versucht, die Strategiekehrtwende auf kleiner Flamme voranzutreiben, fehlt mitunter die notwendige Energie für eine notwendige Schubumkehr.

Die kurze Phase, in der Koch das Unternehmen führte, war in der Tat durch diesen Spagat geprägt, und wie in der sportlichen Figur ist das keine bequeme Situation, in der man irgendwie vom Fleck kommt. Der neue Puma-Chef Björn Gulden hatte nun die Aufgabe, den Wandel von der Sportmarke zum Lifestyle-Label wieder umzukehren, um der Marke eine ausreichende Erdung im Sportmarkt und dort in den Mainstream-Sportarten zu verschaffen. Dies ist eine strategische, aber auch eine kommunikative Herausforderung. Das in diesem Buch aufgeführte Beispiel Lufthansa zeigt, dass gerade bei Veränderungsprozessen das Mitnehmen von Mitarbeiterinnen, Mitarbeitern und Kunden der entscheidende Erfolgsfaktor ist.

Da Zeitz immer sehr präsentations- und kommunikationsstark war, sind bei Puma die Erwartungen an Kommunikationsleistungen traditionell eher hoch, eine klare Herausforderung für einen „Neuling“. Die Botschaft war auch nicht nur eindeutig fröhlich und unverkrampft. „Wir waren groß, und wir werden wieder groß. Doch gleichzeitig macht Gulden seinen Leuten klar: Das Comeback wird lange dauern – und Opfer fordern“ (Hage 11/2013). Die klare inhaltliche Botschaft ist also gewährleistet. Es stellt sich nun die Frage nach der Form einer solchen Botschaft, damit sie einerseits verstanden und andererseits auch emotional aufgenommen wird.

Gulden ließ zum Treffen der internationalen Marketing- und Vertriebsmanager die Topstars von einst (Lothar Matthäus, Boris Becker) und heute (Usain Bolt) im beschaulichen Herzogenaurach aufmarschieren. Direkter können die Führungskräfte und die Belegschaft vor Ort die Faszination der Marke, der Branche und des eigenen Arbeitsgebiets nicht vermittelt bekommen. Ein Einsatz starker Symbole in einer entscheidenden Phase eines Change-Prozesses.

Mit einer solchen Aktion geht eine Führungskraft zugleich das Risiko ein, dass es eine exponierte Form der Kommunikation ist. Dies muss durch engmaschige Gespräche mit dem Management und den Mitarbeiterinnen und Mitarbeitern sowie der Botschaft „Ich bin dicht bei euch und euren Problemen.“ ergänzt werden. Wenn sonst nur noch die Informationen darüber die Runde machen, wer als nächstes aus der alten Führungscrew von Bord geht (und das waren bei Puma einige), kann eine solche Aktion auch als Rohrkrepierer enden. Im Falle von Gulden scheint die Botschaft in diesem Moment jedoch – so die Beobachter der Fachpresse – angekommen zu sein. (Hage 11/2013)

■

4.5 Kernfragen

- Kennen Sie Ihre Stärken und Schwächen in der Kommunikation?
- Schaffen Sie es, die unterschiedlichen Ebenen der Kommunikation bei schwierigeren Gesprächen zu berücksichtigen?
- Achten Sie bei der Wahl der Kommunikationswege auf die Tatsache, dass nicht jede grundsätzlich verfügbare Information auch wahrgenommen und verstanden wird?
- Sind Sie in der Lage, durch Sprache und Auftreten eine authentische, der Rolle angemessene Kommunikation aufzubauen?
- Wir stark ist Ihre Ausdrucksweise durch Fachbegriffe geprägt?
- Signalisiert Ihre Sprache bewusst oder unbewusst eine Gruppenzugehörigkeit?
- Nutzen Sie Symbole im richtigen Maße und bei den passenden Angelegenheiten?
- Wie gut sind Sie im Zuhören? Schaffen Sie ausgewogene Redeanteile im Rahmen der Kommunikation?
- Wie gut haben Sie Ihre Kommunikationsanlässe, wie z. B. Besprechungen, organisiert und strukturiert?
- Nutzen Sie tatsächlich die Stärken der einzelnen Kommunikationskanäle?
- Sind Sie in der Kommunikation inhaltlich und formal verständlich und klar?

Literatur

Balzer Arno und *Papendick Ulric*: „Wir werden es vorleben" – Interview mit Jürgen Tischen und Anshu Jain; in: *Manager Magazin* 7/2012, S. 40-46

Cooper Robert K. und *Sawaf Ayman*: *Emotionale Intelligenz für Manager*; Wilhelm Heyne München 1997

Echter Dorothee: *Führung braucht Rituale – So sichern Sie nachhaltig den Erfolg Ihres Unternehmens*; 2. Auflage, Vahlen München 2011

Eidenschink Klaus: Das narzisstisch infizierte Unternehmen; in: *OrganisationsEntwicklung* 1/2003, S. 4-15

Fisher Roger und *Brown Scott*: *Gute Beziehungen: Die Kunst der Konfliktvermeidung, Konfliktlösung und Kooperation*; Campus Frankfurt 1989

Gabrisch Jochen und *Krüger Claudia*: *Einfach Führen: Wie sich Personalentwicklung in den Alltag integrieren lässt*; Campus Frankfurt 2005

Goffman Erving: *Wir alle Spielen Theater – Die Selbstdarstellung im Alltag*; Piper München 2011

Goleman Daniel: *Emotionale Intelligenz*; Hanser München 1995

Hage Simon: Raubkatze aus dem Sack; in: *Manager Magazin* 11/2013, S. 22

Herles Benedikt: *Die kaputte Elite: Ein Schadensbericht aus unseren Chefetagen*; Knaus München 2013

Herrmann Dorothea, Hüneke Knut und *Rohrberg Andrea*: *Führung auf Distanz: Mit virtuellen Teams zum Erfolg*; 2. Auflage, Springer Gabler Wiesbaden 2012

Hipp Claus: *Achtung! Anstand: Vom Werte eines respektvollen Miteinanders; Gräfe und Unzer* München 2013

Hommers Jeannet: Gestik; in: *Fleckner Uwe, Warnke Martin* und *Ziegler Hendrik* (Hrsg.): Handbuch der politischen Ikonographie; Beck München 2011, S. 418-425

Kirchner Baldur: *Rhetorik für Führende: Rede als Ausdruck der Persönlichkeit*; Gabler Wiesbaden 1992

Kirchner Baldur: *Benedikt für Manager: Die geistigen Grundlagen des Führens*; Gabler Wiesbaden 1994

Kirchner Baldur: *Fühlen und Führen: Der Manager zwischen Herz und Verstand*; Gabler Wiesbaden 1996

Kirchner Baldur: Führen als Vermittlung von Werten. Vortrag anlässlich des 25-jährigen Kanzleijubiläums von Heim und Partner Treuhandgesellschaft mbH, Steuerberatungsgesellschaft, Wirtschaftsprüfungsgesellschaft, Gelnhausen 10. Oktober 2008

Kirchner Baldur: Selbsterkenntnis und Selbstverwirklichung: Wege zu einem neuen Persönlichkeitsverständnis, Kolloquium im Klosterhospiz Neresheim, 29.11.2013

Kirchner Sebastian und *Breyer-Mayländer Thomas*: *Manager in der Öffentlichkeit: Fettnäpfchen kennen und meiden*; Gabler Wiesbaden 2014

Kirchner Alexander und *Brichta Raimund*: *Medientraining für Manager: In der Öffentlichkeit überzeugen – Investor Relations und Public Relations optimieren*; Gabler Wiesbaden 2002

Kirchner Baldur, Kirchner Sebastian und *Kirchner Alexander*: *Rhetorik für Manager: Rede als Ausdruck der Persönlichkeit*; 2. Auflage, Gabler Wiesbaden 2006

Merten Klaus: Image, PR und Inszenierungsgesellschaft; in: *Publizistik Heft 1-2014*, S. 45-64

Mintzberg Henry: *Managen*; 2. Auflage, Gabal Offenbach 2011

Molcho Samy: *Körpersprache als Dialog: Ganzheitliche Kommunikation in Beruf und Alltag; mi Moderne Industrie* München 1998

Motamedi Susanne: *Konfliktmanagement: Vom Konfliktvermeider zum Konfliktmanager*; Gabal Offenbach 1999

Prescott Edith: *Das große Lehrbuch erfolgreicher Kommunikation und Redetechnik*; 5. Auflage, Oesch Verlag Zürich 2002

Rinschar Klaus: *Veränderungsmanagement: Praxiserprobte Instrumente für Führungskräfte*; expert Renningen 2005

Rohrhirsch Ferdinand: *Führen durch Persönlichkeit: Abschied von der Führungstechnik*; 2. Auflage, Gabler Wiesbaden 2011

Sawizki Egon R.: *NLP im Alltag: Einführung, Techniken, Übungen*; 3. Auflage, Gabal, Offenbach 1996

Scherer Anouk: *Authentisch, Präsent, Charismatisch: Nutzen Sie das Potenzial Ihrer Ausstrahlung*; Gabal, Offenbach 2010

Schulz von Thun Friedemann: *Miteinander reden: Störungen und Klärungen: Psychologie der zwischenmenschlichen Kommunikation*; rowohlt Reinbek bei Hamburg 1981

Schwarz Sabine und *Cocbudak Elcin*: Führung als kritischer Faktor im Change Management; in: *Keuper, Frank/Groten*, Heinz: Nachhaltiges Change Management: Interdisziplinäre Fallbeispiele und Perspektiven; Gabler Wiesbaden 2007, S. 31-57

Seeger Christof und *Breyer-Mayländer Thomas*: *Vom Studenten zur erfolgreichen Führungskraft*; UVK Konstanz 2013

Siegert Werner: *Expert Praxislexikon: Management Training*; expert Renningen 2001

Simon Walter: *Gabals großer Methodenkoffer: Grundlagen der Kommunikation*; Gabal Offenbach 2004

Simon Walter: *Gabals großer Methodenkoffer: Führung und Zusammenarbeit*; 2. Auflage, Gabal Offenbach 2009

Sommerlatte Tom/Fallon, Jean-Luc: *Quintessenz der Vertrauensbildung*; Springer Heidelberg 2012

Stolzenberg Kerstin und *Heberle Krischan*: *Change Management: Veränderungsprozesse erfolgreich gestalten – Mitarbeiter mobilisieren*; Springer Heidelberg 2006

Tominaga Minoru: Die kundenfeindliche Gesellschaft: Erfolgsstrategien für Dienstleister; Econ Düsseldorf 1996

Warschburger P.: *Beratungspsychologie*; Springer Medizin Heidelberg 2009

Winkler Maud und *Commichau Anka*: *Reden: Handbuch der kommunikationspsychologischen Rhetorik*; Nikol Hamburg 2011

5 Klarheit der Ziele

Michael Herz, in seiner Funktion als Tchibo-Eigentümer

Es ist das gefürchtete Szenario: Ein Eigentümer, der dann, wenn er Zeit hat, sich intensiv dem eigenen Betrieb widmet und dabei quer zu allen Hierarchien operative Impulse ins Geschäft beisteuert. Sind diese operativen Anwandlungen jedoch noch planbar, so ist es im Falle von Tchibo extrem schwierig den strategischen Gehalt von Rückmeldungen des Eigentümers herauszufiltern, wenn dieser rückmeldet, dass er gerade auf einer Autofahrt ein Sonderangebot eines Wettbewerbers entdeckt habe, dem man unbedingt Paroli bieten müsse. Diese Impulse und Entscheidungen am Vorstand vorbei sind nicht nur ein Hinweis darauf, dass die Klarheit der Struktur bei Tchibo mitunter leidet. Es leidet auch die Klarheit der Zielsetzungen, da es im Dauerfeuer kreativer Kommentare der Eigentümerseite kaum möglich ist, eine kontinuierliche Zielentwicklung voranzutreiben.

Was hat dieses Kompetenz- und Zielwirrwarr für Folgen? Zunächst stellt sich, wie bei vielen Führungskrisen, fast lehrbuchmäßig eine Demotivation der Beteiligten ein. Im Fall der unklaren Zielsetzung, verbunden mit einer nach wie vor ungelösten Strategiekrise im Wettbewerb mit dem Non-Food-Sortiment der Discounter, trifft es zunächst nicht die breite Masse der Mitarbeiterinnen und Mitarbeiter, sondern erst einmal unterschiedliche Führungsebenen. Manager verlassen das Unternehmen, da sie auch darunter leiden, dass der kreative Patriarch sich immer wieder mit neuen, aus seiner Sicht guten Ideen einbringt.

In der Folge entsteht bei den Mitarbeiterinnen und Mitarbeitern das Problem, dass nicht nur die Kontinuität in der Führung durch die Personalwechsel gefährdet ist. Auch die mangelhafte inhaltliche Eindeutigkeit und Beständigkeit kosten Motivation. Auf Vorstandsebene ist nicht nur die Ressortzuordnung unklar (vgl. Jensen 10/2013, S. 30), auch die Stimmung lässt zu wünschen übrig, da unklar ist, wann der knapp 70-jährige Inhaber bereit sein wird, dem Vorstandsteam mehr Luft zum Gestalten zu lassen.

Gerade in Märkten, die durch einen intensiven Wettbewerb gekennzeichnet sind, ist es für das Gesamtunternehmen wichtig, eine vorausschauende Strategie zu entwickeln. Tchibo gilt aus Sicht einiger Fachjournalisten als eher „hemdsärmlig“, da spontan auf die aktuelle Marktsituation reagiert wird und das Weihnachtsgeschäft im Spätherbst geplant wird. (Jensen 10/2013)

Wer keine Ziele hat, wird auch nie dort ankommen, wo er eigentlich hin will.

Dieser Grundsatz gilt sowohl für Menschen bei der Lebensgestaltung als auch für Organisationen und Unternehmungen. Bereits seit der Diskussion der Aufklärung, bei der die Menschen sich im Sinne des humanistischen Weltbilds von Kant auf den Weg machten, sich aus ihrer Unmündigkeit zu befreien, konnte man immer wieder feststellen, dass eine vollkommen freie Lebensgestaltung ohne Einschränkungen für die meisten Menschen weder wünschenswert noch bekömmlich ist. Dem Bedürfnis nach einem verlässlichen Rahmen, in dem sich das eigene Leben entwickelt, entspricht auch das Grundbedürfnis nach Orientierung. Dies wird in den meisten Fällen dadurch realisiert, dass im Leben private und berufliche Ziele vorhanden sind, die mit unterschiedlichen Zeithorizonten dem eigenen Leben eine Richtung geben.

> **!** Als Führungskraft müssen Sie dem Grundbedürfnis nach Orientierung Rechnung tragen, indem Sie den Mitarbeiterinnen und Mitarbeitern Ansatzpunkte geben, die eine Zielfindung erleichtern und auch im Alltag Halt geben. ■

■ 5.1 Klare persönliche Ziele

Die persönlichen Ziele der berufstätigen Menschen – egal, ob Führungskräfte oder Mitarbeiterinnen und Mitarbeiter – orientieren sich an den inneren Werten, die durch unterschiedliche Einflussfaktoren wie Familie, Erziehung, Tradition, soziales Umfeld, spirituelle Orientierung bzw. Glauben geprägt werden. Aus diesem Werte-Set ergibt sich auch der Stellenwert unterschiedlicher Lebensbereiche, beispielsweise Arbeit, Familie, eigene Person, Freizeit, Hobbys, Ehrenamt oder gesellschaftliche Verpflichtungen im Rahmen der persönlichen Lebensziele und der Alltagsgestaltung.

Wie unklar mitunter die eigenen persönlichen Ziele formuliert sind, und wie große Abweichungen sich daher zwischen Zielen und Lebensgestaltungen ergeben, zeigt sich oftmals beim Thema Zeit- und Selbstmanagement (vgl. Furtner/Baldegger 2013, S. 59). Viele Menschen klagen darüber, dass ihnen für die wirklich wichtigen Dinge im Leben (das können berufliche oder private Themen sein) zu wenig Zeit bleibe. Analysiert man den Tages- und Wochenablauf, ergeben sich teilweise hohe Zeitanteile für Bereiche, die im Selbstbild eine nur geringe Priorität genießen. Allein der nach wie vor beeindruckend hohe durchschnittliche TV-Konsum der Bundesbürger, die mehr als drei Stunden vor dem elektronischen Lagerfeuer, teilweise mit reger Benutzung der Fernbedienung, verbringen, ist eines der deutlichsten Beispiele für diese Abweichung. Der Umstand, dass bei jüngeren Zielgruppen TV-Nutzung durch unterschiedlichste andere digitale Medienformen ergänzt und teilweise substituiert wird, verändert die Grundproblematik nicht.

Um das hohe Gut der persönlichen Zufriedenheit zu erreichen, muss man sich über seine eigenen Ziele auf den unterschiedlichen Zeithorizonten klar werden. Ähnlich wie Sie das vielleicht bereits aus den Situationsbeschreibungen in der Szenariotechnik kennen, werden die Zielbeschreibungen in der Zielplanung immer unschärfer, je weiter sie zeitlich von der Gegenwart entfernt sind. Bild 5.1 verdeutlicht dies.

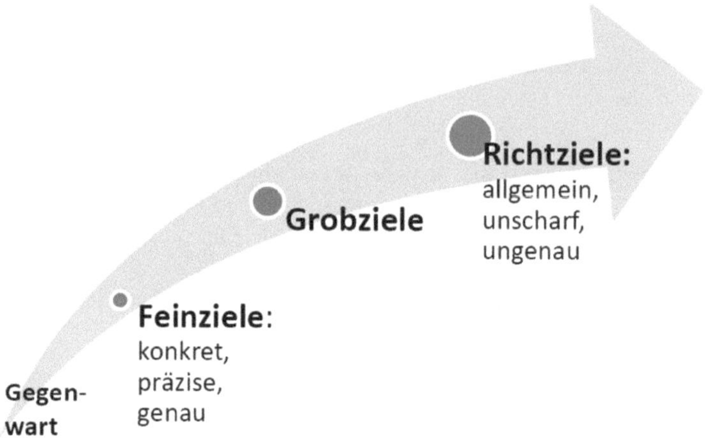

Bild 5.1 Zielarten und Zeithorizonte (vgl. Simon 2001, S. 20)

> Für die Planung Ihrer persönlichen Ziele ist es wichtig, dass Sie möglichst attraktive und realistische Ziele verfolgen, die Teil Ihres eigenen Lebensplans sind und nicht in erster Linie Projektionen von Umfeld- und Umwelterwartungen.

Dabei können die eigenen Ziele auch stark durch Ihr persönliches Wertegerüst geprägt sein, wie etwa bei Peter Daniell Porsche, der als Teil der Porsche-Dynastie eigene Projekte verfolgt, die sich am Oberziel des Ausgleichs zwischen geschäftlich-ökonomischen Interessen mit therapeutisch-sozialen Zielsetzungen orientieren (vgl. Porsche 2014, S. 25).

Bei der Begleitung von Jugendlichen und jungen Erwachsenen im Rahmen der Berufs- und Studienwahl nach Ende der Schul- oder Studienzeit kann man sehr gut feststellen, dass all diejenigen einen großen Vorteil haben, die sich über ihre eigenen Interessen, Lebensziele und Begabungen im Klaren sind. Problematisch im späteren Verlauf wird es häufig dann, wenn Erwartungen Dritter, beispielsweise der Eltern, umgesetzt werden. Das vermeintlich eigene Richtziel ist dann oftmals lediglich eine extern aufgeschnappte Ersatzformel, die nur wenig mit der eigenen Persönlichkeit in Verbindung steht. Auch bei zahlreichen Problemen von familieninternen Firmenübernahmen im Rahmen des Nachfolgeprozesses kommt man mitunter an den Punkt, an dem sich die eigentlichen Lebensziele und damit auch die hiermit verbundenen Lebensziele über die Generationen hinweg unterscheiden und daher Schwierigkeiten auftreten, wenn die Übernahme nicht in das wirkliche Lebenskonzept der Nachfolgegeneration passt.

Die jüngst boomenden Buchformate der Dinge, die man getan und Orte, die man gesehen haben muss, bevor man stirbt, zeigt, dass es unterschiedliche Formen von Lebenszielen gibt. Eine reine Konzentration auf passive und konsumorientierte Ziele stellt jedoch den eigentlichen Sinn von Lebenszielen in Frage.

Die Frage nach den persönlichen Lebenszielen stellt sich nicht nur für Sie als Führungskraft, sondern in demselben Maße auch für Ihre Mitarbeiterinnen und Mitarbeiter. Immer dann, wenn die einzelnen Kolleginnen und Kollegen sich darüber im Klaren sind, was sie in ihrem Leben erreichen wollen, erleichtert dies die Führung, da eine größere Klarheit über die Motivationsstruktur, die Erwartungen an das Aufgabenfeld etc. vorhanden ist.

Dabei muss man jedoch auch berücksichtigen, dass nicht jeder Mensch den Anspruch oder auch die Möglichkeit hat, im Rahmen seiner persönlichen Ziele etwas Großes und Nachhaltiges zu vollbringen. Es kann auch ein legitimes Lebensziel sein, eine Arbeit auszuüben, die einigermaßen Freude und Zufriedenheit mit sich bringt und im Übrigen dafür sorgt, dass man die eigene Existenz und die Existenz der Familie sichern kann. In diesem Sinne ist die nachfolgende Werbung der Baumarktkette Hornbach aus dem Jahr 2013 fragwürdig. Der Claim "Und was bleibt von Dir?" stellt – bei intensiverer Betrachtung – die eigene Lebensgestaltung radikal in Frage und geht davon aus, dass jeder Mensch den Anspruch haben müsste, etwas Bleibendes zu hinterlassen. Die Mehrzahl der Menschen, die beispielsweise als Sachbearbeiterinnen und Sachbearbeiter tätig sind, hat kaum die Möglichkeit, dauerhafte Dinge zu hinterlassen. Der einzige Weg ist die Möglichkeit, der Nachwelt zumindest die eigenen Kinder als etwas relativ Bleibendes zu hinterlassen.

Es ist notwendig für Sie als Führungskraft selbst sowie für die Zusammenarbeit mit den Mitarbeiterinnen und Mitarbeitern, Klarheit über die eigenen Lebenspläne zu erhalten und mit diesen Zielen auf den unterschiedlichen Zeithorizonten im Sinne einer persönlichen Weiterentwicklung voranzuschreiten.

Dennoch ist auch hier eher die Demut im Sinne der inneren Sammlung der Ausgangspunkt (vgl. Kirchner 2008-II, S. 104) und nicht die strahlende Außendarstellung im Sinne eines Anspruchs, morgen das Universum zu erobern und Dinge zu schaffen, die nachfolgende Generationen prägen. Im Allgemeinen trägt ein zu hoher Anspruch zu einer Überforderung bei. Persönliche Zielsetzungen, die Klarheit und das Bewusstwerden über diese Ziele sind dazu da, die eigene Persönlichkeit weiterzuentwickeln. Es sind die persönlichen Entwicklungsziele im Sinne des „Learners“, also des Talents, eigene Lernerfolge und persönliche Fortschritte als Freude zu empfinden. Neben fachlichen

Entwicklungsschritten schließt dieser Reifeprozess auch die persönliche und sittliche Entwicklung im Sinne des wertsichtigen Menschen mit ein. An dieser Stelle sei nochmals die Anmerkung gestattet, dass Entwicklung und Reifung nicht nur bei biologisch-technischen Prozessen in erster Linie von der Zeit abhängen, die dazu zur Verfügung steht. In unserem Alltag, bei dem versucht wird, möglichst lineare Persönlichkeitsentwicklungen zeiteffizient voranzutreiben, scheint dieser Zusammenhang manchem Entscheider nicht mehr deutlich vor Augen zu stehen. Lassen Sie daher auch als Führungskraft Ihren hoffnungsvollen Nachwuchskräften („High Potentials") Zeit für die Entwicklung einer eigenen authentischen Persönlichkeit.

5.2 Klare Arbeitsziele als Voraussetzung für Erfolge

! Ohne klare Ziele gibt es keine motivierte (Mit-)Arbeit.

Wenn Mitarbeiterinnen und Mitarbeiter gefragt werden, was eines der größten Hindernisse sei, um motiviert und eigenständig zu arbeiten, werden unklare oder fehlende Ziele an vorderer Stelle genannt. Damit wird deutlich, dass auch im Kontext der Arbeit Ziele ein elementares Bedürfnis sind.

Wenn Sie sich wundern, warum dies so ist, müssen Sie sich mit den Grundprinzipien der Motivation vertraut machen. Viele Führungskräfte mit kaufmännischem Hintergrund (Ausbildung, BWL-Studium etc.) kennen aus den zahlreichen Darstellungen im Marketing die unterschiedlichen Ebenen der Motivation nach A. H. Maslow, die heute in den meisten Fällen, und so auch in Bild 5.2, in einer fünffach abgestuften Pyramidenform dargestellt werden. Dabei sind die unteren Ebenen der Pyramide den Grundbedürfnissen gewidmet, während weiter oben Elemente wie Selbstverwirklichung, Erfolg, Anerkennung, also soziale Bedürfnisse und persönliche Entwicklungsbedürfnisse eine Rolle spielen. Hier wird die Notwendigkeit von Zielen in zweifacher Hinsicht deutlich. Führungskräfte, wie auch andere Mitarbeiterinnen und Mitarbeiter bedürfen der eigenen Ziele, um höher liegende Motivationsebenen erreichen zu können. Sie bedürfen auch einer klaren Formulierung von Arbeitszielen, um ein berufliches Erfolgserlebnis registrieren und emotional nachvollziehen zu können.

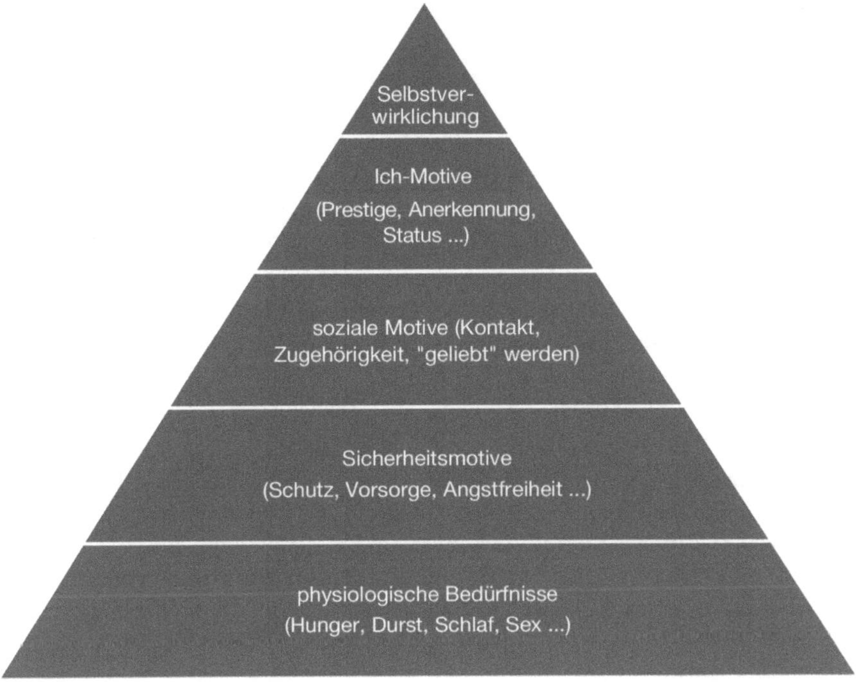

Bild 5.2 Bedürfnispyramide nach Maslow (1981)

Was trägt nun dazu bei, dass Mitarbeiterinnen und Mitarbeiter ein Erfolgserlebnis wahrnehmen? Nach Herzberg lassen sich die unterschiedlichen Versuche der Motivation in Motivatoren und Hygienefaktoren trennen (vgl. Seeger/Breyer-Mayländer 2013, S. 89). Während die Hygienefaktoren nur extrinsisch motivieren und damit nur einen kurzfristig positiven Effekt ausüben, sind die echten Motivatoren intrinsisch. D. h.: Die Mitarbeiterinnen und Mitarbeiter sind aus ihrem eigenen Ich heraus motiviert. Dies setzt eine Verbundenheit mit der Aufgabe, der Arbeitsorganisation und den Mitarbeiterinnen und Mitarbeitern voraus und bedarf zusätzlich einer klaren positiven Zielorientierung in der Führung.

> **!** Mitarbeiterinnen und Mitarbeiter müssen verlässlich wissen, was von ihnen erwartet wird und wie sie diese Ziele erreichen können. Dies setzt eine klare und transparente Zielsetzung voraus. ■

Um aus der klaren Zielsetzung heraus tatsächlich erfolgreich arbeiten zu können, ist jedoch auch ein Führungsklima notwendig, das denjenigen, die diese Freiheitsgrade haben möchten, bzw. benötigen, eine ausreichende Autonomie zuspricht. Hier kommen wir zur Grundhaltung, die Sie als Führungskraft gegenüber Ihren Mitmenschen und damit Ihrem Gegenüber in der Führungsbeziehung, gegenüber Ihren Mitarbeiterinnen und Mitarbeitern, einnehmen. Nach Mc Gregor gibt es hier zwei diametral gegensätzliche Grundhaltungen:

- Die Theorie X geht davon aus, dass Menschen grundsätzlich faul und egoistisch sind. Entsprechend diesem Menschenbild muss eine Führungskraft nicht nur klare Zielsetzungen vereinbaren, sondern gleichzeitig vorgeben, wie diese Ziele erreicht werden können und diesen Weg sehr eng begleiten. Nur durch klare Anweisung und Kontrolle ist ein erfolgreiches, leistungsorientiertes Arbeiten möglich, da die Mitarbeiterinnen und Mitarbeiter sonst ihrem Drang nach Faulheit nachgehen würden.
- Die Theorie Y hingegen geht von einem positiven Menschenbild aus, wonach Mitarbeiterinnen und Mitarbeiter grundsätzlich motiviert sind und von der Führungskraft die entsprechenden Rahmenbedingungen erhalten möchten, um möglichst eigenverantwortlich erfolgreich arbeiten zu können. Die höheren Freiheitsgrade in der Entscheidung, wie die Ziele erreicht werden sollen, ermöglichen autonomeres Arbeiten und ebnen den Weg zu höherer intrinsischer Motivation.

Wir sehen bei beiden Theorien von Mc Gregor, dass Ziele notwendig sind. Bei der Theorie X gehen nun die Verfechter dieses Ansatzes davon aus, dass das Ziel der eigentlichen Arbeit im engeren Sinne geklärt werden muss. Im Extremfall kann das bedeuten, dass man einem Mitarbeiter drei Handgriffe zeigt, mit denen er im Rahmen der Fließfertigung den ganzen Arbeitstag über seine Pflicht erledigen kann. Diese klaren Zielsetzungen unterscheiden sich jedoch deutlich von dem, was wir als Zielsetzung im Kontext mit der Führungsarbeit verstehen.

Für uns sind Ziele erwünscht Zustände in der Zukunft (vgl. Schneck 2011, S. 1096), die jedoch nicht so eng gefasst werden, dass sie nur den Zustand eines Arbeitsvorganges beschreiben. Ziele im Sinne der Führungsarbeit sind erwünschte Zustände, die künftig eintreten sollen und dafür sorgen, dass Führungskräfte, Mitarbeiterinnen und Mitarbeiter sowie die gesamte Organisationseinheit erfolgreich sind und diesen Erfolg in Verbindung mit der gemeinsamen wechselseitigen Abhängigkeit bei der Erzielung des Erfolgs emotional positiv erleben können.

Hier zeigt sich auch die Verbindung von Zielsetzungen in der Arbeit und dem Streben nach Lebenssinn, der unter anderem auch durch Zufriedenheit mit der täglichen Arbeit erreicht wird. Als Führungskraft muss Ihnen klar sein, dass Sie für eine enge Wechselbeziehung zwischen persönlicher Lebenszufriedenheit und Arbeitszufriedenheit mit zuständig sind. Dennoch sollten Sie daraus nicht ableiten, dass Sie für den Lebenssinn und das Lebensglück der Mitarbeiterinnen und Mitarbeiter die Hauptverantwortung tragen. Nicht nur der Zielkonflikt zwischen persönlichen Zielen der Mitarbeiterinnen und Mitarbeiter sowie den Unternehmenszielen spielt hier eine Rolle, sondern auch vor allem die persönliche Autonomie der Mitarbeiterinnen und Mitarbeiter, die aus vielen Themen jenseits der Arbeit ihre Lebenszufriedenheit schöpfen können. Lassen Sie die Verantwortung hierfür bei Ihren Mitarbeiterinnen und Mitarbeitern.

Ob sich Zufriedenheit bei der Arbeit einstellt, hängt in hohem Maße auch von den Erwartungen an die eigene Arbeitsleistung ab. Dies führt uns zum Flow-Konzept des amerikanischen Psychologen Mihaly Csikszentmihalyi, für den das persönliche Erwartungsniveau an Herausforderungen entscheidend ist für die Zufriedenheit eines Menschen mit seiner Arbeit. Bild 5.3 verdeutlicht diesen Zusammenhang. Erscheint die Arbeit zu schwer, führt dies zu Stress durch Überforderung, erscheint die Arbeit zu leicht, führt diese Unterforderung auch wiederum zu Unzufriedenheit, die Stress bereiten kann. Deshalb ist es notwendig, das individuelle Erwartungsniveau zu erreichen und damit ein Flow-Erlebnis zu ermöglichen. Dieses positive, beflügelnde Flow-Erlebnis wird zwar meist anhand der Themen Sport oder bei kreativen Berufen beschrieben, aber es kann grundsätzlich bei allen Berufsgruppen auftreten.

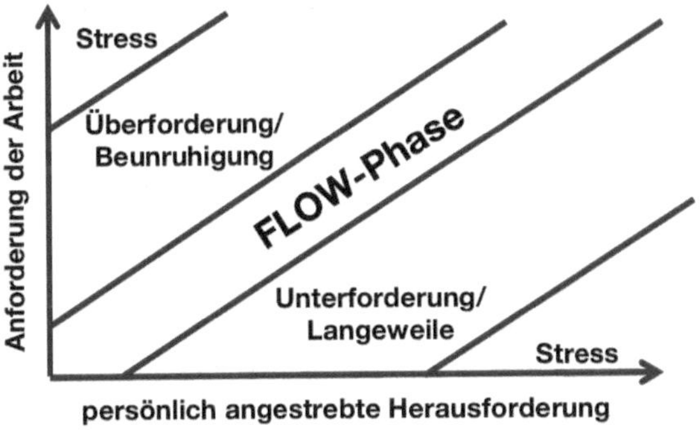

Bild 5.3 Flow-Erleben (Csikszentmihalyi nach Cube 2006, S. 83)

Auch diese Theorie hilft als gedankliche Stütze im Führungsalltag.

Als Führungskraft müssen Sie herausfinden, wo im Bereich der subjektiven Einschätzung der Herausforderungen die Messlatte der einzelnen Mitarbeiterin und des einzelnen Mitarbeiters anzulegen ist. Klare Zielsetzungen erfordern bei Führungskräften eine klare Kenntnis über die unterschiedlichen Erwartungen der Mitarbeiterinnen und Mitarbeiter.

Dem Gespräch zwischen Führungskraft und Mitarbeiterin bzw. Mitarbeiter kommt hier eine entscheidende Funktion zu. Dies ist einerseits das informelle spontane Gespräch, mit dem auch die Beziehungsebene zu den Mitarbeiterinnen und Mitarbeitern gestärkt werden kann, andererseits sind es aber auch gezielte Fragebereiche im institutionalisierten Mitarbeitergespräch, das in Absprache mit der Personalabteilung und den zentralen Empfehlungen oder Vorgaben mindestens jährlich durchgeführt werden soll. Nur wenn gezielt auch Erwartungshaltungen erfragt und diese abgeglichen werden, ist eine gezielte Unterstützung des Flow-Erlebens der Mitarbeiterinnen und Mitarbeiter möglich.

Wir erleben in der Führungspraxis sehr oft, dass Mitarbeiterinnen und Mitarbeiter außerhalb des Unternehmens sehr viel Energie und Verantwortung aufbringen, um sich ehrenamtlich oder mit einem Hobby zu beschäftigen. Dies ist im Sinne der Work-Life-Balance auch richtig und wichtig. Aber gerade als Führungskraft haben Sie die Aufgabe zu überprüfen, ob diese Erwartungen der Mitarbeiterin oder des Mitarbeiters mit den beruflichen Anforderungen auch noch übereinstimmen. Das Erwartungsniveau der Mitarbeiterinnen und Mitarbeiter kann sich beispielsweise durch die Änderung der familiären Situation verändern. Studien zeigen, dass Männer, wenn Sie Vater werden, nicht weniger, sondern mehr arbeiten. Dies verschiebt sich zwar während der Phasen des Erziehungsurlaubs, im Anschluss scheint die Motivation jedoch gesteigert zu sein, im Unternehmen einiges zu leisten. Es wäre zwar lebensnah, aber zu kurz gegriffen, wenn man das so interpretiert, dass die Situation am Arbeitsplatz (beispielsweise im Büro) vordergründig erholsamer erscheint, als zu Hause die Frau bei der Familienarbeit zu unterstützen. Es steht hinter diesem Arbeits- und Motivationsschub eher das etwas archaische Leitbild des Familienversorgers, der nun gefordert ist, durch besonders gute Leistung die Familie insgesamt zu unterstützen. Andere private Veränderungen können hingegen ein hohes Erwartungsniveau nach unten verschieben, beispielsweise, wenn private Aufgaben (Mithilfe bei der Pflege von Angehörigen) den persönlichen Fokus verschieben.

> Insgesamt geht es um Klarheit über das Erwartungsniveau der Mitarbeiterinnen und Mitarbeiter, um durch klare Ziele die Führungsarbeit unterstützen zu können. So führt im Gegensatz zur Unterforderung die Überforderung nicht nur zu Stress, sondern vor allem auch zu Unsicherheit. Und Mitarbeiterinnen und Mitarbeiter, die unsicher sind, können keine überdurchschnittlichen Leistungen erbringen, da sie sich maximal auf den Feldern bewegen, die sie selbst abschätzen können.

Mit Burn-out bei Überforderung und Bore-out bei Unterforderung stehen auch zwei modische Begriffe parat, um starke Abweichungen zwischen Erwartungs- und Anforderungsniveau beschreiben zu können. Die Begriffe werden in der Praxis jedoch inflationär gebraucht. Burn-out setzt voraus, dass Führungskräfte oder Mitarbeiterinnen und Mitarbeiter zuvor tatsächlich im Sinne des Kirchenvaters Augustinus für etwas gebrannt haben. In vielen Fällen verbergen sich hinter den Burn-out-Kandidaten Fälle von Depressionen, die eine sozial besser akzeptierte Diagnose erhalten. Lassen Sie sich also nicht vorschnell auf diagnostische Zuordnungen ein, sondern schauen Sie als Führungskraft mit offenem Blick auf die tatsächliche Situation Ihrer Mitarbeiterinnen und Mitarbeiter.

Die Zahlen aus dem Jahr 2014, die das Gallup-Institut in seiner Monitoring-Studie „Engagement-Index" über die Zufriedenheit deutscher Mitarbeiterinnen und Mitarbeiter erhoben hat, legt insgesamt nahe, dass das subjektive Stressempfinden in Deutschland ein Problem darstellt. Im Jahresvergleich nimmt die Zahl derer, die sich nach eigenem Bekunden „ausgebrannt" fühlen zu (Nink 2014, S. 64). Dabei zeigt sich, dass bei Mitarbeiterinnen und Mitarbeitern, die eine hohe Bindung zum Unternehmen aufweisen, mehr „Spaß" bei der Arbeit wahrgenommen wird, während die Mitarbeiterinnen und Mitarbeiter, die eine schwache, oder keine Bindung aufweisen, sehr stark unter Stress leiden.

> Für Sie als Führungskraft ist es eine der zentralen Aufgaben, die Bindung und dabei auch die emotionale Bindung der Mitarbeiterinnen und Mitarbeiter zu stärken und die subjektive Stresssituation der betroffenen Mitarbeiterinnen und Mitarbeiter zu klären.

5.3 Klare Formulierung der Ziele

Da eine motivierende Führungsarbeit klar formulierte Zielsetzungen erfordert, stellt sich in der Praxis die Frage, wie dadurch Klarheit erreicht wird.

Für die Formulierung der Ziele hat sich in Theorie und Praxis die sogenannte SMART-Formel etabliert mit deren Hilfe Sie Ziele klar formulieren können (vgl. Seeger/Breyer-Mayländer 2013, S. 78):

- *S – Spezifisch*
  Die Ziele werden häufig im Jahresgespräch der Mitarbeiterinnen und Mitarbeiter oder im Zielvereinbarungsgespräch entsprechend dokumentiert und müssen inhaltlich eindeutig definiert sein. Auch bei einfachen Projekt- oder Arbeitszielen ist es klar, dass es um abgrenzbare eindeutige Ziele gehen muss.
- *M – Messbar*
  Ziele müssen messbar oder objektivierbar sein. Es muss für die einzelne Mitarbeiterin oder den einzelnen Mitarbeiter klar sein, welche Ergebnisse sie bzw. er bis zu welchem Zeitpunkt liefern muss und wie die Leistung gemessen und bewertet wird. Dies ist die Voraussetzung dafür, dass auf Basis der Zielerreichung Erfolge erzielt werden können und das emotionale Erleben des Erfolgs zu einem Motivationserlebnis wird.
- *A – Angemessene Ziele*
  Die Ziele müssen erreicht werden können, das heißt die notwendigen Ressourcen müssen beispielsweise unstrittig zur Verfügung stehen. Ein Außendienstmitarbeiter wird sich nicht mit einem Ziel identifizieren können, das in einem schrumpfenden Markt hohe Wachstumsraten vorsieht, ohne dass ihm hierfür neue Möglichkeiten aufgezeigt werden und zur Verfügung stehen. Auch bei der Formulierung persönlicher Lebensziele muss darauf geachtet werden, dass die Ziele angemessen und realistisch sind. Sonst steht statt einer Motivation eine Demotivation an.
- *R – Relevant*
  Die Ziele müssen bedeutsam sein und einen Mehrwert für die Abteilung und das Unternehmen bringen. Es macht keinen Sinn, Nebenthemen zum Gegenstand von Zielplanungen und Zieldiskussionen zu machen.
- *T – Terminiert*
  Ziele haben einen Zeitbezug. Selbst bei Richtzielen als Lebenszielen, die auf der Zeit-

achse hinten stehen, haben wir diese Dimension. Sonst kommt es zu den Lebenslügen in fortgeschrittenem Alter nach dem Motto „Ich wollte ja immer ... aber ich hatte ja nie die Gelegenheit". Genauso verhält es sich auch mit den strategischen Fernzielen im Unternehmenskontext. Selbst diese bedürfen einer zeitlichen Verortung, was bei den taktischen Zielen oder bei den operativen Zielen im laufenden Geschäftsjahr ohnehin nachvollziehbarerweise der Fall ist. „Wir wollen das Produkt irgendwann an den Kunden liefern." ist keine Basis für eine erfolgreiche Zusammenarbeit.

Gleichwohl lohnt es sich aus Sicht der Praxis diesen Aspekt nochmals genauer zu beleuchten. Wir wollen gute und wirksame Führung durch Klarheit erreichen. Dazu gehört auch, dass die Angaben transparent, verlässlich und sinnvoll sind. In vielen Fällen wird die Frage des Mitarbeiters an seine Chefin oder seinen Chef, bis wann denn die Ergebnisse geliefert werden sollen mit „asap" beantwortet. Abgesehen davon, dass „as soon as possible" oder das gesprochene Akronym „asap" ein Beispiel für fragwürdiges Sprachbewusstsein ist, ist diese Zeitangabe „so bald wie möglich" unsinnig. Für den Mitarbeiter in unserem Beispiel ist es wichtig zu wissen, wann der späteste Zeitpunkt ist, an dem er das Ergebnis vorlegen muss. Logischerweise gibt es bei vielen Aufgaben Zeitpunkte, die auf alle Fälle einzuhalten sind (z. B. muss der Messeprospekt vor der Messe fertig sein). Die Information, dass es möglichst schnell gehen soll, bringt lediglich eine unproduktive Form der Ungeduld zum Ausdruck und ermöglicht weder die Planung noch den Erfolg auf der Ebene der Termintreue.

Achten Sie bei der Formulierung von Zielen und Erwartungen darauf, dass auch die Details und die Wortwahl die Motivation Ihres Teams stärkt und nicht lähmt.

5.4 Klare Unternehmensziele im Kontext von Werten, Leitbildern und Strategieentwicklung

Wir haben bislang die Klarheit der Ziele und der Zielformulierung postuliert, diese aber bisher auf der Ebene der persönlichen Ziele von Führungskräften, Mitarbeiterinnen und Mitarbeitern diskutiert bzw. auf der Ebene der Arbeitsziele, die sich aus der Führungsbeziehung zwischen Mitarbeiterin oder Mitarbeiter und Führungskraft entwickeln. Eine klare Entwicklung mittel- und langfristiger Entwicklungsziele für Mitarbeiterinnen und Mitarbeiter, Arbeitsbereiche, Gruppen, Abteilungen ist jedoch nur dann möglich, wenn auch Klarheit über die Unternehmensziele insgesamt besteht. Auch dafür sind Sie als Führungskraft gemeinsam mit Ihren Kolleginnen und Kollegen aus dem Führungsteam verantwortlich (Führung kann auch auf Teamebene aufgeteilt werden. (Werther 2013).

Ein anerkanntes Verfahren ist die Kommunikation von Zielen nach dem Drei-P-Ansatz (Adler 2012, S. 186f.):

- *Purpose (Zweck)*: Bei der Kommunikation von Zielen geht es zunächst um die Absicht und den Zweck und damit um die fundamentalen Fragen.
- *Process (Prozess)*: In diesem Schritt geht es darum, deutlich zu machen, wie vorgegangen werden soll, um das Ziel zu erreichen.
- *Payoff (Lohn)*: Der Nutzen und die Vorteile, die mit der Erreichung des Ziels verbunden sind, bilden den Abschluss bei der Präsentation des Ziels.

Dabei wird sehr schnell deutlich, dass auch auf der Ebene des Gesamtunternehmens unterschiedliche Zeithorizonte gelten. Die Kunst besteht darin, dass Sie die unterschiedlichen Ziele harmonisieren und damit ein komplexes Zielsystem entwickeln, mit dem Sie sicherstellen können, dass die strategische Gesamtausrichtung genauso funktioniert wie die individuelle Zielsetzung und Motivation auf Ebene der Mitarbeiterinnen und Mitarbeiter sowie Führungskräfte (vgl. Watzka 2011, S. 25ff.).

Abgeleitet aus den Werten, für die eine Unternehmung oder eine Organisation steht, werden die Kernelemente Geschäftsidee, Leitbild und Unternehmenskultur konkretisiert. Diese sind eher allgemein formuliert und als normative Elemente von zeitlich unbegrenzter Gültigkeit. Dahinter stehen die eigentlichen, langfristigen Ziele des Unternehmens als Unternehmensauftrag. Diese Ziele sind in Bezug auf die dahinter liegenden Werte meist allgemein formuliert und in vielen Fällen auch oft austauschbar. Bei der Formulierung der Geschäftsidee und des unternehmerischen Auftrags hingegen besteht häufig eher die Gefahr, vereinfacht und verengt die Vergangenheit und Gegenwart festzuschreiben. „Wir sind der führende Anbieter gedruckter Zeitungen in der Region XY." wäre aus heutiger Perspektive keine geeignete Zielsetzung. Stattdessen sind Geschäftsfeldbeschreibungen im Sinne von „führender Informationsanbieter mit einem Schwerpunkt auf Informations-, Unterhaltungs- und Werbeangebote in der Region XY" abstrakter, aber damit auch langfristig haltbarer formuliert.

Wie trägt ein solcher Bereich zur Klarheit bei der Zielformulierung für Ihre Mitarbeiterinnen und Mitarbeiter bei? Es ist das gemeinsame Fernziel und die gemeinsame Grundlage des Arbeitens.

> **!** Wenn wir davon ausgehen, dass die Mitarbeiterinnen und Mitarbeiter Erfolge und Zufriedenheit aus der Arbeit ableiten sollen, dann muss klar sein, wofür das Unternehmen auch in Zukunft steht. ■

Die nächste Ebene der Zielfestlegung kommt auf der Ebene der Unternehmensstrategie zustande. Hier gelten ein Zeithorizont von mehr als vier bzw. fünf Jahren und die Anforderung, dass es sich um Themenfelder mit hoher Relevanz für das Unternehmen handelt. Die Strategie liefert den Rahmen für die zeitlich kürzer ausgeprägten Zeithorizonte und damit auch den Korridor für die Organisationsentwicklung insgesamt.

Für die Mitarbeiterinnen und Mitarbeiter sind zumindest Eckpunkte der Strategie relevant, um zu erkennen, welche Entwicklungen geplant sind. Die Mannschaft muss soweit in die Strategie eingebunden sein, dass alle wissen, wohin die Reise langfristig gehen soll. Nur so kann man die eigenen Planungen und Überlegungen auch auf die Gesamtplanungen des Unternehmens abstimmen. Dabei muss auch die Bereitschaft vorhanden sein, die bisherige Entwicklungslinie in Frage zu stellen. Der Ökonom Joseph A. Schumpeter ist mit seiner „Creative Destruction" im Internet-Zeitalter in Mode gekommen (Schäfer 2008, S. 212), während er zu Lebzeiten stets die Nummer zwei hinter dem Zeitgenossen Keynes war. Der heutige Zeitgeist ist also günstig für die Kommunikation von Zielen in Zeiten allgemeiner Umbruchsituationen und unternehmensspezifischer Veränderungen. Es bedarf jedoch stets einer Führungspersönlichkeit, die bereit ist, diesen Schritt auch zu gehen, und die in der Lage ist, auch in unsteten Situationen Führungsarbeit zu leisten. Umbruchsituationen stellen für viele Mitarbeiterinnen und Mitarbeiter eine Phase der Irritation dar, da man wenige Fixpunkte hat, an die man sich halten kann. Dies erfordert im Regelfall eine Unternehmenskultur, die einerseits die Offenheit für neue Herausforderungen und andererseits die Sicherheit durch verlässliche Werte beinhaltet (vgl. Reisyan 2013, S. 73).

Die Ebene der taktischen Ziele liegt im Zeitraum zwischen einem Jahr und vier oder fünf Jahren und beinhaltet schon detailliertere Festlegungen als die strategische Ebene. Diese Festlegungen können auch auf kleinere Organisationseinheiten wie Abteilungen und Gruppen heruntergebrochen werden.

Damit können Sie für sich selbst und Ihre Mitarbeiterinnen und Mitarbeiter Klarheit für das unmittelbare Arbeitsumfeld schaffen und damit eine weitere Orientierungsmöglichkeit für die Individualziele anbieten.

Die operativen Ziele, die innerhalb von einem Jahr bzw. während des laufenden Jahres relevant sind, werden häufig als Jahresziele in Mitarbeiter/innen-Gesprächen oder Zielvereinbarungen fixiert. Hier sind wir auf der konkreten Ebene des einzelnen Teammitglieds angelangt, sodass die Klarheit für die eigene Person zumindest von der Struktur der Ziele her gegeben ist.

Neben dieser operativen Ebene gibt es noch die Ad-hoc-Ziele aus dem Tagesgeschäft, wenn Einzelfälle entschieden werden, also statt Planung Disposition gefragt ist.

Nachdem deutlich wurde, dass wir Klarheit für alle Ebenen der Zielformulierung benötigen, bleibt die Frage, wie wir die Klarheit erreichen und wer bei einer wirksamen Führung diese Ziele festlegt. Grundsätzlich könnte man davon ausgehen, dass eine zentrale hierarchische Planung erfolgt und dann, ausgehend von den strategischen Festlegungen, die in einem bestimmten Rhythmus überprüft werden (z. B. jährlich), eine Detailplanung der hierarchisch und zeitlich darunter liegenden Bereiche erfolgt. Dieser Top-down-Ansatz hat den Vorteil einer stringenten Zieldefinition, bei der die Zielhierarchie klar ist und die Ziele auf den unterschiedlichen Ebenen gut zusammenpassen. Der Nachteil des zentralistischen und hierarchischen Ansatzes liegt darin, dass die Erfahrungen vor Ort und der unterschiedlichen Hierarchieebenen keine Berücksichtigung finden. Wir wissen aus der Motivationsanalyse, dass ein in einem solchen Prozess generiertes Ziel bei aller Klarheit eher demotivierend wirkt, da es oft als nicht realistisch und damit unerreichbar empfunden wird.

Der Gegenentwurf wäre der Bottom-up-Ansatz, bei dem die einzelnen Mitarbeiterinnen und Mitarbeiter gemeinsam mit den Gruppenleitungen Ziele in ihrem Bereich festlegen und diese Gruppenziele zu Abteilungszielen aggregiert werden, bis dann über die Hierarchien hinweg am Ende Unternehmens- oder Konzernziele entstehen. Die Einbindung des Know-hows und Engagements vor Ort ist bei solchen Festlegungen logischerweise ideal und die Motivation aller Beteiligten ist hoch, da es ja die eigenen Ziele sind. Dennoch hat auch diese Methode ihre Nachteile, da sich selten zufällig aus der Summe vieler Einzelziele ein sinnvolles präzises Gesamtziel ergibt. Damit würde die Klarheit immer stärker leiden, je weiter oben die Ziele angesiedelt sind. Das Unternehmensziel wäre nicht mehr sinnvoll formulierbar ohne eine Inhaltsangabe der Unterziele abzuliefern.

In der Praxis hat sich eine Kombination aus beiden Varianten etabliert, die bei der Unternehmensplanung als „Gegenstromverfahren" bezeichnet wird, in dem sowohl Top-down als auch Bottom-up geplant wird und die Ziele miteinander abgeglichen werden. Dabei ist es für klare Ziele wichtig, die Prinzipien auf den Zeithorizont der Planungen zu beziehen. Strategische Festlegungen sind in der Regel stärker zentralisiert und durch die Unternehmensleitung geprägt, während operative Ziele oder Ad-hoc-Ziele während des Arbeitsprozesses auch stärker von den Mitarbeiterinnen und Mitarbeiter und den unteren Führungsebenen geprägt sind.

Als Führungskraft haben Sie die zentrale Aufgabe, innerhalb der jeweiligen Hierarchiestufe und des gewünschten Zeithorizonts die angestrebten Ziele zu definieren. Dabei müssen Sie immer daran denken, welchen Beitrag das von Ihnen definierte Ziel zum übergeordneten Ziel leisten kann. Für die Zieldefinitionen und -beschreibungen hilft in der Praxis die Vorstellung eines Mosaiks. Bei zu enger Betrachtung macht die Betrachtung eines Mosaiksteins eventuell wenig Sinn. Als Führungskraft müssen Sie sinnbildlich in der Lage sein, ein oder zwei Schritte zurückzugehen und das gesamte Bild zu betrachten. Dies wiederum hilft Ihnen, um als Repräsentant der Führungsebene, Ihren Mitarbeiterinnen und Mitarbeiter die Sinnhaftigkeit bestimmter Ziele zu vermitteln (vgl. Bild 5.4).

Am Ende sollen klare Ziele nicht nur sicherstellen, dass Mitarbeiterinnen und Mitarbeiter Ziele erreichen und damit motivierende Erfolge erzielen können. Der Prozess der Zielformulierung beeinflusst auch die Gesamtausrichtung der Organisation entscheidend. Die gemeinsame Ausrichtung einer Gruppe von Menschen an gemeinsamen Zielen gibt der gesamten sozialen Gruppierung eine Orientierung. Das dabei zugrunde liegende Prinzip der gemeinsamen Zielorientierung ist unter dem Begriff des „Alignments" (vgl. Straub u. a. 2013, S. 45ff.) seit einigen Jahren fester Bestandteil der Managementforschung.

Bild 5.4 Abstimmung unterschiedlicher Ziele von Mitarbeiterinnen und Mitarbeitern sowie Führungskräften

Damit Sie als Führungskraft in der Lage sind, Ihren Mitarbeiterinnen und Mitarbeitern wie in einem Zugvogelschwarm eine kollektive Richtung zu geben und dennoch selbstorganisierte Teilbereiche dieses Vogelschwarms zu ermöglichen, ist in Bezug auf die Zielsetzung Klarheit und eine kontinuierliche Kommunikation erforderlich. ■

Wenn nun die Zielhierarchie und das Einzelziel der Mitarbeiterinnen und Mitarbeiter auf Basis der Zielvereinbarungen klar sind, bleibt noch zu klären, wie denn die positive Form der Zielerreichung wirklich an die Mitarbeiterinnen und Mitarbeiter rückgemeldet werden kann.

Neben dem simplen Lob gibt es auch die Aufgabe, „Erfolge erlebbar zu machen". Das bedeutet, ein Team, das z. B. soeben eine Wettbewerbspräsentation gewonnen hat, muss diesen Erfolg direkt spüren können und darf nicht nur eine simple Dankesmail bekommen. Es geht um die emotionale Wirkung von Erfolgen.

> Die Zielerreichung muss mit einem positiven emotionalen Erlebnis verknüpft werden.

Ein gemeinsames positives Erlebnis kann die kurze Feier sein, mit der ein größerer Erfolg gewürdigt wird. Ähnlich wie bei der Hundeerziehung sollten Sie jedoch auch beim positiven Feedback zeitlich unmittelbar an den Erfolg anknüpfen. Bei einem längeren zeitlichen Abstand hat bereits ein Prozess stattgefunden, bei dem die Mitarbeiterinnen und Mitarbeiter den Erfolg bereits rational und emotional verarbeitet und für sich eingeordnet haben. Es ist daher in einer späten Phase kaum mehr möglich, durch das Feedback eine emotionale Verbindung zu schaffen. Die Feier nach dem Gewinn einer Fußball-Weltmeisterschaft wird auch zeitnah nach dem Endspiel stattfinden und nicht nachdem sich alle Fußballer zunächst im Urlaub von den Strapazen erholt haben. Nachträgliche Ehrungen schaffen es daher nicht immer, eine emotionale Verbindung zum eigentlichen Ereignis aufzubauen.

5.4.1 Das Zielvereinbarungsgespräch

Gerade für junge Führungskräfte ist die Führung von Zielvereinbarungsgesprächen vor allem dann aufwändig und schwierig, wenn es durch die Vorgänger in der Führungsfunktion noch keine positive Tradition dieses Instruments gab. also wenn solche Gespräche entweder nie oder selten und unregelmäßig geführt wurden bzw. die Erfahrungen mit den Gesprächen aus Sicht der Mitarbeiterinnen und Mitarbeiter nicht positiv waren. Letzteres ist dann der Fall, wenn die Gespräche repressiven Charakter hatten oder bei kooperativer Abstimmung im Rahmen der Gespräche die vereinbarten Schlussfolgerungen nicht eingehalten wurden. Wer Jahr für Jahr zugesichert bekommt, dass die längst überfällige Schulung im nächsten Jahr „ganz sicher" durchgeführt wird, verliert nicht nur das Vertrauen in seinen Vorgesetzten (das wird zu diesem Zeitpunkt ohnehin schon nicht mehr allzu groß sein), sondern auch das Vertrauen in das Instrument des Zielvereinbarungsgesprächs.

Die Hauptvorteile eines Zielvereinbarungsgesprächs mit Mitarbeiterinnen und Mitarbeiter sind:

- verstärkte Wahrnehmung von Führungsverantwortung,
- Verbesserung der Steuerung,
- Steigerung der Kundenzufriedenheit,
- Erhöhung der Arbeitszufriedenheit der Mitarbeiterinnen und Mitarbeiter,
- Erschließung von Leistungs- und Kreativitätspotenzialen,
- Erhöhung der Identifikation der Mitarbeiterinnen und Mitarbeiter mit der Aufgabe und dem Unternehmen.

Ein Zielvereinbarungsgespräch besteht im optimalen Fall aus den drei Phasen Rückmeldung, Zielvereinbarung und Förderung. Für unsere Überlegungen zur Notwendigkeit der Klarheit von Zielen ist die zweite Phase, die Phase der Zielvereinbarung, die entscheidende.

5.4.2 Die Zielvereinbarung

Die Bedeutung von klaren Zielsetzungen für Führungskonzepte, die sich an Management by Objectives (MbO) anlehnen, wurde bereits dargestellt. Für die Motivation ist zielorientiertes Arbeiten von entscheidender Bedeutung. Daher ist die Fixierung von Zielen im Rahmen des Mitarbeitergesprächs eines der Kernelemente eines erfolgreichen Gesprächs.

Die Zielvereinbarung führt im Regelfall zu einer Verbesserung der Effizienz (Die Dinge richtig tun.) und Effektivität (Die richtigen Dinge tun.) auf der Prozessebene sowie auch zu einer größeren Identifikation bei den beteiligten Mitarbeiterinnen und Mitarbeitern. Klare Zielsetzungen ermöglichen eine Führungsstruktur, in der es ausreichend Freiheiten für die Mitarbeiterinnen und Mitarbeiter geben kann. Um Motivation zu ermöglichen, muss eine möglichst widerspruchsfreie Abstimmung der unterschiedlichen Teilziele innerhalb einer Gruppe, Abteilung, Unternehmen etc. angestrebt werden.

5.4.3 Die Förderung

Neben den Vereinbarungen von Zielen muss es im Gespräch auch dazugehören, Wege und Mittel aufzuzeigen, wie die Ziele von der Mitarbeiterin bzw. dem Mitarbeiter erreicht werden können. Hierzu gehört ein angemessener Aufgabenumfang und Schwierigkeitsgrad der aktuell zu bearbeitenden Aufgaben. Daher ist es nicht nur eine Frage der Unternehmensethik, die persönlichen Entwicklungsziele von Mitarbeiterinnen und Mitarbeitern zu berücksichtigen, sondern es ist darüber hinaus ein ureigenes betriebswirtschaftliches Interesse des Unternehmens.

Hier eine Checkliste zu den wesentlichen Themengebieten eines Zielvereinbarungsgesprächs:

- *Zusammenarbeit zwischen Führungskraft und Mitarbeiterin bzw. Mitarbeiter*
  - Findet ein ausreichender Informationsaustausch zwischen der Mitarbeiterin bzw. dem Mitarbeiter und der Führungskraft statt?
  - Wie wird die Qualität der Zusammenarbeit von beiden Seiten beurteilt?
  - Findet eine angemessene regelmäßige Rückmeldung von Leistungs- und Arbeitszufriedenheit statt?
  - Wie erfolgen die Zielsetzung und Übertragung von Aufgaben und Verantwortlichkeiten?
  - Welche Erwartungen bestehen auf beiden Seiten im Hinblick auf die Selbstständigkeit bei der Aufgabenerfüllung?
  - Wie zufriedenstellend wird von Mitarbeiterinnen und Mitarbeitern sowie Vorgesetzten die gegenseitige Information bewertet?
  - Wie hoch ist die Zufriedenheit mit der Leistung der Mitarbeiterin bzw. des Mitarbeiters und der Anerkennung der Leistung?
  - Wie wird der Umgang mit Konflikten von beiden Seiten wahrgenommen?
- *Aufgabenverteilung*
  - Besteht eine klare Zuordnung von Zuständigkeiten?
  - Entsprechen die Aufgaben der Eignung und Neigung der Mitarbeiterin bzw. des Mitarbeiters?
  - Welche künftigen Aufgaben werden im Arbeitsgebiet der Mitarbeiterin bzw. des Mitarbeiters anfallen?
  - Besteht in Art und Umfang der Aufgaben ein Veränderungsbedarf?
- *Arbeitssituation*
  - Wie zufriedenstellend ist der Informationsfluss inklusive der Informationen von Kolleginnen und Kollegen oder vor- und nachgelagerten Stellen?
  - Werden die vorhandenen Ressourcen zur Aufgabenerfüllung als passend wahrgenommen?
  - Wie ist das Klima der Zusammenarbeit auf Kollegenebene?
  - Wie und wo können Arbeitsabläufe auf der Prozessebene verbessert werden?
  - Wie ist die Arbeitsatmosphäre?
- *Entwicklungsziele*
  - Welche künftigen Anforderungen werden den Arbeitsbereich der Mitarbeiterin bzw. des Mitarbeiters beeinflussen?
  - Besteht hier ein Qualifizierungsbedarf?
  - Welche Entwicklungsschritte bei der Persönlichkeitsentwicklung wären für die Aufgabe im Unternehmen hilfreich? Wie sollen diese unterstützt werden?
  - Welche Fortbildungsziele sind zu vereinbaren?
  - Welche Entwicklungsmöglichkeiten bieten sich im Unternehmen an?

Ferdinand Piëch, in seiner Funktion als VW-Aufsichtsratschef

Er gilt als einer der mächtigsten deutschen Manager und hat in der deutschen Autoindustrie und damit in einer der Leitindustrien deutliche Spuren hinterlassen. Mächtige Vorstandschefs innerhalb des VW-Konzerns haben bereits zu spüren bekommen, dass dann, wenn sich der Daumen des Patriarchen senkt, ihre Karriere sehr schnell endet. Auch durch den mitunter kompromisslosen Kommunikationsstil hat sich Ferdinand Piëch in vielen Fällen nicht nur Freunde gemacht. Dennoch wurden seine Leistungen von verschiedenen externen Gremien immer wieder als positive Managementleistung anerkannt (vgl. Freitag/Student 11/2011, S. 36f.). Er gilt als Retter von Audi und VW, der es geschafft hat, sein Lebenswerk vor dem Zugriff des damals machtbewussten Porsche-Chefs Wendelin Wiedeking zu retten.

Piëch hat eine lange Managementkarriere im VW-Konzern hinter sich. Er ist nicht nur der erfolgreiche Sanierer. Er ist auch der Audi-Manager, der Anfang der neunziger Jahre nur als begrenzt sozial kompetent galt, da er mit seinen Entlassungen gewaltige Proteste unter den Mitarbeiterinnen und Mitarbeitern hervorrief, die er kommunikativ nicht lösen konnte. Er gilt vielen Beobachtern als sehr direkt in seinen Forderungen, auch wenn es darum geht, seine Vorstellungen von technischer Innovation und Präzision durchzusetzen.

Die Stärke, die sein Führungsstil jedoch beinhaltete, war die klare Zielorientierung, die sich sowohl in den einzelnen Arbeitsgebieten als auch innerhalb des VW-Konzerns zeigte. Gerade im Rahmen eines großen und komplexen Konzerngeflechts ist es mitunter auch ein Segen, wenn statt reiner Strategiedebatten an einigen Stellen Klartext gesprochen wird.

Piëch beansprucht von sich, immer 20 Jahre vorauszudenken. Was bei anderen Aufsichtsräten und Kapitaleignern in hochtrabende, aber wenig marktgängige Visionen münden würde, führt bei ihm jedoch zu einem Zielgerüst, das auch Ziele mit deutlich kürzerer Laufzeit mit einschließt. Zwar war die Idee vom Drei-Liter-Auto in den 90er-Jahren selbst für die damit unterstützten Grünen noch zu früh, doch die dabei erzielten Know-how-Zuwächse waren in späteren Jahren hilfreich für die Überarbeitung der Produktpalette.

Im Sinne der idealen Nutzung der Zielorientierung für den Führungserfolg wäre es im direkten früheren und indirekten heutigen Führungsverhalten von Ferdinand Piëch hilfreich, wenn mehr Verbindlichkeit, Einbindung der Beteiligten und damit auch eine echte Weiterentwicklung der Führungsmannschaft und der Gesamtorganisation erreicht werden könnte. Dass starke Führungskräfte als patriarchalische Impulsgeber neben vielen Stärken auch Schwächen haben, zeigt sich immer am Punkt der Nachfolgeplanung und Nachfolgediskussion. Auch in diesem Fall ein Thema, das beim einen oder anderen VW-Kenner Sorgenfalten hinterlässt. (Freitag/Student 11/2011) ■

5.5 Kernfragen

- Sind die Hauptziele Ihrer Organisation allen Mitarbeiterinnen und Mitarbeitern bekannt?
- Wie zukunftssicher ist die Zielplanung Ihres Unternehmens bzw. Ihrer Organisation?
- Wie klar sind Sie sich über Ihre eigenen privaten und beruflichen Ziele?
- Wie passen Ihre persönlichen Ziele zur Zielplanung im Unternehmen?
- Gibt es ein bestimmtes Entscheidungsmuster, wie Sie bei Zielkonflikten zwischen privaten und beruflichen Zielen verfahren?
- Wie gut kennen Sie die persönlichen Ziele Ihrer Mitarbeiterinnen und Mitarbeiter?
- Wie klar lassen sich die Gruppenziele Ihres Teams formulieren?
- Wie klar können Sie die Ziele der einzelnen Mitarbeiterinnen und Mitarbeiter festlegen?
- Wie gut passen die Ziele des Unternehmens zu den individuellen Erwartungen Ihrer Mitarbeiterinnen und Mitarbeiter?
- Wie gut sind Sie auf Ihre Mitarbeitergespräche und das Thema der Zielsetzung und Zielerreichung vorbereitet?
- Wie sind berufliche Ziele und Lebenssinn für Sie und für Ihre Mitarbeiter vereinbar?

Literatur

Adler N.: *Tools für Projektmanagement, Workshops und Consulting: Kompendium der wichtigsten Techniken und Methoden*; 4. Auflage, Publicis Erlangen 2012

Freitag Michael und *Student Dietmar*: Die Motorik der Macht; in: *Manager Magazin* 11/2011, S. 34-48

Furtner Marco und *Baldegger Urs*: *Self-Leadership und Führung: Theorien, Modelle und praktische Umsetzung*; Springer Gabler 2013

Jensen Sören: Stochern im Kaffeesatz; in: *Manager Magazin* 10/2013, S. 28-30

Kirchner Baldur: *Der kontemplative Weg: Begegnungen mit der persönlichen Innenwelt*; Edition K Kammeltal 2008-II

Maslow Abraham H.: *Motivation und Persönlichkeit*; rowohlt Reinbek bei Hamburg 1981

Nink Marco: *Engagement Index: Die neuesten Erkenntnisse aus 13 Jahren Gallup-Studie; Gallup/ Redline* München 2014

Porsche Peter Daniell: *Es gibt noch mehr im Leben als Autos bauen*; dtv München 2014

Reisyan Garo D.: *Neuro-Organisationskultur: Moderne Führung orientiert an Hirn- und Emotionsforschung*; Springer Gabler 2013

Schäfer Annette: *Die Kraft der schöpferischen Zerstörung: Joseph A. Schumpeter, Die Biografie*; Campus Frankfurt 2008

Schneck Ottmar: *Lexikon der Betriebswirtschaft; Beck Wirtschaftsberater im dtv* München 2011

Seeger Christof und *Breyer-Mayländer Thomas*: *Vom Studenten zur erfolgreichen Führungskraft*; UVK Konstanz 2013

Simon Walter: *Ziele managen: Ziele planen und formulieren – Zielgerichtet handeln und denken*; Gabal Offenbach 2001

Straub Dietmar, *Kuhnecke Frank* und *Kirchmann Thorsten*: *Change-Management: Das Zugvogel-Prinzip –Notwendige Veränderungen erkennen und gemeinsam umsetzen*; Hanser München 2013

Watzka Klaus: *Zielvereinbarung in Unternehmen: Grundlagen, Umsetzung, Rechtsfragen*; Gabler Wiesbaden 2011

Werther Simon: *Geteilte Führung: Ein Paradigmenwechsel in der Führungsforschung*; Springer Gabler Wiesbaden 2013

6 Klarheit der Entscheidungen

Indira Nooyi, in ihrer Funktion als Pepsi-Chefin

Die Pepsi-Chefin ist eine der führenden Managerinnen in den USA, als sie die Herausforderungen für den Umbau des Food-Konzerns in einer sich veränderten Marktumgebung annimmt und die strategischen Weichen für einen neuen Weg erschließen möchte. Statt Chips und Cola sollen es nun gesunde, nachhaltige Produkte sein, die weniger stark in der Kritik der Verteidiger des korrekten Essens stehen. Fast-Food-Marken wie Pizza Hut, Kentucky Fried Chicken oder Taco Bell wurden verkauft und stattdessen beispielsweise 2001 der Frühstücksflocken- und Sportdrinkanbieter Quaker Oats (z. B. Gatorade) akquiriert (Hage 5/2012, S. 64). Aus der Sicht der Klarheit der Führung haben wir hier, wenn nicht eine Vision, dann doch ein strategisches Gespür und auch den Mut, Entscheidungen zu treffen, die Indira Nooyi kennzeichnen. Problematisch an dieser grundlegenden Entscheidung war die mangelnde Einbindung der Investoren in diese Strategie, die sich hier sehr skeptisch zeigten, da eben der Großteil der Erlöse aus dem Genuss- und nicht dem Gesundheitsbereich stammte. Gerade im Getränkesektor fiel Pepsi deutlich hinter die Coca-Cola-Company zurück, was nicht nur die Rendite, sondern auch den Kurs belastete. Während Coca-Cola auf die kalorienreduzierten und zuckerfreien Varianten ihrer Verkaufsschlager setzte und diese offensiv beworben hatte (TV-Spots und Massenmedien), setzte Pepsi auf Social Media-Kampagnen und verpflichtete politische Größen aus dem Umfeld der Weltgesundheitsorganisation (WHO) als prestigeträchtige Multiplikatoren, deren Produkte (natriumarmes Designersalz oder ein Joint-Venture zum Anbau von Kichererbsen in Äthiopien) wenig direkten Marktbezug aufwiesen (Hage 5/2012, S. 64).

Hier ist nun unter dem Gesichtspunkt der Klarheit von Entscheidungen ein typischer Zwiespalt gegeben. Man kann nicht Entscheidungen treffen, deren Hintergrund intern und extern erläutern und dann beim ersten Rückschlag einknicken und eine Kehrtwende hinlegen. Auch wenn das der eine oder andere Politiker mit großem Erfolg und Machtwillen so exekutiert, ist das noch lange kein mittel- oder langfristiges Erfolgsrezept, da es eine authentische Wirkung und eine echte Gefolgschaft erschwert und damit auch in Wirtschaftsunternehmen als sehr problematisch gilt.

Gleichzeitig muss man rechtzeitig erkennen, wann eigene Entscheidungen revidiert werden müssen, da sie sich anders als geplant auswirken (z. B. im vorliegenden Fall die Marktergebnisse im Bereich Soda und Snacks) oder bestimmte Gruppen und deren Reaktion nicht in dem Maße vorhersehbar waren (Im Fall von Pepsi waren das die Anteilseigner und Kapitalmärkte.).

Nooyi hat hier eher spät die Wende eingeleitet, das heißt sich zu einer klaren neuen Entscheidung durchringen können, als die interne Unsicherheit und auch die interne und externe Kritik an ihrer Person, mit der die bisherigen Entscheidungen verbunden waren, bereits massiv war. Klarheit der Entscheidungen schließt mitunter eben auch klare Kurskorrekturen mit ein. (Hagen 5/2012)

Unternehmerinnen, Unternehmer und Führungskräfte werden in vielen Diskussionen auch als „Entscheider" tituliert – eine Bezeichnung, die Sie vielleicht einerseits als schmeichelhaft empfinden, die andererseits jedoch auch klar die Funktion und damit auch die Erwartungshaltung kennzeichnet, die gegenüber Ihnen wie auch allen anderen Führenden besteht. Sie sollen in der Lage sein Entscheidungen zu treffen, zu diesen Entscheidungen zu stehen, sie aber – falls notwendig – auch wieder revidieren ...

Damit befinden wir uns schon mitten in unterschiedlichen Anforderungen und Erwartungen. Klare Entscheidungen sind zentral für die Lebens- und Handlungsfähigkeit eines Unternehmens. Das komplette Umfeld einer Führungskraft, insbesondere die eigenen Mitarbeiterinnen und Mitarbeiter, hängt sehr stark davon ab, ob Führende diesen Anforderungen und Aufgaben gerecht werden. Ein Grund mehr sich anzusehen, wo hier in der Praxis mitunter die Hindernisse liegen, diesen Erwartungen in vollem Umfang gerecht zu werden.

6.1 Das gesellschaftliche Umfeld für Entscheidungen

Zu Beginn möchten wir gleich die These aufstellen, dass unsere Gesellschaft in den letzten Jahren und Jahrzehnten nicht unbedingt entscheidungsfreudiger geworden ist. Man könnte ja erwarten, dass die Hinwendung des Einzelnen zu seinen persönlichen Zielen und Interessen in den 80er-Jahren des vorausgegangenen Jahrhunderts dazu geführt hat, dass die früher eher von der Elterngeneration und Großfamilie abhängige Generation der jungen Erwachsenen selbstbewusst und damit entscheidungsstark auftritt. Dies ist jedoch in vielen Situationen nicht der Fall.

Der gesellschaftliche Hintergrund, vor dem diese Entscheidungsschwäche festzustellen ist, ist die vom schweizerischen Soziologen Peter Gross festgestellte Entwicklung hin zu einer „Multioptionsgesellschaft" (Gross 1994). Dahinter verbirgt sich der Befund, dass das Überangebot an Wahlmöglichkeiten in den meisten Lebensbereichen den Wandel von einer Multiobligationsgesellschaft, mit zahlreichen Verpflichtungen, zu einer Multioptionsgesellschaft geführt habe, bei der die Wahlmöglichkeiten im Vordergrund stehen und bereits als Wert an sich empfunden werden. Wenn zu Jahresbeginn 2014 16.345 unterschiedliche Studiengänge in Deutschland angeboten werden, verdeutlicht dies, dass diese multiplen Optionen nicht nur ein Thema der Konsumgüterindustrie darstellen. Eugen Buß hat in einer grafischen Umsetzung dieser Theorie nochmals verdeutlicht, dass nahezu alle Lebensbereiche als Option ausgelebt werden (vgl. Buß 2012, S. 316).

Dabei macht eine große Anzahl an Alternativen und Wahlmöglichkeiten Menschen nicht generell glücklicher (vgl. Schwartz 2012). Es ist daher nicht nur die hohe Kunst der Sortimentsgestaltung im Handel oder der Benutzerführung bei Software und Apps, die Wahlmöglichkeiten auf ein verständliches Maß zu begrenzen, sondern auch eine Aufgabe der Unternehmens- und Mitarbeiterführung mit handhabbaren Entscheidungsräumen zu arbeiten.

! Auch dann, wenn Sie mit Ihren Mitarbeiterinnen und Mitarbeitern unterschiedliche Entscheidungswege diskutieren, sollten Sie sich auf wenige sinnvolle Optionen konzentrieren. Wenn Sie zu viele Entscheidungsmöglichkeiten anbieten, sorgen Sie in vielen Fällen für Verwirrung und Überforderung. ■

Menschen, die ihr Leben primär im Umfeld der multiplen Möglichkeiten verbringen, werden nicht auf klare Entscheidungen, also die Auswahl zwischen Alternativen, konditioniert. Das primäre Muster ist hingegen das Offenhalten weiterer Möglichkeiten. Baldur Kirchner weist zu Recht auf ein grundsätzliches Problem hin, das sich in Verbindung mit der Multioptionsgesellschaft besonders dramatisch auswirkt. Wer sich entscheidet, bindet sich, denn er legt sich bei bestehender Auswahlmöglichkeit auf eine Alternative fest. „Entscheidungsangst [...] deutet auf psychische Blockaden, nicht selten auf Bindungsangst hin. Entscheidungsangst und Bindungsangst bilden so ein beinahe pathologisches Geschwisterpaar." (Kirchner 2011). Dabei kommt Kirchner zu der einprägsamen Formel:

„Wer nicht entscheidet, leidet!"

Im betrieblichen Kontext bedeutet die Entscheidungsaversion jedoch nicht nur das Leiden eines Einzelnen (in unserem Beispiel das Leiden von Ihnen als Führungskraft), sondern auch ein Leiden des Umfelds (beispielsweise Ihrer Mitarbeiterinnen und Mitarbeiter).

Dabei gilt die einfache Regel, dass größere Organisationen mehr Schwierigkeiten haben, mit fehlenden Entscheidungen zurechtzukommen als kleinere. Im Regelfall wird das dabei entstehende instabile Machtvakuum auch hier kompensiert, und jemand, der nicht entscheidungsbefugt, aber entscheidungsstärker ist, trifft die überfälligen Entscheidungen oftmals durch faktisches Handeln.

6.2 Entscheidungen und Persönlichkeit

Ob Menschen sich mit Entscheidungen schwer tun oder nicht, hängt in hohem Maße auch von der Persönlichkeitsstruktur der Akteure ab. Wie wir im ersten Kapitel bereits dargestellt haben, stehen für die Analyse und Beschreibung von Persönlichkeiten eine Reihe von Ansätzen zur Verfügung (vgl. Jung 2009). Wir wollen hier nur aus einer kleinen Auswahl von Modellen die Teile vorstellen, die sich mit der Entscheidungsfreudigkeit von Führungskräften befassen. Es ist im Rahmen der Personalauswahl und Personalentwicklung ein unabdingbares Ziel, die Managementtalente im Unternehmen so zu begleiten, dass sie zu einer verlässlichen Führungskraft reifen können. Dazu gehört auch ein Klima, das dazu ermutigt, die entscheidungsfreudige Seite im gebotenen Rahmen zu leben und als Erfolgsfaktor zu erleben. Auf diesem Weg können auch hervorragende Führungskräfte mit Schwächen im Entscheidungssektor darin bestärkt werden, sich hier weiter zu entwickeln.

Wie charakterisieren die unterschiedlichen Persönlichkeitstypologien den Prozess der Entscheidung? Das DISG-Modell von William M. Marston (DISG steht für Dominant/Initiativ/Stetig/Gewissenhaft.) strukturiert die Persönlichkeiten nach Umfeldwahrnehmung (aufgaben- oder menschenorientiert) und Umfeldreaktion (introvertiert oder extravertiert). Somit ergibt sich eine Vierfeldermatrix, wie in Bild 6.1, bei der für uns der entscheidungsfreudige Typus des dominanten Menschen von besonderem Interesse ist.

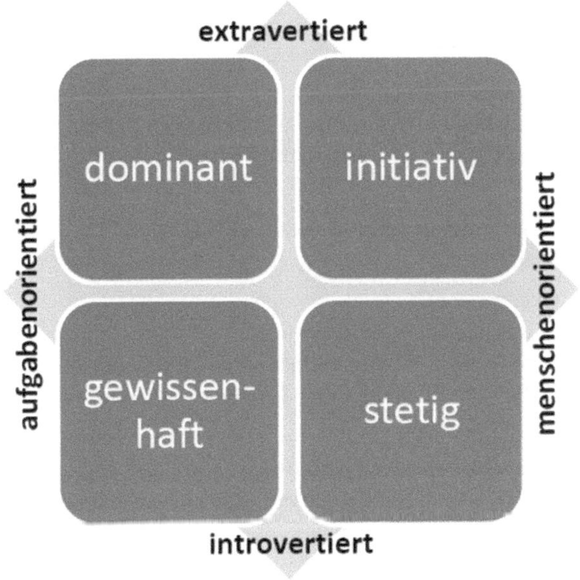

Bild 6.1 Dominante Personen als Teil des Modells nach Marston (Gay 2003)

Er gilt als entscheidungsfreudig und ergebnisorientiert, ist jedoch oftmals auch nur begrenzt teamfähig und anspruchsvoll (vgl. Jung 2009, S. 32), sodass die Entscheidungsfreude nicht immer im Rahmen eines kooperativen Führungsstils umgesetzt werden kann.

Mit dieser kurzen abstrakten Charakterisierung wird bereits ein Grundproblem deutlich. Entscheidungsfreudige Menschen sind oftmals sehr starke Persönlichkeiten, die von anderen als dominant und teilweise beeindruckend im Sinne von einschüchternd wahrgenommen werden. Diese Führungskräfte können im negativen Fall auch als autokratische Alphatiere durch die Organisation wandern und aufgrund einer nur begrenzten Sensibilität einen erheblichen Flurschaden hinterlassen. Auch hier sei angemerkt, dass Klarheit nicht Rücksichtslosigkeit inkludiert. Auch bei Entscheidungen ist dies differenzierter zu sehen.

! Wenn Sie sich als entscheidungsstarke Führungspersönlichkeit profilieren, sollte die Klarheit der Entscheidungen auch mit diplomatischem Geschick und Einfühlungsvermögen bei der Entscheidungsvorbereitung oder der Vermittlung der Entscheidungshintergründe verbunden werden. ■

Der Ansatz des Gallup-Instituts mit 34 Basistalenten liefert nicht das eine Talent, das für die Entscheidungsfreude maßgeblich ist. Aber eine Analyse der Talente zeigt, dass in der Kombination einzelner Stärken eine gute Entscheidungsfähigkeit in der Persönlichkeit einer Führungskraft angelegt sein kann. Markus Leiber, der Gründer der Naturtalent-Stiftung hat die Talente für Gallup in eine Kurzform gebracht (Gallup, anhand des Profils von Leiber 2001):

- *„Focus/Fokus*
  Menschen mit einem stark ausgeprägten Fokus setzen sich Ziele und verfolgen diese, während sieeventuell erforderliche Korrekturen vornehmen. Sie legen zunächst Prioritäten fest und handeln dann inÜbereinstimmung mit diesen.
- *Activator/Tatkraft*
  Menschen mit einer stark ausgeprägten Tatkraft setzen Gedanken in die Realität um. Geduld ist oft nichtihre Stärke.
- *Self-Assurance/Selbstbewusstsein*
  Menschen mit einem stark ausgeprägten Selbstbewusstsein sind davon überzeugt, dass sie ihr Leben meistern werden. Sie verfügen über eine Art inneren Kompass, aus dem sie die Zuversicht beziehen, dass ihre Entscheidungen richtig sind.“

Wenn man diese drei Persönlichkeitsmerkmale in einer starken Ausprägung vorfindet, kann man davon ausgehen, dass eine tatkräftige, fokussierte und durchsetzungsstarke Persönlichkeit angelegt ist. Damit dies am Ende nicht ein Führungsverhalten nach Bulldozer-Manier zur Folge hat, indem entscheidungsstark, mit wenig Feingefühl, ohne ausreichende Einbeziehung der Mitarbeiterinnen und Mitarbeiter geführt wird, benötigt eine so veranlagte Führungskraft ausgleichende Talente wie Einfühlungsvermögen oder Harmoniestreben. Hier zeigt sich wieder die Berechtigung der in Kapitel 1 aufgestellten Forderung: Wer führen will, möge sich auch mit Persönlichkeitsmodellen befassen und sich auch über die eigenen Eigenschaften Gewissheit verschaffen. Während die eine Führungskraft einer Ermunterung zum Treffen zeitnaher und klarer Entscheidungen bedarf, gibt es Kolleginnen und Kollegen, die ihre Führungsrolle entscheidungsstark leben, aber einer Korrektur im Bereich der eigenen Umwelt bedürfen.

> **!** Nehmen Sie sich als Führungskraft die Zeit, die persönliche Veranlagung im Hinblick auf Entscheidungen unter die Lupe zu nehmen. ■

Talentierte Entscheider geben häufig zu, dass zu ihren Entscheidungen trotz aller Rationalität und Vorbereitung auch eine große Portion „Bauchgefühl" gehört. Gerade wenn es um die Bewertung von Informationen geht, die auf Zukunftsprognosen beruhen und damit Unsicherheit in sich tragen, kommt es auf das Gespür an. Viele Berufe und Branchen leben davon, dass Führungskräfte die richtige Mischung aus analytisch-rationalem Vorgehen und spontan-intuitiver, kreativer Lösung erzielen. Im Mediensektor beispielsweise ist es von großem Nutzen, Entscheidungen dadurch abzusichern, dass auf Basis der Marktforschung ermittelt wird, welche TV-Formate und Buchgenres von den unterschiedlichen Zielgruppen bevorzugt werden. Mit einiger Übung kann man auch dafür sorgen, dass auf Basis dieser analytischen Informationen ein mittlerer Erfolg bei neuen Produkten möglich wird. Echte, große Erfolge entstehen jedoch meist dann, wenn neben der rationalen Ebene der Marktforschungsergebnisse auch persönliches Gespür für echte Neuerungen und Herzblut für die kreativ-innovative Lösung hinzukommen.

Damit Sie als Führungskraft als echte Entscheiderin oder echter Entscheider wirken können, muss es ein zentrales Anliegen der Personalentwicklung sein, diese Entscheidungsfähigkeit zu fördern. Das fängt bei einem fehlertoleranten Führungsklima an, das das Fällen von Entscheidungen begünstigt, da es einmalige Fehlentscheidungen toleriert, und schließt persönlichkeitsbildende Begleitangebote im Rahmen von Seminaren und Coachings mit ein. Ziel ist eine stabile, in festen Werten verankerte entwicklungsfähige und, wenn möglich, entwicklungsfreudige Führungspersönlichkeit. Das setzt jedoch auch den Willen der Führungskräfte voraus, sich persönlich weiterzuentwickeln und zu reifen. Wer davon ausgeht, dass für ihn der Prozess des Lernens abgeschlossen ist, da man es ja schon zu etwas gebracht hat, hat genau in diesem Punkt einen entscheidenden Nachholbedarf.

Um Führungskräfte in die Lage zu versetzen, konsequent die Chancen für Entscheidungen zu nutzen und sich in der Multioptionsgesellschaft zu behaupten, ist es ein Kernanliegen von Business Schools im Rahmen der Curriculums-Gestaltung eine Mindestentscheidungsfähigkeit sicherzustellen. Am Beispiel der Arbeit von Cachelin kann man aufzeigen, welche Elemente hier maßgeblich sind, um ein ausgewogenes Curriculum zu erhalten (vgl. Bild 6.2).

Grundsätzlich werden die Entscheidungen immer unter Bedingungen getroffen, die von Informationsmängeln geprägt sind. Hinzu kommen noch die typischen Probleme oder Denkfehler, die bei Entscheidungen immer wieder eine Rolle spielen. Beispielhaft sei auf das Phänomen des „Overconfidence-Effekts" verwiesen. Dahinter verbirgt sich die Tatsache, dass wir uns in der Regel in vielen Bereichen ein Expertenwissen und damit eine Kompetenz zusprechen, die – wenn man sie dann einmal überprüft – nicht dadurch verifiziert wird, dass die getroffenen Entscheidungen und die vorgenommenen Einschätzungen tatsächlich besser sind (vgl. Dobelli 2014, S. 13ff.).

	Formale Kriterien						
Materiale Kriterien	Entwicklung einer selbstbestimmten Individualität	eigenverantwortlicher Umgang mit Optionen	sozialverantwortlicher Umgang mit Optionen	zukunftsverantwortlicher Umgang mit Optionen	Umgang mit Wissen	Umgang mit Emotionen	wissenschaftliches Denken und Handeln
Identität des Individuums							
Identität der Organisation							
Identität der Gesellschaft							
Strategien der Organisation							
Organisationsstrukturen							
Kultur einer Organisation							
Entwicklungsmodi							
Transformationskräfte							

Bild 6.2 Didaktisches Strukturgitter (Cachelin 2009, S. 147)

6.3 Unternehmerische Entscheidungen

Entscheidungen im betrieblichen Zusammenhang sind abhängig von Unternehmenszielen, Handlungsalternativen und Umweltbedingungen (Wöhe 2013, S. 88), die jeweils aufeinander abgestimmt werden. Die Entscheidung als Auswahl zwischen mindestens zwei Alternativen schließt unmittelbar an den Planungsprozess an und kann in der Praxis nicht immer klar von ihm getrennt werden. Formal liefert die Planung die Handlungsalternativen mit den Informationen über Vor- und Nachteile, und im Anschluss findet die Entscheidung statt. Die Entscheidung fußt jedoch in ihren Grundlagen auf den Informationen, die dem Planungsprozess entstammen.

Wichtig an dieser Stelle ist nochmals der Hinweis, dass nicht nur in der Theorie die Option des Nicht-Entscheidens oftmals die ineffizienteste Variante darstellt. In einer Zeit, in der viele Dinge diskutiert, besprochen und „angedacht" werden, ohne dass am Ende ein klares, verwertbares Ergebnis erkennbar wird, können Sie ruhig immer wieder darauf hinweisen, dass die Option keine Entscheidung zu treffen, faktisch eine Bejahung des Status quo darstellt, was in vielen Fällen keine vertretbare Möglichkeit darstellt.

Grundsätzlich können Sie die Entscheidungen im unternehmerischen Kontext wie folgt untergliedern:

- Einzel- versus Gruppenentscheidung,
- Routine- versus Ausnahme-/Einzelfallentscheidung,
- delegierbare versus nicht-delegierbare Entscheidungen.

Diese Gliederungspaare stehen wiederum miteinander in Beziehung, ohne dass diese Kategorien dieselbe Bedeutung besitzen. Es gibt viele Diskussionen über die Vor- und

Nachteile von Gruppenentscheidungen gegenüber Einzelentscheidungen (Fleßa 2010, S. 126ff.). Dabei ist klar, dass Gruppenentscheidungen langwieriger sind und die Gefahr gruppendynamischer Effekte und fauler Kompromisse in sich bergen. Gleichzeitig führen Gruppenentscheidungen auch dazu, dass die komplette Erfahrung der Gruppenmitglieder in die Entscheidung einfließen kann und somit sichergestellt wird, dass ein breiteres Know-how einbezogen wurde und die Betroffenen sich als Beteiligte an die Entscheidung gebunden fühlen. Gerade die unterschiedlichen Blickwinkel sind hier vor dem Hintergrund verschiedenartiger Erfahrungen von besonderer Bedeutung. Der lapidare Spruch, dass für denjenigen, der lediglich einen Hammer zur Verfügung hat, jedes Problem nach einem Nagel aussieht, verdeutlicht nochmals, dass wir auch vor dem Hintergrund unserer persönlichen Ressourcen sehr unterschiedlich auf Probleme und damit Entscheidungssituationen reagieren.

Jetzt können Sie sich als Führungskraft für die Praxis vornehmen, lediglich die bedeutsamen Entscheidungen in Gruppenentscheidungen zu überführen und alle anderen als Einzelentscheidung durchzuführen. Aber hier kommen in den meisten Fällen zunächst einmal die gesetzlichen Rahmenbedingungen zum Tragen. Es gibt in vielen Fällen gesetzlich vorgesehene Gremien wie Aufsichtsrat oder Vorstand, deren Aufgabenstellung bereits festgelegt ist. Hier können Sie durch Geschäftsordnungen und Geschäftsverteilungspläne die Wirksamkeit dieser Organe erhöhen, jedoch bleibt eine primär externe Festlegung. Zudem gibt es Situationen, in denen Schnelligkeit vor Gründlichkeit geht, also eine rasch getroffene Entscheidung durch eine Einzelperson mit entsprechender Letztverantwortung zu bevorzugen ist. Dies ist typischerweise im akuten Krisen- und Katastrophenmanagement der Fall.

Bei der Gliederung in Routine- und Einzelfallentscheidung dürfen Sie sich nicht täuschen lassen. Routineentscheidungen sind Auswahlprozesse zwischen Handlungsoptionen, die immer wieder vorkommen. Dennoch ist dies im Vergleich zur Einzelfallentscheidung nicht die nachrangigere Variante. Denn die Frage, wie bedeutsam eine Entscheidung ist, kann nicht daraus abgeleitet werden, ob sie einmalig oder mehrfach auftritt. Routineentscheidungen über die Bestellung von Rohstoffen, Rohwaren, Halbfabrikaten oder Handelswaren, die hohe finanzielle Werte repräsentieren sind zwar regelmäßige Vorgänge, aber dennoch von hoher Bedeutung, da sie die Liquidität und das Risiko der Warenbestände prägen. Hingegen kann eine einmalige Entscheidung zwar einmalig, aber dennoch nachrangig sein.

Ein treffendes Beispiel aus der Praxis ist eine Unternehmung, die in wirtschaftlichen Schwierigkeiten steckt und bilanziell überschuldet ist. Gleichzeitig finden sich auf dem Schreibtisch des Geschäftsführers unter den aktuellen akuten Projekten die Bestellunterlagen für den Kaffeeautomaten im Pausenraum. Dies ist ein Indiz dafür, dass in dieser Situation bei der Führungsarbeit eine Übergewichtung von Einzelfallentscheidungen stattfand, die allesamt keine hohe Relevanz für den Fortbestand des Unternehmens besitzen.

> **!** Entscheidungen von hoher Relevanz für das Unternehmen und großer Komplexität gelten in der Regel als nicht-delegierbare Entscheidungen, wohingegen Entscheidungen, deren Tragweite begrenzt ist, und die in einem klar abgrenzbaren Gebiet stattfinden, auf Mitarbeiterinnen und Mitarbeiter und Führungskräfte übertragen werden können, die fachlich und persönlich auch darauf vorbereitet sind, diesen Delegationsbereich wahrzunehmen. ■

An dieser Stelle lohnt sich noch ein kurzer Blick auf die unterschiedlichen Kategorien von unternehmerischen Entscheidungen in Abhängigkeit vom Zeithorizont und ihrer Bedeutung, die Bild 6.3 illustriert. Die konstitutiven Entscheidungen sind dabei die Entscheidungen, die den künftigen Handlungsrahmen des Unternehmens prägen. Standortwahl, Wahl der Rechtsform und Kooperationsentscheidungen werden üblicherweise in diese Kategorie gefasst, die sich einer exakten zeitlichen Einordnung entzieht. Die nächste Kategorie sind die strategischen Entscheidungen, dann kommen die taktischen und am Ende die operativen Entscheidungen, was der Unterteilung im Planungsbereich entspricht.

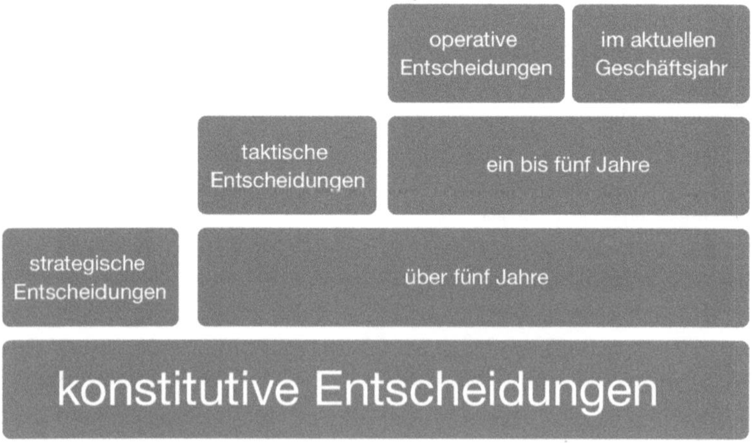

Bild 6.3 Entscheidungen nach Zeithorizonten

Damit deutlich wird, welche zentrale Rolle Entscheidungsprozessen in Ihrer Führungsarbeit einnehmen, greifen wir ein alltägliches Beispiel auf. In einem Maschinenbauunternehmen wird die Projektleiterin für Marketing mit ihrem Team beauftragt, ein Messekonzept vorzulegen. Da die Messe in absehbarer Zeit ansteht, steht dafür nur ein sehr knapper Zeitraum von einer Woche zur Verfügung. Das Marketing- und Messeteam akzeptiert diese sehr enge Terminierung, da die Begründung, dass die Messe schließlich vor der Tür stehe, überzeugend ist. Durch Umgewichtung der ursprünglich geplanten Arbeiten und Überstunden gelingt es, ein gutes Konzept nach einer Woche vorzulegen. Stolz möchte die Projektleiterin ihre Ergebnisse präsentieren und erfährt dann, dass der geplante Termin mit dem Chef erst in neun Tagen möglich ist. Leicht entnervt muss sie daher dem Team berichten, dass es nun wohl doch nicht so eilig sei. Als der Präsentationstermin nun endlich stattfindet, wird das Projekt von der Chefetage zur Kenntnis genommen, aber es wird keine Entscheidung über die Umsetzung getroffen, da man das Ganze nochmals auf sich wirken lassen wolle. Die Projektleiterin steht nun da und hat das Problem, dass sie ihr Team auf eine rasche hochkonzentrierte Arbeit und Planung eingeschworen hat. Die geplanten Termine zur Beauftragung der entsprechenden Zulieferer und Dienstleister (Messebau) etc. verstreichen jedoch ungenutzt, da noch keine Freigabe des Konzepts vorliegt. Der Teamleitung und der Mannschaft ist dabei auch bewusst, dass diese Verzögerungen auch wiederum nur durch Mehrarbeit von ihrer Seite eines Tages aufgefangen werden können.

Wenn Sie das Gefühl haben, dass Sie für Entscheidungen mehr benötigen als eine Strukturierung durch einfache Entscheidungshilfen, dann können Sie im Werkzeugkoffer der Betriebswirtschaft unter der „Entscheidungstheorie" eine Reihe von Methoden für die Unterstützung von unternehmerischen Entscheidungsprozessen finden, die eine Optimierung mit Hilfe mathematischer Regeln vorsieht. Der maßgebliche Punkt ist jedoch bei allen Verfahren die Informationsbasis, die den Entscheidungen zugrunde liegt. Diese ist grundsätzlich unvollständig und ihre Qualität ist maßgebend für den Erfolg der Entscheidung. Wichtig für den Entscheider ist es, die Folgen einer Entscheidung absehen zu können. In der Praxis haben sich daher Management-Informations-Systeme bewährt, die einerseits die notwendigen Informationen als Entscheidungsgrundlage zur Verfügung stellen und gleichzeitig kleinere Simulationen und Vergleichsrechnungen gestatten, um die Konsequenzen von Entscheidungen aufzubereiten.

Nicht nur der absolute Grad an verfügbaren Informationen bestimmt die Grundlage für unternehmerische Entscheidungen. Es geht auch um die Frage: „Wie werden sich die anderen Akteure (z. B. Kunden oder Wettbewerber) entscheiden?" Diese komplexe Situation führt in der Praxis zu unterschiedlichen Annahmen über das Verhalten anderer, was die Klarheit der eigenen Entscheidungsstruktur deutlich verbessern kann (vgl. Kosfeld 2012).

6.4 Klare Entscheidungen treffen, kommunizieren, umsetzen

Damit wir im Sinne der Führung tatsächlich klare Entscheidungen haben, die die Zielorientierung der Organisation begünstigen und die Motivation der Mitarbeiterinnen und Mitarbeiter stärken, genügt es nicht, wenn Sie klare Entscheidungen treffen. Die Entscheidungen müssen auch nachvollziehbar sein und entsprechend intensiv und zeitnah kommuniziert und begleitet werden.

Bereits beim Treffen der Entscheidungen und den entsprechenden Vorbereitungen ist es Ihre Aufgabe als Führungskraft, sich Gedanken zu machen, welche Auswirkungen dies nicht nur für die betrieblichen Abläufe, sondern auch für die persönlichen Situationen der Kolleginnen und Kollegen haben wird. Entsprechend ergibt sich auch der Zeitplan, beispielsweise wenn nachfolgende Arbeitsprozesse der eigenen Mitarbeiterinnen und Mitarbeiter oder der Mitarbeiterinnen und Mitarbeiter von Nachbarabteilungen im weiteren Fortgang der Prozesskette betroffen bzw. beteiligt sind.

6.4.1 Kommunikation

Sind die Entscheidungen getroffen worden, dann empfiehlt sich bei der Kommunikation grundsätzlich die schlichte Regel „intern vor extern". Es ist immer problematisch, wenn die eigenen Mitarbeiterinnen und Mitarbeiter über Grundsatzentscheidungen via Zeitung oder Rundfunk informiert werden. Selbst bei vermeintlich nachrangigen Informationen über eine erfolgreiche Projektakquise oder abgeschlossene Projekte, erfolgreiche Veranstaltungen etc. sollten stets die Mitarbeiterinnen und Mitarbeiter zuerst informiert werden. Ein Problem besteht dann, wenn eine Firma börsennotiert ist, da dann eine Reihe von Nachrichten als börsenrelevante Information gilt, die nicht verzögert nach außen gegeben werden darf. Dies stößt in vielen Fällen auf Unverständnis bei den vermeintlich zu bevorzugenden Stakeholdern, wenn beispielsweise Führungswechsel nicht mit einem Vorlauf intern den Mitarbeiterinnen und Mitarbeiter bekannt gegeben werden.

Damit eine getroffene Entscheidung tatsächlich von den nicht an der Entscheidungsfindung Beteiligten nachvollzogen werden kann, müssen vor allem in der internen Kommunikation gegenüber den Mitarbeiterinnen und Mitarbeiter die Rahmenbedingungen und Entscheidungsparameter (beispielsweise durch Nutzwertanalyse) dargestellt werden. Erst dann kann es gelingen, dass Sie die eigene Mannschaft von der Richtigkeit der Entscheidung überzeugen und tatsächlich im positiven Sinne auf ein gemeinsames Ziel hin orientieren. Andernfalls werden die fehlenden Informationen im Allgemeinen recht schnell durch Gerüchte und Interpretationen ersetzt. In einer solchen Situation später durch gezielte Informationskampagnen „Ruhe hineinzubringen" ist sehr viel aufwändiger und führt nur zu sehr begrenzten Erfolgen.

6.4.2 Umsetzen

Wer kennt sie nicht, die Situationen, in denen die Führungsebene Entscheidungen stolz bekannt gibt, deren Wirkung jedoch bereits nach kurzer Zeit nicht mehr nachvollziehbar ist, da von den geplanten Maßnahmen nur ein Bruchteil umgesetzt wird. Nachdem wir bereits die Folgen von Entscheidungsdefiziten diskutiert haben, ist hier der Hinweis notwendig, dass ein Defizit bei der Umsetzung die Sachlage nicht besser macht. Daher ist es, insbesondere bei Führungskräften, die als Ideensammler stets neue Ideen haben und Projekte initiieren, sehr wichtig, dass diese dafür sorgen, dass am Ende klare Verantwortlichkeiten bestehen und die Umsetzung beispielsweise durch eine umsetzungsstarke, tatkräftige Fach- oder Führungskraft der nächsten Hierarchieebene gewährleistet ist. Dies setzt wiederum eine Klarheit bei den Strukturen (siehe Kapitel 7) voraus.

Wenn die Verantwortung und die operative Umsetzung geklärt ist, muss als Rahmenbedingung im Zweifel ein klarer Zeit- und Kostenplan vorgelegt werden. Dieser Zeitplan beschreibt auch die in bestimmten Phasen erwarteten Zwischenziele, die als Meilensteine in der Zeitkontrolle dienen und gleichzeitig auch eine qualitative Überprüfung gestatten, dahingehend ob das Projekt bis dahin zeitlich und qualitativ im Plan liegt.

6.4.3 Begleiten

Es ist auch eine zentrale Aufgabe der Führungsebene, die getroffenen Entscheidungen nicht nur in handhabbare Projektformen zu überführen, sondern diese auch zu begleiten. Im Sinne einer lernenden Organisation kann so sichergestellt werden, dass nicht nur die Umsetzung der in der Entscheidung fixierten Pläne stattfindet, sondern gleichzeitig in einem zweiten Kontrollkreislauf überprüft wird, ob diese Ziele noch zur Gesamtsituation des Unternehmens passen. Somit wird eine weitere Steuerungsschleife etabliert. Bei politischen Prozessen lässt sich immer wieder feststellen, dass in den Fällen, in denen auch nach der Etablierung neuer Gesetze die Auswirkungen ausreichend intensiv analysiert werden, eine tatsächlich positive Entwicklung in Gang gesetzt werden kann.

Da Menschen dazu neigen, Vorgaben als gegeben zu akzeptieren und damit in vielen Fällen vorschnell die eigentliche Entscheidungssituation umgehen (vgl. Altmann 2012), ist es Ihre Aufgabe als aktive Führungskraft, Entscheidungen auf den Prüfstand zu stellen und zum Hinterfragen der Entscheidungen im Sinne einer Steuerung und Revision anzuregen, ohne die Klarheit zu gefährden.

Johannes Teyssen, in seiner Funktion als EON-Chef

Es gibt Märkte und Situationen, in denen sich eine Unternehmensleitung dadurch beweisen muss, dass sie in der Lage ist, innerhalb eines sehr kurzen Zeitfensters die notwendigen, oftmals auch unangenehmen Entscheidungen zu treffen. Je labiler Märkte sind, desto kürzer ist das Zeitfenster für eine entsprechende Reaktion. Dabei ist es entscheidend, dass Führungskräfte und Organisationen akzeptieren, dass kurze Entscheidungszeiten die Bereitschaft voraussetzen, auch mit nur begrenzten Informationen als Entscheidungsgrundlage, dennoch die Entscheidungen zu fällen. Johannes Teyssen als EON-Chef hat hier besonders ungünstige Bedingungen angetroffen. Wesentlicher Einflussfaktor für die Planung eines großen Energieversorgers sind die politischen Rahmenbedingungen.

Hier hatten wir zunächst die Energiewende der rot-grünen Koalition auf Bundesebene unter Schröder, dann die Wende der Energiewende unter der schwarz-gelben Koalition und im Anschluss die Wende dieser jüngsten Wende, das heißt die neuerliche Energiewende nach Fukushima. In einem Markt, bei dem die Produkte auf derartig kurzzyklische Vorgaben ausgerichtet sind (z. B. Themenauswahl für Kinoproduktionen im Filmgeschäft), sind solche Veränderungen nicht dramatisch. Man plant, agiert und reagiert dann eben auf die veränderten Anforderungen des Marktes. Im Geschäft mit der Energieproduktion, wo es um langwierige Projekte zum Aufbau und der Entwicklung von Kraftwerkstypen, Standorten und am Ende auch um den Rückbau und die Sicherung alter, atomarer Standorte geht, ist das ein Alptraum.

Im Interview mit dem Manager Magazinwird deutlich, wie Johannes Teyssen versucht, diese kuriose Situation zu lösen. Einerseits beklagt er, dass diese Kapriolen der Politik und der Märkte (inklusive der Krise der Euro-Zone) Herausforderungen mit sich bringen, die dazu führen, dass er das Gefühl hat, „das reicht für zwei, drei Managerleben". Bei der Frage, ob man in dieser Situation Entscheidungen treffen kann und wie sich das auf die Loyalität, den Rückhalt bei den Mitarbeiterinnen und Mitarbeiter auswirkt, ist er sich des Problems bewusst. Einerseits belasten die vielen Veränderungen die Mitarbeiterinnen und Mitarbeiter, da sie mit Problemen konfrontiert werden, die sie als einzelne Akteure, aber auch die Firma als Gesamtes, bislang nicht kannten. Andererseits gibt es auch in der Belegschaft die Bereitschaft, Veränderungen zu akzeptieren und zu unterstützen. „Immer mehr Mitarbeiterinnen und Mitarbeiter verstehen, warum wir jetzt harte Einschnitte machen müssen. Und dass sie mit anpacken und EON zu neuer Kraft verhelfen wollen" (Noé/Student 2/2013, S. 49).

Der Verdienst einer Führungskraft liegt darin, diese Situation zu erkennen und dann dadurch zu lösen, dass die notwendigen Entscheidungen getroffen werden. Wichtig ist dabei die Kommunikation der Hintergründe und das Einbeziehen der Mitarbeiterinnen und Mitarbeiter in der Umsetzung. So kann die Klarheit der Entscheidung auch nachvollzogen werden. (Noé/Student 2/2013)

■

6.5 Kernfragen

- Gibt es in Ihrem Unternehmen oder Ihrem Entscheidungsbereich einen Entscheidungsstau?
- Welche Personen und welche Organisationseinheiten oder Bereiche leiden besonders unter dem Aufschub notwendiger Entscheidungen?
- Schaffen Sie es, bei Entscheidungssituationen innerhalb des Unternehmens die Optionen auf ein sinnvolles Maß zu begrenzen?
- Wie wohl fühlen Sie sich persönlich, wenn Entscheidungen von Ihnen abverlangt werden?
- Wie gut schaffen Sie es, Entscheidungen, die auf Ihrer Managementebene angesiedelt sind, zeitnah umzusetzen? Wie viel Freude bereiten Ihnen diese internen Entscheidungen?
- Welche Ihrer Persönlichkeitsmerkmale eigenen sich besonders gut für die persönliche Entwicklung zum verlässlichen und kompetenten Entscheider?
- Konzentrieren Sie sich auf nicht-delegierbare Entscheidungen, die Sie als Einzelentscheidungen (mit-)gestalten müssen?
- Wenn Sie Entscheidungen getroffen haben, wie gut lassen sich die Rahmenbedingungen und Ergebnisse gegenüber Dritten darstellen?
- Wie gut unterstützen Sie Ihre Mitarbeiterinnen und Mitarbeiter bei delegierten Themenbereichen in der Entscheidungsfindung und Umsetzung?
- Wie vermeiden Sie Rückdelegation von Verantwortung bei der Entscheidungsfindung?
- Wie gut schaffen Sie es, komplexe Gruppenentscheidungen zu beeinflussen und deren Zustandekommen zu kommunizieren?

Literatur

Altmann Steffen: Entscheidungen treffen ohne zu entscheiden; in: *Spektrum der Wissenschaft Spezial „Warum entscheiden wir?“* 1/12, S. 42-46

Buß Eugen: *Managementsoziologie: Grundlagen, Praxiskonzepte, Fallstudien*; 3. Auflage, Oldenbourg München 2012

Cachelin Joel Luc: *Management in der Multioptionsgesellschaft: Neue Manager für neue Zeiten*; Gabler Wiesbaden 2009

Dobelli Ralf: *Die Kunst des klaren Denkens: 52 Denkfehler, die Sie besser anderen überlassen*; 4. Auflage, Hanser im dtv München 2014

Fleßa Steffen: *Planen und Entscheiden in Beruf und Alltag*; Oldenbourg München 2010

Gay Friedbert: *Das DISG-Persönlichkeits-Profil*; 27. Auflage, Gabal Offenbach 2003

Gross Peter: *Die Multioptionsgesellschaft*; Suhrkamp Frankfurt 1994

Hage Simon: Chain-Gang; in: *Manager Magazin* 3/2012, S. 66-69

Hage Simon: Indras letzte Runde; in: *Manager Magazin* 5/2012, S. 62-66

Jung Hans: *Persönlichkeitstypologie: Instrument der Mitarbeiterführung*; Oldenburg München 2009

Kirchner Baldur: Das Dialogische als Lebensauftrag, Antrittsvorlesung anlässlich der Berufung zum Honorarprofessor; Hochschule Neu-Ulm 15. Dezember 2011

Kosfeld Michael: Strategisches Entscheiden und die Rolle von Anreizen; in: *Spektrum der Wissenschaft Spezial „Warum entscheiden wir?“* 1/12, S. 20-26

Leiber Markus: Ihre Talentreihenfolge, nach: Gallup Organization Strengthfinder, 2001 unter: *http://www.naturtalent-stiftung.de/get/1327ace-a984-1372-105e-0a9cfcb85d818/markus_leiber_profil.pdf* (Abruf: 24.01.2014)

Noé Martin und *Student Dietmar*: „Es reicht für zwei Leben“, Interview mit Johannes Teyssen; in: *Manager Magazin* 2/2013, S. 44-49

Schwartz Barry: Die Qual der Wahl; in: *Spektrum der Wissenschaft Spezial „Warum entscheiden wir?“* 1/12, S. 6-11

Wöhe Günter und *Döring Ulrich*: *Einführung in die Allgemeine Betriebswirtschaftslehre*; 15. Auflage, Vahlen München 2013

7 Klarheit der Struktur

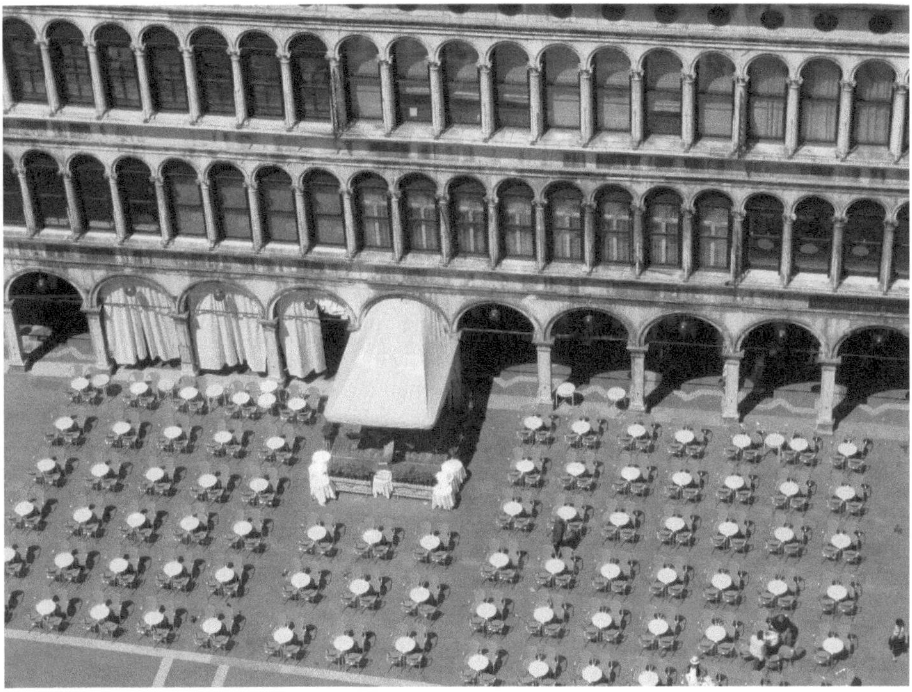

Familie Oetker,
in ihrer Gesellschafterrolle des Oetker-Konzerns

Im Beispiel des VW-Konzerns wurde deutlich, dass die Klarheit der Struktur bei Großunternehmen eine besondere Herausforderung sind, wenn es darum geht, die Komplexität so zu reduzieren, sodass einerseits rasche und marktnahe Entscheidungen des Managements vor Ort möglich sind, andererseits jedoch auch ausreichende Synergien zwischen den unterschiedlichen Kompetenzbereichen im Unternehmen realisiert werden können. Eine andere Dimension für die Klarheit der Struktur ist die Frage nach der Corporate Governance und damit nach der strukturierten Einflussnahme und Abhängigkeit des Unternehmens von den Gesellschaftern und Gesellschafterstrukturen.

Bei Familienunternehmen stehen klassischerweise familiäre Rollen und Gesellschafterstatus in vielen Fällen in einem Spannungsverhältnis bzw. überlagern sich. Wenn nun bei einem großen deutschen Konzern die Nachfolgekriege ausbrechen, bekommt dieses Szenario eine besondere Note, wenn die Kinder aus drei unterschiedlichen Ehen des Patriarchen in den Startlöchern stehen. Rudolf-August Oetker hinterlässt ein spannendes Erbe. Ein Vermögen, das vor allem in Firmen und Beteiligungen in den Bereichen Schifffahrt, Getränke, Nahrungsmittel investiert ist (vgl. Hage/ Machatschke 2/2014, S. 28). Die Streitereien der Familienstämme wären bereits für einen Konzern unter Umständen eine große Herausforderung, gäbe es da nicht gleichzeitig, Probleme im Portfoliobereich der Schifffahrt. Die Alphatiere aus der Großfamilie machten sich dabei den Rang und die Kompetenz streitig. Die Kinder aus erster Ehe, August (geb. 1944) und Richard (geb. 1951), bemühten sich nach Kräften, den Posten des Konzernchefs in ihrem Familienstamm zu halten und die Kinder aus zweiter Ehe, vor allem den aus ihrer Sicht zu ehrgeizigen Halbbruder Alfred (geb. 1967), von der Hauptverantwortung fern zu halten. Dazu wurden auf beiden Seiten Top-Juristen, professorale Gutachter und Schiedsgerichte bemüht, ohne dass es zu einer inhaltlichen Annäherung kam. Für ein Unternehmen sind solche Streitereien, die von außen betrachtet zunächst wie ein Sandkastenproblem von Superreichen anmuten, in vielen Fällen existenzbedrohend. Im schlimmsten Fall können entscheidende Schritte, wie etwa der Wechsel der Rechtsform (weg von der Kommanditgesellschaft) nicht durchgeführt werden, da sich die Lager gegenseitig blockieren. Dies hat sich bei Oetker schon bei geplanten Deals im Reedereigeschäft unangenehm gezeigt. Ebenfalls problematisch sind die Auswirkungen auf das operative Management. Waren beim Oetker-Konzern früher die Werte Loyalität und Verlässlichkeit nicht nur ein vom Management geforderter Wert, sondern auch ein von den Gesellschaftern verkörpertes Ethos, hat mit dem plötzlichen Rauswurf eines führenden Managers im Herbst 2013 die Ruppigkeit des Gesellschafterverhältnisses offenbar auch die Ebene der ausgeübten Governance erreicht.

Im Sinne des Anspruchs von Klarheit der Struktur muss es das Ziel aller beteiligten Akteure (Gesellschafter und Management) sein, hier mehr Klarheit und Perspektive in den Konzern zu bringen, da der Konzern sonst insgesamt deutlich an Wert und Strahlkraft verlieren kann. (Hage/Machatschke 2/2014)

Warum ist es im Rahmen der Führungsaufgaben wichtig, dass Sie für eine klare Struktur sorgen? Weil die Struktur den Rahmen für das tägliche Arbeiten aller Beteiligten bildet. Man muss nicht erst die Ratgeber zum Thema Selbstorganisation bemühen, um zu der Erkenntnis zu kommen, dass es ein Verhältnis zwischen der Ausgestaltung des äußeren Rahmens und der inneren Ordnung bei Personen und auch bei Organisationen gibt. Erfolgreiches Arbeiten setzt auch gute Rahmenbedingungen mit einer sinnvollen Ordnung voraus.

Im Arbeitsalltag klagen zwar viele Mitarbeiterinnen und Mitarbeiter über vermeintliche oder tatsächliche Schwerfälligkeiten im Ablauf, die bei größeren Organisationen oder Unternehmen auftreten, die Identifikation mit der Arbeit ist jedoch eng daran gekoppelt, dass die eigene Aufgabe klar ist und ein Mindestmaß an verlässlichen Strukturen vorhanden ist (vgl. auch Kaehler 2014, S. 68). Dies zeigt sich auch in der Akzeptanz von Veränderungsmaßnahmen. Eine Unternehmenskultur, bei der keinerlei Veränderungsbereitschaft spürbar ist, wirkt genauso problematisch auf die Mitarbeiterinnen und Mitarbeiter wie eine Unternehmung, die im permanenten Veränderungsprozess ist.

Wer schon einmal eine Gruppe völlig ausgelaugter Führungskräfte betreut hat, die seit mehr als drei Jahren einen permanenten Veränderungsprozess erleben, weiß, wovon die Rede ist. Dass diese Führungskräfte gerade dann, wenn Sie hierarchisch auf der mittleren Ebene angesiedelt sind, kaum wirksam führen können, und somit auf der Ebene der Mitarbeiterinnen und Mitarbeiter noch größere Motivationsprobleme entstehen, ist nachvollziehbar.

Bevor Sie sich auf die Suche nach der idealen Organisationsform, die allen Anforderungen eines Unternehmens gerecht wird, machen, gleich vorab der Hinweis: Ein solcher Wunschzustand ist nicht erreichbar. Stattdessen hat jede Unternehmensstruktur Vor- und Nachteile.

! Führungskräfte sollten stets prüfen, ob man in der vorherrschenden Organisationskultur erfolgreich arbeiten kann und haben die Aufgabe der Organisationsentwicklung, das bedeutet der Weiterentwicklung und gegebenenfalls auch Anpassung der Organisationsstruktur.

7.1 Aufbau- und Strukturorganisation

Die Aufbauorganisation legt zunächst fest, wie die Organisation ausgestaltet werden soll, d. h. welche Organisationseinheiten gebildet werden, wie das Über- und Unterstellungsverhältnis geregelt wird (Wer ist wessen Chef?) und wie die Kommunikations- und Informationswege strukturiert sind. Daran wird bereits deutlich, dass hier ein wesentlicher Schlüssel für den Erfolg oder Misserfolg des Unternehmens liegt.

Ziel der Aufbauorganisation ist es eine möglichst konfliktarme Wahrnehmung der Aufgaben zu gewährleisten.

Die Organisationsstruktur beschreibt die formale Verteilung der Macht im Unternehmen. Sie regelt damit den von den Führungskräften direkt steuerbaren Bereich. Dabei ist auch klar, dass die Machtverteilung mit zu den entscheidenden gestalterischen Aufgaben von Führungskräften gehört. Macht und Verantwortung müssen dabei grundsätzlich im Gleichgewicht stehen. Dies bedeutet aber auch, dass bei klaren Strukturen auch Klarheit über die Machtverhältnisse eine zentrale Rolle spielt. Denn Macht ist das Potenzial, Dinge, teilweise auch gegen den Willen anderer, zu verändern. In der Fachliteratur spricht man hier häufig auch von der „Fremdwillensdurchsetzung“, die entsprechend gefragt ist.

Zu klaren Machtverhältnissen als Teil einer klaren Struktur gehört es, dass Sie als Führungskraft auch ein positives, entspanntes Verhältnis zur Macht entwickeln. Man muss bereit sein, Macht als Führungsvoraussetzung zu akzeptieren und gelernt haben, genau diese Macht auch zu nutzen, ohne in Machtspiele abzugleiten.

Wer sich an klassischen Vorbildern hierzu orientieren möchte, dem sei „Management and Machiavelli“ von Antony Jay (1993) empfohlen.

Das am weitesten verbreitete Instrument, mit dem Aufbauorganisationen dargestellt und geplant werden, sind die sogenannten Organigramme. In vielen Branchen hat sich bei zahlreichen Unternehmen zunächst eine Gliederung des Unternehmens nach dem „funktionalen“ Prinzip durchgesetzt. Das bedeutet, dass sich die oberste Gliederungsebene des Unternehmens anhand der „Verrichtung“, also der auszuführenden Tätigkeiten, orientiert und somit funktionsbezogene Fachabteilungen, wie in Bild 7.1 dargestellt, entstehen Typische Abteilungen, die so gebildet werden, sind Einkauf, Produktion, Verkauf, Technik, Marketing, Buchhaltung/Verwaltung etc.

Bild 7.1 Organigramm einer funktionalen Gliederung

Weitere Formen der Aufbauorganisation sind beispielsweise divisionale Organisationsstrukturen, die nach Produktgruppen (Profitcenter) oder beispielsweise Regionen als Vertriebsgebiete oder ähnlichem organisiert sind. Diese Form der Organisation zeigt Bild 7.2.

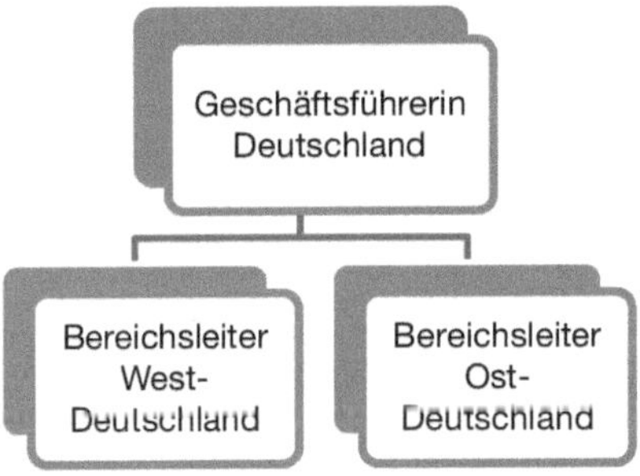

Bild 7.2 Organigramm einer divisionalen Gliederung

An dieser Stelle sollen nicht die Vor- und Nachteile einzelner Organisationsformen aus Sicht der Organisationsforschung referiert werden. Stattdessen liegt unser Augenmerk auf dem Aspekt der Klarheit. Die Organisationsstruktur muss so ausgestaltet werden, dass sich alle Beteiligten klar in ihr zurechtfinden. In der Praxis ist dies dann schwierig, wenn in Unternehmen auch projektbezogen gearbeitet wird. In vielen Fällen wird dies über eine Matrixorganisation gelöst, wie sie Bild 7.3 veranschaulicht. Die Besonderheit hier ist, dass neben der fachlichen Führungskraft meist auch eine Projektleitungsebene existiert. Damit ist die Klarheit der Organisation nicht mehr in jedem Fall gegeben, da die Organisationsstruktur zumindest nicht mehr so einfach ausgestaltet ist.

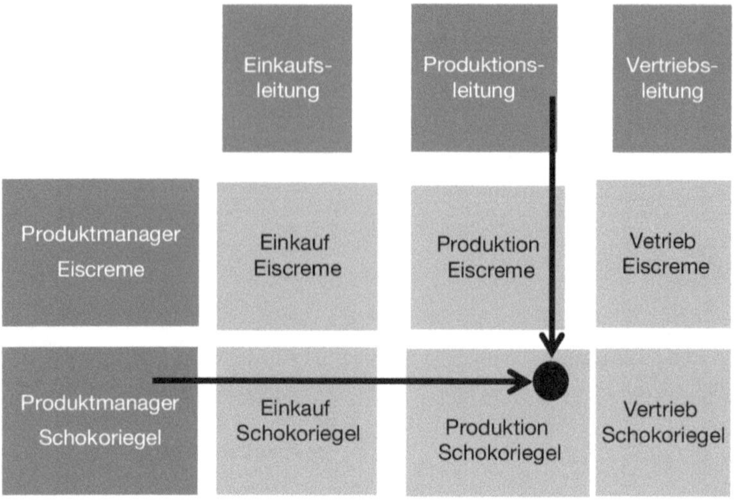

Bild 7.3 Organigramm einer Matrixorganisation

Die Matrixorganisation schafft als Vorteil viel Flexibilität und kann trotz hohem Kommunikationsaufwand sehr erfolgreich sein, wenn sich Fachvorgesetzte bzw. Fachvorgesetzte und Projektleiterin bzw. Projektleiter oder Produktmanagerin bzw. Produktmanager umfassend abstimmen und offen kommunizieren. Sollte es hier jedoch Probleme geben, da beispielsweise Störungen auf der Beziehungsebene zwischen den beiden Führungskräften eine gute Verständigung erschweren, können die Mitarbeiterinnen und Mitarbeiter leicht zwischen die Stühle geraten, weil sie quasi „Diener zweier Herren" sind.

7.1.1 Delegationsbereiche

Ein weiteres wichtiges Mittel der Strukturierung einer Organisation ist die Festlegung von Delegationsbereichen. Dies sind die Aufgaben- und Themengebiete, die einzelne Mitarbeiterinnen und Mitarbeiter oder Teams (selbstständig) verantworten. Auch hier ist Klarheit ein wichtiges Element. Für die beteiligten Kolleginnen und Kollegen muss klar sein, wer im Zweifel für welche Themen zuständig und damit auch verantwortlich ist. Dass man sich im positiven Fall nicht um eine negative Abgrenzung bemüht und die fehlende Zuständigkeit als Schutzschild vor zu viel Arbeit vor sich her trägt, darf nicht die Begründung dafür sein, dass Führungskräfte die Arbeit nicht aufteilen.

! Schaffen Sie als Führungskraft nachvollziehbare Delegationsbereiche und achten Sie darauf, dass keine Rückdelegation von Verantwortung erfolgt. ■

7.1.2 Hierarchien

Hierarchie bezeichnet die Ebenen im Organigramm, die festlegen, wie viele Ebenen von Instanzen, also Stellen mit Führungsverantwortung, über- bzw. untereinander angeordnet sind. Je nach Anzahl der zu führenden Mitarbeiterinnen und Mitarbeiter liegt eine steile oder flache Hierarchie vor. Dabei muss man sich bei den Planungen über einige Grundsätze klar werden. Hierarchien haben in unserer demokratischen Gesellschaft mit dem meist bevorzugten kooperativen Führungsstil keinen allzu guten Ruf. Managementtrends wie das Lean Management, bei dem die mittlere Führungsebene ausgedünnt und Hierarchieebenen abgebaut wurden, haben ein Übriges dazu beigetragen, den problematischen Ruf zu festigen. Dennoch sind Hierarchien für die Klarheit der Organisationsstruktur unerlässlich. Sie geben eine klare Anordnungsbeziehung im Rahmen des Organigramms vor. Wenn weniger Ebenen vorgesehen werden, um eine flexiblere Hierarchie zu erzielen, hat dies den positiven Kosteneffekt, dass teure Führungsgehälter eingespart werden, und der Kommunikationsweg von der operativen Ebene zur Unternehmensspitze verkürzt wird, was im Regelfall der Kommunikationsqualität hilft. Eine solche Ausdünnung kann jedoch auch zu einer Überlastung der Führungsebene führen, da die Führungsspanne, das heißt die Zahl der Mitarbeiterinnen und Mitarbeiter, die einer Instanz zugeordnet sind, zu groß wird. In diesem Fall hilft dann nur die Auslagerung von führungsvorbereitenden Tätigkeiten (Informationen sammeln, Entscheidungen vorbereiten etc.) in eine Stabsstelle in Form von Assistenzposten etc.

7.2 Governance

7.2.1 Gesellschafterstruktur

Ein entscheidender Faktor für die Klarheit der Führung ist die Klarheit in Bezug auf die Governance-Struktur, das heißt die Frage, wer als steuerndes Gremium bzw. als Gesellschafter auf die operative Führung des Unternehmens Einfluss nehmen kann. Wer daran zweifelt, dass das eine konkrete Auswirkung beispielsweise auf das Führungsklima einer einzelnen Abteilung hat, sollte sich die Fälle vor Augen halten, in denen es aufgrund eines Gesellschafterwechsels eine Neuorientierung bei den Unternehmenszielen gab.

Besonders drastisch sind die Fälle, in denen ein Familienunternehmen an einen Kapitelinvestor verkauft wird. Im Gegensatz zu einem Verkauf an einen strategischen Investor aus dem Umfeld derselben Branche zählt für einen Kapitalinvestor lediglich die Kapital- und Wertentwicklung im Rahmen des selbst gesetzten Zeitrahmens. Soll beispielsweise das Unternehmen innerhalb der nächsten zwei Jahre weiterverkauft werden, geht es darum, „die Braut hübsch zu machen“. Das bedeutet, dass Verlustbringer reduziert oder eliminiert werden und in vielen Fällen Pakete definiert werden, in denen das Unternehmen an den Markt gebracht werden soll.

Was hat dies nun mit Klarheit der Führung zu tun? Die Führungssituation ändert sich im dargestellten Beispiel radikal, da nicht die langfristige Unternehmensentwicklung und damit beispielsweise das langfristig angelegte Projekt eine Rolle spielt, sondern die kurzfristige Wertentwicklung. Die Abteilungen und Gruppen erhalten in einem solchen Fall kurzfristige Renditeziele, die dazu dienen, dem potenziellen Neuinvestor zu signalisieren, dass es ein lohnenswertes Engagement wäre, das Unternehmen oder Teile des Unternehmens zu kaufen.

Aber nicht nur die Art der Eigentümerstruktur ist entscheidend, sondern auch die Frage, wie klar innerhalb der Eigentümerschaft die Einflusssphären aufgeteilt sind. Legendär sind Konstruktionen, bei denen sich beispielsweise zwei verfeindete Familienstämme als Gesellschafter gegenüberstehen, die zu gleichen Teilen am Unternehmen beteiligt sind. Diese Form von „Checks and Balances" im Unternehmensalltag ist allein deshalb immer wieder vom Aussterben bedroht, weil diese Unternehmen in vielen Fällen schlichtweg nicht vernünftig handlungsfähig sind.

Auch der Klassiker des Familienunternehmens in dritter oder vierter Generation, bei dem sich 30 bis 40 Verwandte dritten Grades über die Zukunft des Unternehmens verständigen sollen, kann mitunter zu Lähmungserscheinungen führen, wenn der Gesellschaftervertrag keine klaren Regelungen vorsieht, wie die Gesellschaftereigenschaft vom operativen Führungsanspruch getrennt wird.

7.2.2 Aufteilung innerhalb der Unternehmensführung

Ein weiterer zentraler Aspekt der Governance ist die sach- und personengerechte Aufteilung der Ressorts innerhalb der Unternehmensführung (Vorstand/Geschäftsführung oder Geschäftsleitung). Für Mitarbeiterinnen und Mitarbeiter ist es ungünstig, wenn bei unterschiedlichen Geschäftsvorfällen unklar ist, wer auf Leitungsebene davon zu unterrichten ist. Insbesondere in den Fällen, in denen zwischen den „Häuptlingen" Spannungen auftreten, führt eine unklare Ressortaufteilung zu zahlreichen Konflikten. Für die Mitarbeiterinnen und Mitarbeiter bedeutet dies, sich zwischen alle Stühle setzen zu müssen und das bei den Menschen, die gleichzeitig die Macht im Unternehmen verkörpern.

Die zweite Führungsebene hängt daher ebenso wie die übrige Mitarbeiterschaft direkt davon ab, ob es eine schlüssige Zuordnung der Geschäftsbereiche auf der ersten Führungsebene gibt. Ein Prinzip, das sich entlang der Hierarchieebenen durch das komplette Unternehmen zieht.

Auf der betroffenen Führungsebene selbst ist es eine wesentliche Voraussetzung für erfolgreiche Führungsarbeit, dass klar ist, wer wofür zuständig ist. Dies klingt trivial, ist aber in der Praxis nicht immer gegeben. Ob Unternehmen oder staatliche Einrichtungen, in vielen Fällen ist es bei einigen Themen unklar, wer sich diesen widmen soll. Teilweise kann man sogar die Kuriosität antreffen, dass selbst zentrale Themenbereiche nicht eindeutig zugeordnet sind. Im Interesse eines erfolgreichen Arbeitens sollte eine Führungskraft dies korrigieren.

7.3 Informations- und Kommunikationsbeziehungen

Bereits beim Kapitel 6 „Klare Entscheidungen" wurde deutlich, dass Informationen eine wesentliche Voraussetzung dafür sind, dass eine Entscheidung erfolgreich getroffen werden kann und damit Führung und Informationen in einem direkten Zusammenhang stehen. Dies bedeutet, dass auch unter dem Aspekt der „Macht", also der Möglichkeit, etwas zu verändern, der Informationsmacht eine besondere Bedeutung zukommt.

Daher ist es nicht verwunderlich, dass in der Struktur- und Aufbauorganisation festgelegt wird, wer wen informiert. Die Hierarchie bedeutet nicht nur eine fachliche und gegebenenfalls disziplinarische Unter- und Überstellung, sondern gleichzeitig wird damit auch eine Festlegung getroffen, in welcher Kaskade Informationen von oben nach unten oder von unten nach oben gelangen. Das heißt: Die formelle Beschreibung der Kommunikations- und Informationsbeziehungen lässt sich dem Organigramm entnehmen.

Parallel zu diesen formellen Festlegungen gibt es in jedem Unternehmen und jeder Organisation eine Reihe informeller Kommunikationsbeziehungen, beispielsweise ehemalige Kollegen, Fahrgemeinschaften, gemeinsame Freunde oder aufgrund gemeinsamer (fachlicher, sozialer oder geografischer) Herkunft. Es gibt eine Reihe von Möglichkeiten, wie diese informellen Beziehungen zustande kommen, die auf der einen Seite quer zur Hierarchie stehen, auf der anderen Seite diese jedoch auch abrunden.

Bei der Forderung nach Klarheit der Kommunikationsbeziehungen könnte man den Eindruck bekommen, dass alles, was sich nicht von Ihnen als Teil des Managements planen und organisieren lässt, nicht erwünscht ist. In diesem Sinne wäre die informelle Organisation mit den informellen Kommunikationsbeziehungen ein Störfaktor. In der Realität zeigt sich jedoch, dass für viele alltägliche Dinge die informelle Organisation mit ihren Informations- und Kommunikationsbeziehungen ein hilfreiches "Schmiermittel" ist, das dafür sorgt, dass es in einem Unternehmen oder einer anderen Organisation erst „rund läuft". Wichtig ist jedoch, dass bei aller Sympathie für informelle Organisationen zwei Grundpfeiler berücksichtigt werden:

Informelle Strukturen dürfen nicht dazu benutzt werden, formelle Strukturen zu ersetzen. So muss es beispielsweise möglich sein, wichtige Informationen auf dem „offiziellen Dienstweg" zeitnah zu erhalten. Hier darauf zu verweisen, dass das ja eh schon jeder irgendwie mitbekommt, ist zwar in der Praxis verbreitet, aber dennoch kontraproduktiv für eine verlässliche Organisation.

Bei Informationen, die einem bestimmten Schutzinteresse unterliegen (vertrauliche oder geheime Informationen) dürfen informelle Beziehungen und Netzwerke keine

Rolle spielen, da es hochproblematisch ist, hier informelle Strukturen zu berücksichtigen.

Als zu Jahresbeginn 2014 öffentlich wurde, dass gegen einen Bundestagsabgeordneten der SPD ein Ermittlungsverfahren wegen des Besitzes von Kinderpornografie eingeleitet wurde, entstand sehr schnell ein politischer Skandal, der auch einen Ministerrücktritt zur Folge hatte. Der Skandal war nicht in dem Vorwurf oder dem Ermittlungsverfahren begründet, sondern entstand durch den Umstand, dass der frühere Innenminister die Information, dass gegen den Abgeordneten künftig ermittelt wird, an die Führungsriege seines künftigen Koalitionspartners weitergegeben hatte.

Ein typischer Fall von Informationsfluss in einer informellen Struktur.

7.4 Klarheit ist keine Starrheit

Eigentlich könnte man davon ausgehen, dass die Begrifflichkeiten eindeutig und damit auch Missverständnisse ausgeschlossen sind. Wer sich aber an den Abschnitt „Klarheit der Sprache“ erinnert, wird bestätigen, dass eine „Klarstellung“ selbst dann, wenn sie redundant und damit überflüssig erscheint, in vielen Fällen angebracht ist.

Die Überschrift „Klarheit ist keine Starrheit“ haben wir bewusst gewählt. Denn gerade im Bereich der Strukturierung von Unternehmen und anderen sozialen Gruppen gibt es immer wieder die Verfechter klarer eindeutiger Lösungen, die jedoch in erster Linie nach einer Möglichkeit suchen, die richtige Organisationsstruktur zu finden, die im Gegenzug dann für unbegrenzte Dauer Bestand haben soll. Hier sollten Sie im eigenen Interesse vorsichtig sein. Die Vorsicht beginnt schon bei der Suche nach der „richtigen“ Organisationsform.

> **!** Die Strukturen und Prozesse, die Sie definieren, haben immer Vor- und Nachteile und es gehört zum Führungsalltag, hier abzuwägen und die unter gegenwärtigen Verhältnissen beste Lösung zu suchen. Da die Dauer der Lösungssuche und die dafür aufgewandten Ressourcen jedoch endlich sind, sollte man in der Praxis auch mit der zweit- oder drittbesten Lösung zufrieden sein und loslegen.

Die damit entwickelten, klaren und auch klar kommunizierten Strukturen sollten anschließend für eine bestimmte Zeit als verbindlich gelten. Dennoch besteht das Bedürfnis nach Flexibilität. Hier ist es immer wieder eine spannende Führungsaufgabe, Ausnahmetatbestände zu formulieren und im Zweifel auch gegen die etablierte Struktur zu entscheiden, wenn es zu einer sachgerechteren Lösung beiträgt. Logischerweise ist dies eine Gratwanderung zwischen ständigem fallweisen Entscheiden im Sinne von Disposition, der dauerhaften Struktur im Sinne der Organisation und der vorläufigen Struktur im Sinne der Improvisation. Die Juristen sprechen in diesem Zusammenhang bei der

Disposition gerne vom Ermessensspielraum, der erst passende Ergebnisse bei Entscheidungen ermöglicht. Neben dieser Flexibilisierung der klaren Strukturen im täglichen Arbeiten gibt es auch die Anforderung, eine zeitliche Komponente in Betracht zu ziehen, das heißt in regelmäßigen zeitlichen Abständen die bestehenden Strukturen und Abläufe auf den Prüfstand zu stellen und zu überarbeiten.

Eine der gängigen Fragen bei der Entwicklung und Weiterentwicklung von Organisationsstrukturen ist die Frage, ob eine Organisation per se existiert oder an die jeweiligen Menschen und deren Neigung und Talente angepasst werden soll. Auch hier gibt es keine einfache Antwort im Sinne, dass eine der beiden Grundvarianten ausschließlich Vorteile mit sich bringt. Wenn ich die komplette Organisation in Aufbau und Ablauf an die jeweiligen Mitarbeiterinnen und Mitarbeiter anpasse, habe ich vermutlich ein Defizit im Bereich der Kontinuität und damit auch im Bereich der Klarheit und Verlässlichkeit meiner Organisation. Das klingt nicht nur ungünstig, sondern es ist in der Praxis auch eine entscheidende Schwäche, die für Reibungspunkte und ineffiziente Strukturen sorgen wird. Wenn ich hingegen eine Organisation so gestalte, dass es völlig egal ist, welcher Mensch hier welche Rolle einnimmt, dann werden die Personen mit einer hohen Wahrscheinlichkeit immer nur Bruchteile ihrer Talente nutzen können. In der Praxis sollten Sie nach Hierarchieebene und Spezialisierungsgrad der Tätigkeit differenzieren, wenn es darum geht, ob auf die Individualität der Mitarbeitenden Rücksicht genommen werden soll. Dieser Ansatz geht davon aus, dass es bei einfacheren Tätigkeiten weniger auf die Eignung, aber auch weniger auf die Motivation derjenigen ankommt, die diese Tätigkeiten ausführen. Dies kann ein Trugschluss sein.

Letztlich sollte es der Anspruch einer jeden Führungskraft sein, im eigenen unmittelbaren Entscheidungsfeld und damit im eigenen unmittelbaren Führungsbereich über die Neigungen, Talente und Qualifikationen der eigenen Mitarbeiterinnen und Mitarbeiter so Bescheid zu wissen, dass immer dann, wenn die Arbeit auch eine Differenzierung zulässt, auch eine Abstimmung der Aufgabenstellungen und der Arbeitsumgebung auf die einzelnen Kolleginnen und Kollegen vorgenommen wird.

Ein weiterer Aspekt, der einer zu großen Starrheit von Organisationen entgegen wirken soll, ist die „Organisationsentwicklung". Dabei muss man hier nochmals darauf hinweisen, dass es sich hierbei um die Weiterentwicklung von Organisationen, also Unternehmen, Vereinen, Bildungseinrichtungen, Behörden handelt und nicht nur um die Weiterentwicklung der Organisationsstruktur oder Organisationsabläufe. Die Doppelbedeutung des Wortes Organisation führt hier oft zu Fehlschlüssen. Es geht also um eine Entwicklungsperspektive für das Unternehmen, die alle anderen funktionalen Bereiche (Marketing, Entwicklung etc.) genauso mit einschließt, wie auch die übrigen betriebswirtschaftlichen Themen- und Aufgabenbereiche. Es geht um die Anpassung des Unternehmens als Organisation an veränderte Umwelt- und Umfeldbedingungen. Dies kann erfordern, dass beispielsweise die Organisationsstruktur verändert wird. Es kann aber auch bedeuten, dass damit eine Veränderung des Produktspektrums einhergeht.

Auf alle Fälle ist es ein weiteres Szenario, das deutlich macht, dass Klarheit nicht in eine Erstarrung des Unternehmens münden darf.

Festgelegte Strukturen können nur für eine bestimmte Zeit sinnvoll eingesetzt werden. Es liegt im Interesse aller Beteiligten, dass klar ist, welche Themen wie lang Bestand haben und wann sie wieder auf den Prüfstand müssen. Hier können betriebsspezifische Abwandlungen allgemeiner Checklisten sehr hilfreich sein, die sich mit der Regelung der Aufgaben, Kompetenzen, Befugnisse und Verantwortungsbereiche befassen (vgl. Braun/Braun 2010, S. 217).

Besonders wichtig für die konsequente Weiterentwicklung einer Organisation ist die Anpassung der gegenwärtigen Strukturen an neue Umfelder. Der Einfluss der Internet-Ökonomie mit ihren neuen Kooperationsprinzipien des Social Web führt auch zu einer notwendigen Anpassung und Flexibilisierung von Organisationsstrukturen (vgl. Komus/Wauch 2008, S. 104ff.).

Martin Winterkorn, in seiner Funktion als VW-Chef

Die Herausforderungen, die der Bereich Struktur für eine Führungskraft mit sich bringt, sieht man besonders deutlich, wenn das Unternehmen so groß und komplex ist, dass die Struktur – egal ob starr oder flexibel – mit in das Set der wichtigsten Erfolgsfaktoren gehört. Der VW-Konzern hat dieses Stadium bereits seit vielen Jahren bzw. Jahrzehnten erreicht. Dennoch ist es aus Führungsperspektive spannend zu beobachten, wie gut oder schlecht das Management mit dieser Herausforderung in den unterschiedlichen Geschäftsjahren umgeht und welche Folgen es für die Performance des gesamten Unternehmens hat.

Martin Winterkorn hat es geschafft, aufbauend auf seinen Erfahrungen und Erfolgen bei Audi, in seiner Verantwortung für den Gesamtkonzern VW gemeinsame Oberziele zu definieren, deren Umsetzung jedoch jeweils in den dezentralen Einheiten zu belassen. „Das Wichtigste ist, dass wir unseren Marken ein hohes Maß an Eigenständigkeit lassen, unter anderem mit einer eigenen Entwicklung, eigenem Design, eigenen Werken und eigenem Vertrieb“ (Balzer u. a. 12/2012, S. 60). Wer daraus nun ableiten will, dass unter Winterkorn eine Phase der Dezentralisierung stattgefunden hat und damit die Eigenständigkeit der Tochterfirmen erhöht wurde, täuscht sich jedoch. Gerade in Fragen der Technik und des Designs ist spätestens dann, wenn der Aufsichtsratschef des VW-Konzerns, Ferdinand Piëch, sich die neuen Modelle erläutern oder vorführen lässt, ein deutlicher Hang zu zentralistischen Tendenzen spürbar.

Auch in der Struktur ist dies durch Klarheit sichtbar. Spricht man Winterkorn auf die schwierige VW-Struktur an, gibt er sich selbstbewusst. „Wir haben die Komplexität des Konzerns gut im Griff. Was die Technik angeht, sorgen dafür unsere konzernweiten modularen Baukästen, die eine enorme Vielfalt an Modellen und Marken ermöglichen. Und zwar bei sinkendem Aufwand.“ (Balzer u. a. 12/2012, S. 60)

Gerade der von Winterkorn jedoch ins Spiel gebrachte Aspekt der Liebe zum Produkt steht hier immer wieder im Widerspruch zu einer besseren und auch motivierenderen Strukturierung der Aufgaben. Es ist Winterkorn, der in letzter Minute das Design oder die Technik am neuen Golf verändern oder den Beetle überarbeiten lässt, wenn dieser beim Test im Wüstengebiet am Heck nicht so schimmert, wie der Herr der Autos sich das vorstellt.

Was bewirkt eine solche Struktur schlimmstenfalls? Dass der Delegationsbereich (Karosserietechnik, Design, Motorenentwicklung etc.), der immer wieder durch späte, direkte Einmischungen des Vorstandschefs verletzt wird, irgendwann nicht mehr mit voller Energie im Sinne eines selbstständigen Managements ausgefüllt wird. Alle warten ständig auf den Chef und sichern sich entsprechend ab. Dies ist im Sinne der Klarheit der Struktur ein großes Problem, dem sich auch der „Manager des Jahres 2012“ stellen muss, wenn er gute Führungskräfte nicht nur halb nutzen und Motivation behindern möchte. Abgesehen davon, dass späte Änderungen auch immer sehr teure Änderungen sind. (Balzer u. a. 12/2012) ■

7.5 Kernfragen

- Passt die Aufbauorganisation in Ihrem Bereich zu den Aufgabenstellungen in Ihrem Unternehmen?
- Ist die Struktur für alle Mitarbeiterinnen und Mitarbeiter nachvollziehbar?
- Entsprechen die Delegationsbereiche Ihren Bedürfnissen nach Entlastung?
- Ist die Strukturorganisation so beschaffen, dass das Verhältnis zwischen Stabs- und Linienfunktionen ausgewogen ist?
- Schaffen Sie es, Doppelressourcen beim Einsatz von Elementen der Matrixorganisation zu begrenzen und die Kommunikationsvorteile zu nutzen?

- Kennen alle Kolleginnen und Kollegen die etablierte Organisationsstruktur?
- Sind die Vor- und Nachteile der Struktur bekannt?
- Gibt es Hilfestellungen, um die Nachteile der jeweiligen Struktur zu begrenzen?
- Passen die unterschiedlichen Delegationsbereiche zusammen?
- Unterstützt die Governance-Struktur die Werte und Ziele Ihrer Organisation bzw. Unternehmung?
- Sichert die Governance-Struktur den Fortbestand der Organisation und eine ausreichende Kontinuität bei den Ressourcen?
- Wie klar sind Hierarchien und deren Bedeutung erkennbar?
- Wie klar ist der in der Struktur verankerte Informationsfluss für die Kolleginnen und Kollegen erkennbar?
- Wie gut ergänzt die informelle Organisation die formale Organisationsstruktur?

■

■ Literatur

Balzer Arno, *Freitag Michael* und *Noé Martin*: „Immer das Beste", Interview mit Martin Winterkorn; in: *Manager Magazin* 12/2012, S. 58-66

Braun Jürgen und *Braun Tatjana*: *Die 250 besten Checklisten für Unternehmenswachstum; mi-Wirtschaftsbuch Finanzbuch* München 2010

Hage Simon und *Machatschke Michael*: Halbe Brüder, ganze Feinde; in: *Manager Magazin* 2/2014, S. 26-34

Jay Anthony: *Management and Machiavelli*; Random Century Group London 1993

Kaehler Boris: *Komplementäre Führung: Ein praxiserprobtes Modell der organisationalen Führung*; Springer Gabler Wiesbaden 2014

Komus Ayelt und *Wauch Franziska*: *Wikimanagement: Was Untenehmen von Social Software und Web 2.0 lernen können*; Oldenbourg München 2008

8 Klarheit des Führungsstils

Hartmut Mehdorn, in seiner Funktion als BER-Chef

Hartmut Mehdorn hatte den Ruf, in den entscheidenden Phasen nicht besonders zimperlich zu sein. Weder bei den Heidelberger Druckmaschinen noch bei der Deutschen Bahn oder bei AirBerlin nahm er im Zweifel ein Blatt vor den Mund. Im Sinne der Klarheit des Führens könnte dies ein großer Vorteil sein. Eine Führungskraft, die mit der eigenen Meinung nicht hinter den Berg hält, die klare Kante zeigt, damit man weiß, woran man ist. Zwischen dem authentischen Führen einer starken Persönlichkeit, die zielstrebig und kraftvoll agiert und dem Führungsstil einer primär egozentrischen Führungspersönlichkeit liegen in der Auswirkung zwar Welten, in der Praxis liegen beiden Fälle jedoch sehr dicht beieinander. Entscheidend dafür, wie das dann am Ende bei den Mitarbeiterinnen und Mitarbeitern ankommt, sind die Persönlichkeitsstruktur der Führenden und der Führungsstil.

Mehdorns Einstieg beim Berliner Flughafen, dessen Bauzeit in der Wahrnehmung der Öffentlichkeit mit Michael Endes „Unendlicher Geschichte" verbunden schien, war schon schwierig. Gedacht war bei der Personalauswahl offenbar an eine starke Persönlichkeit mit Führungserfahrung, die sich durchsetzen kann und die nachweislich nicht darauf angewiesen ist, sich mit dieser Aufgabe persönlich zu beweisen. In diesem Sinne ist die Wahl verständlich. Aber man kann eine solche Personalie auch anders sehen. Wie gut verkörpert ein Manager, der altersmäßig über dem Zenit ist und bei seinen letzten Engagements auch nicht immer glücklich agierte, den Aufbruch?

Statt sich nun mit den Fachleuten vor Ort zusammenzusetzen und an einem Strang zu ziehen, zeigte sich Mehdorn immer wieder als origineller Ideengeber, dem die Frage, ob die Vorschläge auch fachlich umsetzbar seien, entweder nicht so wichtig oder die darin enthaltenen Probleme nicht bewusst waren. Kritiker bemängelten ein „Dominanzbedürfnis" (Machatschke 12/2013, S. 50), das dazu führe, dass Mehdorn in seinem direkten Umfeld jede Kritik abbügele, bei Problemen aber sehr schnell einen Sündenbock suche, der dann als „Schuldiger" das Unternehmen zu verlassen habe.

Auch beim BER zeigte sich das Geltungsbedürfnis, als beispielsweise vertretungsberechtigte Mitglieder des Führungsteams auf Organigrammen nicht erwähnt wurden.

Wie bringt man nun Motivation und Schwung in die Mannschaft, wenn man eine derartige Change Management-Aufgabe vor sich hat? Mehdorn entwarf mit „Sprint" einen dynamischen Projektnamen für die Offensive und kommunizierte deren Inhalte auch über zahlreiche PR-Aktionen und Werbemittel. Um sich dabei als starker Manager zu positionieren, wird dann turnusmäßig der Teamgeist beschworen, indem er sich über Leute äußert, „die vor Müdigkeit nicht schlafen können" (Machatschke 12/2013, S. 51) oder die in ihren Plänen einfach zu viel Freizeit und zu wenig Arbeit eingeplant hätten.

Klarheit des Führungsstils kann natürlich auch ein autoritärer Führungsstil sein. In einer Change- oder Krisensituation kann das auch ein bewusster Weg sein. Jedoch müssen Sie als Führungskraft darauf achten, dass die Identifikation mit den Zielen und die Motivation der Teammitglieder nicht auf der Strecke bleiben. Führung muss auch hier Wertschätzung zeigen und einen angstfreien Raum schaffen, der für das Gelingen von Beziehungen generell erforderlich ist. Studien, die die Ergebnisse der Angstforschung versuchen, in Führungsinstrumente umzusetzen (vgl. Neuhaus 2013), können bereits vom Start weg eine falsche Grundhaltung der Führenden begünstigen. (Machatschke 12/2013)

Damit Sie als Führungskraft Ihre Aufgaben mit großer Klarheit ausführen können und diese Klarheit auch von den Geführten so erkannt und geschätzt wird, muss zunächst ein Einvernehmen über die Führungskultur und das grundsätzliche Führungsverständnis einer Organisation erzielt werden. Führung findet ja nicht nur als individuelle Zweierbeziehung zwischen einer Führungskraft und einem Mitarbeiter statt, sondern wir haben in der Regel mehrere parallel laufende Führungsbeziehungen, Verflechtungen und damit eine Konstellation, in der Führungsverhalten und Führungsstil immer wieder verglichen und analysiert werden.

Bereits beim Themenfeld der Werte und der Unternehmensethik haben wir darauf verwiesen, dass es eine entscheidende Ausgestaltung des Wertesystems ist, wenn bestimmte Elemente der Unternehmenskultur bewusst gestaltet werden. Die Unternehmenskultur kommt in der Regel durch die Artefakte zum Ausdruck. Diese gestaltete Kultur im Unternehmen hat direkte Auswirkung auf die interne Kommunikation und das Führungsklima. Wenn beispielsweise die Organisation streng hierarchisch aufgebaut ist, akademische Titel und Funktionsbezeichnungen („Leiter ...“) einen hohen Stellenwert besitzen, die jeweilige Hierarchiestufe durch die Größe des Büroraums, die Ausstattung des Schreibtischs und das Modell des Dienstwagens zum Ausdruck gebracht wird, ist der Spielraum für eine kooperative Führung deutlich enger, da sie weniger dem Wesen der sonstigen Unternehmenselemente entspricht, als dies bei einer anderen Organisation der Fall wäre.

8.1 Führungsstil

Es gibt nicht den einen richtigen, passenden Führungsstil. Um Klarheit im Bereich des Führungsstils zu vermitteln, muss eine Führungskraft wissen, wann welcher Führungsstil angebracht ist. Das bedeutet ein Gespür dafür zu besitzen, wovon es abhängt, ob ein Führungsstil die eigenen Führungsziele unterstützt und transportiert.

Dabei gehört zu diesem Thema auch eine Portion an Lebens- und Führungserfahrung, um jenseits der Theorien zu Führungsstilen auch ein eigenes Empfinden und Bewusstsein zu entwickeln. Es zeigt sich hier wieder die eingangs breit dargestellte Erkenntnis, dass Führungskompetenzen auch davon abhängen, dass eine Führungskraft die Zeit hatte, sich entsprechend zu entwickeln und diese Kompetenzen aufzubauen. Führungszeit ist Reifezeit.

Damit ist bereits klar, dass ein Führungsstil „von der Stange" nicht sinnvoll sein kann. Das bloße Kopieren erfolgreicher Vorbilder oder das Führen nach Lehrbuch hat sehr schnell den Effekt, dass man bei den Mitarbeiterinnen und Mitarbeitern wenig authentisch ankommt. Diesen Effekt kann man immer wieder in der Praxis beobachten, wenn Vorgesetzte aus Seminaren zurückkommen. In einer ein- bis zweiwöchigen „Ich will das jetzt mal umsetzen"-Euphorie wird dann losgelegt, gemanagt und beteiligt, kommuniziert und visualisiert. Erfahrene Mitarbeiterinnen und Mitarbeiter gehen meist in diesen Phasen auf „Tauchstation" und warten, bis die Normalität wieder den Vorgesetzten und damit alle weiteren Beteiligten eingeholt hat. Eine Politik der kleinen Schritte und der Anpassung des Führungsstils durch Test und Erfahrung hat in vielen Fällen eine nachhaltigere Wirkung.

8.1.1 Führungsstile im Überblick

> **!** Ein Führungsstil muss entwickelt werden und muss zu Ihrer eigenen Person als Führungskraft genauso passen wie er der Führungssituation angemessen sein muss (vgl. auch Seeger/Breyer-Mayländer 2013, S. 73). ■

Damit ist nicht gemeint, dass man Führungsstile unreflektiert und nach Belieben in der Praxis „zusammenbastelt", sondern, dass man sich über Führungsstile informieren muss und dann am Ende der Informationsphase den eigenen Führungsstil entwickeln kann. Wenn Sie einen klaren Führungsstil entwickeln, bedeutet das zunächst, dass Sie sich über Führungsstile und deren Wirkung bewusst werden.

Zunächst empfiehlt es sich, dass Sie zur eigenen Orientierung die Führungsstile danach einordnen, wie stark die Arbeitsgruppe und die Führungskraft an Entscheidungen beteiligt sind. Das von Tannenbaum und Schmid entwickelte Führungskontinuum, das Bild 8.1 illustriert, wird dabei am häufigsten zitiert und eigesetzt. Es reicht vom autoritären Führungsstil, bei dem die Führungskraft autonom ohne Rückkopplung mit den Mitarbeiterinnen und Mitarbeitern entscheidet, bis hin zur völligen Autonomie der Gruppe, die dadurch entsteht, dass die Führungskraft sich aus dem eigentlichen Entscheidungsprozess zurückzieht.

Im Regelfall ist es der Anspruch einer Führungskraft, eine führende Rolle bei der Entscheidungsfindung einzunehmen. Gleichzeitig sollte das Team mit einbezogen werden. Es geht zum einen darum, das Know-how und die Erfahrung der Mitarbeiterinnen und Mitarbeiter zu nutzen und damit zu einer besseren Entscheidungsqualität zu kommen.

Zum anderen muss es das Ziel sein, möglichst viele Mitarbeiterinnen und Mitarbeiter für die Abteilungs- und Unternehmensziele zu motivieren. Motivation setzt aber ein Mindestmaß an Partizipation voraus. Dabei ist es wiederum vom Mitarbeitertyp abhängig, wie viel Einbindung in die Führungsarbeit erwartet wird, um die gemeinsamen Ziele als eigene Ziele zu verinnerlichen.

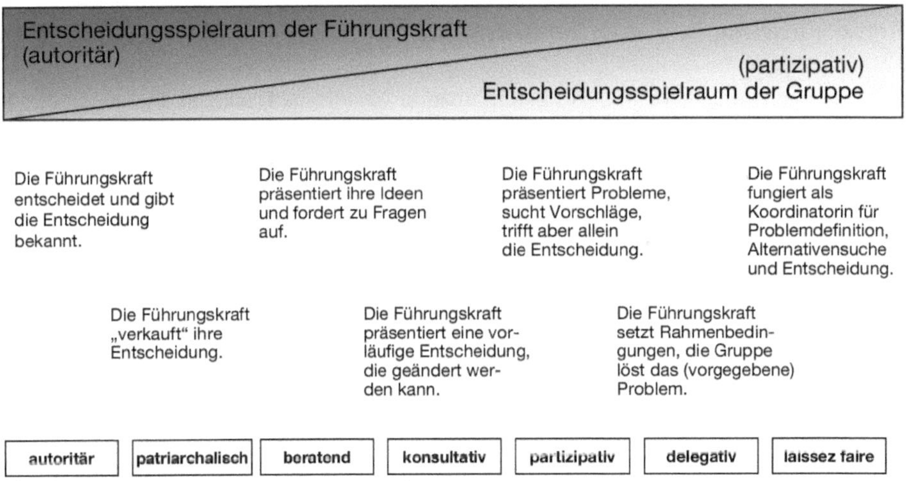

Bild 8.1 Überblick eindimensionaler Führungsstile (Tannenbaum/Schmidt 1958; nach: Wunderer 2011, S. 209)

Die hinter dem scheinbar abstrakten Thema Führungsstil stehende Kernfrage, die Sie als Führungskraft für sich selbst beantworten müssen, ist auch die Frage nach dem Grad des Engagements in Führungsthemen. Im Klartext ist es die Frage nach dem Grad der Interaktion zwischen Führungskraft und Mitarbeiterinnen und Mitarbeitern: Wie viel positive wie auch negative Auseinandersetzung mit der Gruppe der von mir Geführten kann und will ich leisten?

Bei einem autoritären Führungsstil sowie bei einem absoluten Laissez-faire-Führungsstil zeigt sich bei genauerer Betrachtung, dass kaum Führungsarbeit verrichtet wird. Führungsarbeit ist im Bereich der Mitarbeiterführung dadurch gekennzeichnet, dass Sie mit den Mitarbeiterinnen und Mitarbeitern im Austausch stehen. Autoritäre Führungskräfte holen jedoch vor der Entscheidung nicht einmal die Meinung und Stellungnahme der Mitarbeiterinnen und Mitarbeiter ein, vernachlässigen damit deren Kompetenz. Die eigene Entscheidung wird von der Führungskraft autonom vollzogen. Beim Laissez-faire-Stil ist das Gegenteil der Fall. Die Autonomie steht nun aufseiten der Mitarbeiterinnen und Mitarbeiter, die ihre Entscheidungen selbst treffen. Aber auch bei diesem Maximum an „Demokratie" im Führungsalltag findet keine Führung im Sinne eines Austauschs zwischen Mitarbeiterin bzw. Mitarbeiter und Führungskraft statt.

Wem das vom eigenen Selbstverständnis zu wenig ist, der wird im Bereich der eher kooperativen Führungsstile in vielen Alltagssituationen den passenden Stil finden. Jedoch ist dies auch der maximale Austausch zwischen Führungskräften und Mitarbeiterinnen und Mitarbeiter. Für Sie als Führungskraft bedeutet dies damit auch den höchsten Kommunikationsaufwand. Die Tagesplanung muss daher mit maximal 60 Prozent verplanter Zeit dem spontanen Kommunikations- und Problemlösungsbedürfnis der Mitarbeiterinnen und Mitarbeiter angepasst werden, um Stressmomente im Führungsalltag zu begrenzen.

8.1.2 Führung in der Detailbetrachtung

Da, entsprechend den Veränderungen in unserer Gesellschaft, ausgehend von einer auf Befehl und Gehorsam hin orientierten Gesellschaft nach Kriegsende sich mehr und mehr demokratische Prinzipien mit einer Steigerung des Engagements und der Mitbestimmung der Einzelnen verbunden haben, sind heute die kooperativen Führungsstile weit verbreitet. Sie ermöglichen und erfordern den intensiven Austausch zwischen Führungskraft und Mitarbeiterin bzw. Mitarbeiter sowie die Nutzung des Know-hows der Mitarbeiterschaft.

Ein situativer Führungsstil ist eine Erweiterung des kooperativen Führungsstils. Situative Führungsstile berücksichtigen die Gesamtsituation der Führung, wie z. B. die individuelle Haltung der Mitarbeiterin/des Mitarbeiters oder die Gesamtsituation der Aufgabenstellung oder des Unternehmens. Dadurch wird deutlich, dass es keinen für alle Vorgesetzten und Situationen passenden Führungsstil geben kann. Dabei müssen Sie darauf achten, dass das Führungsverhalten trotz der Flexibilität der situativen Führung für die Geführten im positiven Sinne berechenbar und damit die Führungskraft verlässlich bleibt (vgl. Gremmers 2008, S. 15).

Eine zentrale Voraussetzung für kooperative Führung ist die Zielorientierung, die realistische und nachvollziehbare Ziele voraussetzt, damit man am Ende der Diskussionen nicht immer wieder bei einer Problemorientierung landet (vgl. Frenzel 2008, S. 73). Bei der Strukturierung der Elemente kooperativer Führung können Sie nach zwei Hauptdimensionen unterscheiden:

- *Partizipative Dimension (Teilhabe)*
  - Informationsrechte/-pflichten,
  - Begründungsrechte/-pflichten,
  - Konsultationsrechte/-pflichten,
  - Vorschlagsrecht,
  - Mitentscheidung,
  - kollegiale Entscheidung,
  - Vetorecht.
- *Prosoziale Dimension (Teilnahme)*
  - Kommunikation,
  - Vertrauen und Verständnis,
  - helfendes, solidarisches Verhalten,
  - konstruktive Konfliktregelung,
  - Kompromiss- und Konsensbereitschaft.

8.2 Faktoren, die Ihren Führungsstil beeinflussen

Es gibt eine Reihe von Faktoren, die maßgeblich dafür sind, welche Führungssituation wir vorfinden (vgl. Hofbauer/Kauer 2011, S. 12). Der in vielen Fällen zitierte situative Führungsstil versucht genau diese Differenzierung vorzunehmen.

8.2.1 Die Situation

Nicht umsonst kommt den Rahmenbedingungen, in denen die Führungsarbeit stattfindet, eine zentrale Bedeutung zu. Dabei leuchtet uns das vor allem in Sondersituationen ein. Selbst in Führungsumgebungen, die eindeutig sehr hohe Entscheidungsspielräume bei den Teams pflegen, wird die Führungssituation verändert und damit auch der Führungsstil angepasst, wenn das Unternehmen in eine Krisensituation kommt bzw. zeitliche Faktoren schnelle Entscheidungen bedingen. Je schneller Entscheidungen getroffen werden müssen, umso autoritärer wird der Führungsstil. Ort und Zeit der Führung spielen somit eine wesentliche Rolle für die Ausprägung des Führungsstils.

„In Krisensituationen, während einer Umstrukturierung oder in einer Pionierphase sind straffe Zügel und die Eingrenzung des Handlungsspielraums hilfreich und sinnvoll, wenn der autoritäre Stil nicht als Ausdruck einer grundsätzlichen Werthaltung verstanden wird.“ (Kohlmann-Scheerer 2009, S. 35)

8.2.2 Die Person der Mitarbeiterinnen und Mitarbeiter

Bei der Wahl des Führungsstils muss die Führungskraft nicht nur die eigene Perspektive vor Augen haben, sondern auch den Reifegrad der Mitarbeiterinnen und Mitarbeiter berücksichtigen, wie Bild 8.2 zeigt. Es geht dabei um einen sozialen und fachlichen Reifegrad, der nicht einfach zu bestimmen ist und von mehreren Faktoren abhängt. So spielt dabei die eigene Sozialisation genauso eine Rolle wie die Führungskultur und -tradition des Unternehmens. Falsch ist auf alle Fälle eine verkürzte Gleichsetzung von formalen Bildungsgraden und dem jeweiligen Reifegrad der Mitarbeiterinnen und Mitarbeiter.

Ein junger Mann, der in seinem Heimatland als Akademiker einer klar privilegierten Berufsgruppe zugeordnet war, kommt als politischer Flüchtling nach Deutschland und arbeitet nach dem Prozess der formalen Erteilung einer Arbeitserlaubnis nicht in seinem Beruf, sondern mangels anderer Arbeitsmöglichkeiten und Angebote als Hilfsarbeiter in der Automobilproduktion. Ein klassischer Fall eines formal Ungelernten, der nun möglicherweise aufgrund einer aktiven und motivierten Persönlichkeitsstruktur mehr einfordern wird, indem er die Bereitschaft signalisiert, dass er bereit ist, mehr Verantwortung zu übernehmen. Ähnliches ist häufig bei Mitarbeiterinnen und Mitarbeitern zu erleben, die eine eher praktische Auffassungsgabe haben und möglicherweise aufgrund ihrer schulischen Karriere weniger gute Voraussetzungen für eigenständiges Arbeiten mitbringen, im praktischen Tun jedoch verantwortungsvoll gute oder sehr gute Leistung erbringen können. Es gibt jedoch auch den Fall der Kandidaten, die, wenn ihre Laufbahn und die erhofften festen Privilegien und akademischen Perspektiven im ersten Schritt nicht realisiert werden können, nicht genügend Eigenmotivation mitbringen, um ihren aktuellen beruflichen Status selbst Stück für Stück zu verändern.

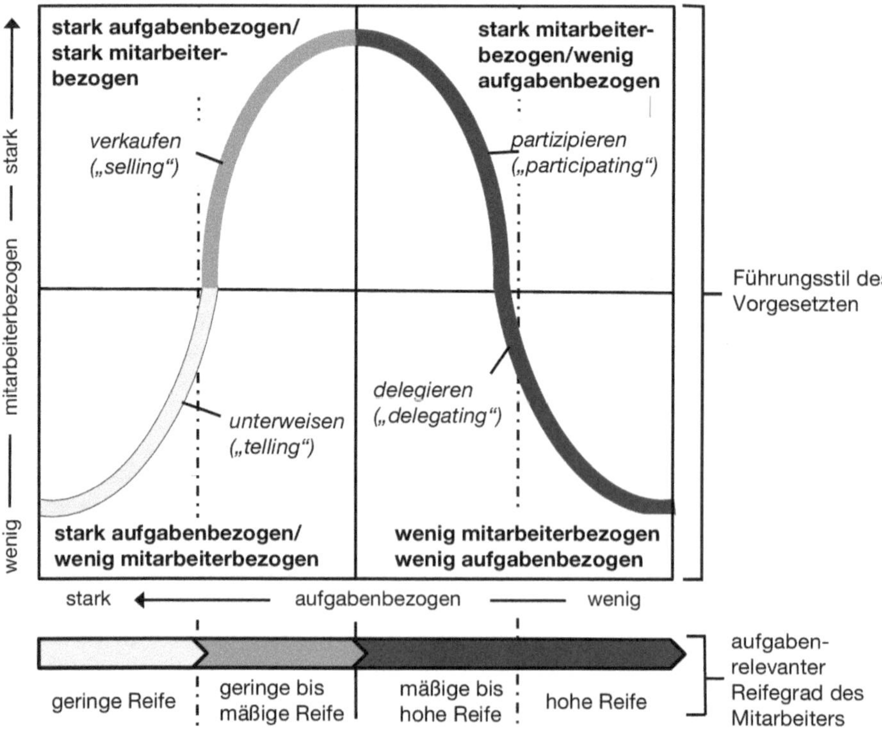

Bild 8.2 Reifegradmodell (Wunderer 1993, S. 188, auf der Basis von: Manager Magazin 11/78)

8.2.3 Die Aufgabe

Auch einzelne Tätigkeitsgebiete hängen stark mit dem Reifegrad der Mitarbeiterinnen und Mitarbeiter zusammen. Es ist nachvollziehbar, dass der Objektleiter einer Reinigungsfirma, die beispielsweise einen Gebäudereinigungsauftrag hat, einen stark aufgabenbezogenen Führungsstil mit geringer Mitarbeiterbezogenheit haben dürfte. Die Führungsaufgabe liegt in einem solchen Fall vorwiegend im Bereich der Unterweisung und Kontrolle der Reinigungskräfte bei ihren Aufgaben. Dagegen wird die Leiterin eines Teams von Entwicklern eines Hochtechnologieunternehmens eher Aufgaben delegieren können, da die Mitarbeiterinnen und Mitarbeiter selbstständig arbeiten. Dennoch wäre es falsch, davon auszugehen, dass eine Identität von Aufgabe und Reifegrad besteht. Die Quote der im Reifegrad weniger weit entwickelten Entwicklungsingenieure dürfte zwar im Idealfall beherrschbar sein, aber im Team der Reinigungsfirma sind vielleicht auch Mitarbeiterinnen und Mitarbeiter beschäftigt, die das Potenzial für mehr haben.

8.2.4 Die Verbindung zwischen Aufgabe und Reifegrad: Persönlichkeitsstruktur und Erwartungshaltung der Mitarbeiterinnen und Mitarbeiter

Welche Anforderungen die Mitarbeiterinnen und Mitarbeiter an Ihren Führungsstil stellen, das heißt welche Erwartungen sie daran haben, dass ihnen im Rahmen der Führung Freiheitsgrade eingeräumt werden, um sich fachlich und emotional während der Arbeit und durch die Arbeit selbst zu verwirklichen, hängt sehr stark von der Persönlichkeitsstruktur ab. Nach dem amerikanischen Psychologen Mihaly Csikszentmihalyi ist es für die Zufriedenheit eines Menschen mit seiner Arbeit entscheidend, dass sein persönliches Erwartungsniveau an Herausforderungen im Alltag erfüllt wird. Erscheint die Arbeit zu schwer, führt dies zu Stress, erscheint die Arbeit zu leicht, führt diese Unterforderung zu Unzufriedenheit. Das Ziel der Führungskraft ist es, das Erwartungsniveau der Kolleginnen und Kollegen richtig einzuschätzen, um sie auch im Rahmen des gewählten Führungsstils in ausreichendem Maße zu fördern und zu fordern, um damit ein Flow-Erlebnis zu ermöglichen.

Diese Theorie haben wir in Abschnitt 5.2 etwas ausführlich dargestellt, da sie als gedankliche Stütze im Führungsalltag von Nutzen sein kann. Als Führungskraft müssen Sie sich darum bemühen, herauszufinden, wo denn im Bereich der subjektiven Einschätzung der Herausforderungen die Messlatte für die einzelne Mitarbeiterin und den einzelnen Mitarbeiter anzulegen ist. Dem Gespräch zwischen Führungskraft und Mitarbeiterin bzw. Mitarbeiter kommt hier eine entscheidende Funktion zu. Dies ist einerseits das informelle spontane Gespräch, mit dem auch die Beziehungsebene zu den Mitarbeiterinnen und Mitarbeitern gestärkt werden kann, andererseits sind es aber auch gezielte Fragebereiche im institutionalisierten Mitarbeitergespräch, das in Absprache mit der Personalabteilung und den zentralen Empfehlungen oder Vorgaben mindestens einmal jährlich durchgeführt werden soll. Nur dann, wenn gezielt auch Erwartungshaltungen erfragt und abgeglichen werden, ist eine gezielte Unterstützung des Flow-Erlebens der Mitarbeiterinnen und Mitarbeiter möglich. Dies ist eine Beziehungsarbeit, die im Rahmen der Führungsarbeit dazu gehört. Daher setzt Führungsfähigkeit auch das Interesse an Menschen voraus.

8.2.5 Führungstradition und Arbeitsstrukturen

Ob der von Ihnen gewählte Führungsstil jedoch am Ende tatsächlich zum Erfolg führt, hängt auch von der Unternehmens- und Führungskultur ab. Als Information für Externe liegt oft nur die offizielle Rollenbeschreibung vor. Diese ist in Leitbildern, Mission-Statements, Stellenausschreibungen und Stellenbeschreibungen fixiert. Dabei sind jedoch auch Bestandteile der Unternehmenskultur relevant, die nicht an der Oberfläche sichtbar sind.

> Halten Sie bewusst die Augen im Betrieb offen und sammeln Sie Informationen darüber, was die eigentlichen Erfolgsfaktoren sind. Gerade als Führungskraft ist es wichtig, dass Sie sich intensiv mit der bisherigen Führungskultur auseinandersetzen und dabei versuchen, den Reifegrad Ihrer Mitarbeiterinnen und Mitarbeiter einzuschätzen.

Wenn Sie ein Team übernehmen, welches bislang gewohnt war, dass jemand „vordenkt“ und die Arbeit zuweist, können Sie nicht davon ausgehen, dass diese Mitarbeiterinnen und Mitarbeiter sofort mit einem kooperativen Führungsstil umzugehen wissen.

8.2.6 Haltung der Führungskraft

Ein wesentlicher Faktor für die Frage, welcher Führungsstil der „passende“ ist, bildet Ihre eigene Haltung als Führungskraft. Geprägt durch die Persönlichkeit und die persönlichen Vorbilder in Führungsrollen, sind Führungskräfte in der Regel in der Lage, ein begrenztes Spektrum an Führungsstilen authentisch zu verkörpern. Klarheit im Führungsstil und in der Führungskultur erfordert auch hier zunächst Selbsterkenntnis und Selbstbewusstsein, in Bezug auf die eigene Haltung gegenüber unterschiedlichen Führungsstilen.

> Es ist eine der zentralen Aufgaben bei der Entwicklung und Weiterentwicklung der Führungsfähigkeit, die sozialen und fachlichen Kompetenzen auf die Erwartungshaltung und Anforderungen des Führungsalltags abzustimmen.

8.3 Managementkonzepte und Führungskultur im Unternehmen

Um Führung strukturiert innerhalb einer Unternehmung ausüben zu können, müssen die Überlegungen zum Führungsstil durch Führungskonzepte ergänzt werden. Diese auch „Management by"-Ansätze genannten Konzepte haben jedoch in der Praxis teilweise eine sehr kurze Lebensdauer, insbesondere dann, wenn sie nach modischen oder zumindest stark am Zeitgeist orientierten Gesichtspunkten von Beratungsunternehmen propagiert und angeboten werden. Die weiteste Verbreitung unter den unterschiedlichen mehr oder weniger vollständigen Führungskonzepten hat „Management by Objectives" gefunden. Management- bzw. Führungskonzepte beschreiben praktische Hilfestellungen für den Führungsalltag. Sie betonen jeweils einzelne Aspekte und sind daher meist nicht dazu geeignet, als umfassendes System alle Fragen im Führungsalltag zu lösen. Mit einigen zentralen Konzepten, die auch in Bild 8.3 dargestellt sind, müssen Sie sich als Führungskraft jedoch für die Praxis vertraut machen (Seeger/Breyer-Mayländer 2013, S. 79).

8.3.1 Management by Ideas

Dieses Führungskonzept beschreibt, wie eine Organisation durch eine richtungsweisende Leitidee geprägt werden kann. Man könnte nun annehmen, dass eine solche zentrale Idee allenfalls dazu taugt, die Entwicklung von Produkten zu beschreiben, nicht jedoch bestimmend ist für das gesamte Unternehmen bzw. die Art des Managements. Jedoch gibt es auf der Ebene der Wertvorstellungen, des normativen Managements einen tiefergehenden Ansatz, bei dem die Grundidee das Arbeiten im Management prägt. Einige sehr erfolgreiche Unternehmen, wie beispielsweise Google, gründen auf einer Idee, die nicht nur das Produkt, sondern auch die Arbeitsweise und die Führungssituation (flache Hierarchie, Raum für eigene Projekte der Mitarbeiterinnen und Mitarbeiter etc.) beeinflusst.

Verwandt mit „Management by Ideas" ist der Ansatz „Management by Visions", bei dem eine übergreifende Vision den Rahmen für Unternehmensziele bilden soll. Dabei muss jedoch in der Praxis darauf geachtet werden, dass die Visionen nicht isoliert und ohne Bezug zur Arbeits- und Denkweise des Unternehmens stehen.

8.3.2 Management by Break-Through

Der Durchbruch des Unternehmens gelingt durch gezielte Veränderungen, die einen direkten Einfluss auf die Arbeitsweise des Unternehmens haben. Es ist zwar in der Realität so, dass solche Durchbrüche Einfluss auf den künftigen Erfolg haben können, aber es reicht im Regelfall nicht aus, daraus ein umfassendes Managementkonzept zu entwickeln.

Bild 8.3 Auswahl von Managementkonzepten

8.3.3 Management by Delegation

Das Delegationsprinzip ist ein wesentlicher Baustein, um Führungsaufgaben wahrnehmen zu können. In der Bundesrepublik der Nachkriegszeit wurde das Delegationsprinzip durch das Harzburger Modell bekannt, das erstmalig die Festlegung von Zuständigkeitsbereichen vorsah, sodass ein Führen im Mitarbeiterverhältnis und damit die Ablösung des bis dahin geltenden Prinzips von Befehl und Gehorsam möglich wurde. Um führen zu können, muss darauf geachtet werden, dass die Aufgaben, die die nächste Arbeitsebene erledigen kann, auch auf dieser Ebene angesiedelt werden. Sonst bleibt Ihnen als Führungskraft im Regelfall zu wenig Zeit für die eigentliche Führungsarbeit und das strategische Management. Dies setzt voraus, dass die Zuständigkeiten in Stellenbeschreibungen definiert sind. Um nicht eine bürokratische Starre zu erzeugen, müssen Sie jedoch darauf achten, dass sich die Mitarbeiterinnen, Mitarbeiter und Führungskräfte nicht ständig nur auf ihre Zuständigkeit berufen und damit beispielweise Kunden oder andere Externe vor den Kopf stoßen, indem sie erklären, dass sie ausgerechnet für dieses oder jenes Problem nicht zuständig seien.

Wird die Verantwortung von Ihnen generell an die Mitarbeiterebene für die Alltagsfälle delegiert und führt der Vorgesetzte nur in Ausnahmefällen, nennt man diesen Führungsstil Management by Exception.

8.3.4 Management by Objectives

Objectives sind Ziele und „Management by Objectives“ (MbO) ist daher das wichtigste Führungskonzept, da es hilft, die Zielfokussierung mit in die Führungsarbeit einzubeziehen. Ziele sind nicht nur für das Unternehmen als Gesamtes wichtig, sondern gerade für die Motivation der Mitarbeiterinnen und Mitarbeiter von zentraler Bedeutung.

Je nach Führungsstil lässt sich MbO mit Führung durch Zielvorgabe (autoritär) oder Führung durch Zielvereinbarung (kooperativ) übersetzen. Für die meisten Fälle ist die kooperative Lösung zu bevorzugen, um sicherzustellen, dass die Ziele von den Mitarbeiterinnen und Mitarbeitern auch akzeptiert werden, da sie bei deren Definition selbst beteiligt waren.

> Eines der wichtigsten Prinzipien für die Führungspraxis: Wenn Betroffene wirklich Beteiligte sind, setzen sie sich im Regelfall auch für die gemeinsam erarbeiteten Zielsetzungen ein.

Effiziente Führung benötigt klare Zielsetzungen. In der Regel wird dies dadurch erreicht, dass die Unternehmensziele in einer Art Kaskade auf Bereichs-, Abteilungs- und Gruppenziele heruntergebrochen werden und schließlich in individuelle Ziele münden. Im Rahmen des MbO kommt daher der Zielabstimmung zwischen Führungskraft und Mitarbeiter/in im Rahmen der Jahresgespräche eine besonders große Bedeutung zu.

Das Führungskonzept setzt an der Aufgabenstellung der zielorientierten Gestaltung von Organisationen an. Ziel ist die Integration aller Mitarbeiterinnen und Mitarbeiter in den zielorientierten Leistungsprozess des Unternehmens. Dabei geht es um die Kombination von sach- und personenbezogenen Kriterien.

> Entscheidend für die erfolgreiche Anwendung und Umsetzung von MbO ist einerseits eine Organisationskultur, die ausreichend Freiräume lässt, und andererseits der Einsatz von Management-Kontroll-Informationen, der eine Leistungsüberwachung gestattet. Die Entwicklungsfähigkeit bedarf dabei einer ständigen Überprüfung durch Gespräche, die das Entwicklungspotenzial der Mitarbeiterinnen und Mitarbeiter transparent machen.

Die Zielorientierung erleichtert auch die Steuerung der Projektumgebung. Es gilt dabei stets das Prinzip, dass ein Vorgesetzter seine Ziele nur über die Teilziele der Mitarbeiterinnen und Mitarbeiter erreicht. Die Zielorientierung der Projektmitarbeiterinnen und Mitarbeiter gestattet auch ein klares Feedback. Diese Rückkopplung führt beim Erreichen der Ziele durch das Team zu einer soliden Basis für motiviertes Verhalten der Mitarbeiterinnen und Mitarbeiter.

8.3.5 Transformationale Führung

Im Gegensatz zum transaktionalen Führungsstil, bei dem die klassische Ziel- und Aufgabenorientierung der Delegation im Vordergrund steht, konzentriert sich der transformationale (oder auch transformative) Führungsstil darauf, dass die Werte und Motive der Mitarbeiterinnen und Mitarbeiter auf eine höhere Ebene transformiert werden. Die transformative Führung umfasst die vier Komponenten: individuelle Behandlung, geistige Anregung, Inspiration und persönliche Ausstrahlung (Wunderer 2011, S. 242 in Anlehnung an Bass/Avolio 1990 und Bass/Riggio 2005).

8.4 Führungsleitbilder

Wie lassen sich nun die unterschiedlichen Erfahrungen zu Führungsstilen, Führungskultur und Führungstradition so dokumentieren, dass sie internen und externen Bezugsgruppen (Stakeholder wie Führungskräfte, Mitarbeiterinnen und Mitarbeiter, Interessenten etc.) Halt und Orientierung bieten können? Eine weit verbreitete Methode ist der Einsatz von Führungsleitbildern, die dazu beitragen sollen, dieses oftmals schwer in Worte fassbare gemeinsame Grundverständnis griffig zu machen. Dabei zeigt sich jedoch, dass die Führungsleitbilder zahlreicher Unternehmen „oftmals hohl und schablonenhaft, häufig gar inflationär plagiiert“ (Kirchner 2011) sind. Es entsteht nur ein geringer Nutzen, wenn aus dem Handbuch der Leitbilder ein mehr oder minder sinnloses Konstrukt abgeschrieben wird, auch wenn einzelne Titel diese Tatsache trefflich aufs Korn nehmen (Rother 2003). Worum geht es jedoch in Wirklichkeit? Es geht um gemeinsam gelebte Werte, Normen und Prinzipien. Es geht dann im zweiten Schritt um die Auswirkungen dieser normativen Ebene auf die strategische und strukturelle Ebene der Führungsarbeit.

8.4.1 Eine gemeinsame Kultur des Führens?

Worum kann es in den vielbeschworenen gemeinsamen Führungsleitlinien eines Unternehmens gehen? Um einen einheitlich festgelegten Führungsstil, den Sie und alle anderen gleichermaßen umsetzen? Sicher nicht. Wir haben dargestellt, dass ein Führungsstil von einer Reihe von Faktoren abhängig ist und somit nicht durch eine zentrale Planungsmaßnahme festgelegt werden kann, wann er passend zum Einsatz kommen soll.

Stattdessen geht es um ein gemeinsames Verständnis von Führung. Die gemeinsame Führungskultur, die ein Unternehmen anstreben sollte, greift auf die zugrunde liegenden Wertvorstellungen zurück. Welches Menschenbild haben wir im Unternehmen? Wenn wir nach Mc Gregor auf den Menschen schauen, dann gibt es überspitzt formuliert eben die weniger optimistische Sichtweise, wonach der Mensch von Natur aus faul ist und durch uns und geeignete (Zwangs-)Maßnahmen dazu gebracht werden muss, dennoch etwas zu arbeiten. Ein Menschenbild nach der Theorie Y, wonach Menschen das Bedürfnis haben, sich und ihre Fähigkeiten einzubringen, erfordert hingegen weniger enge Anweisungs- und Kontrollmaßnahmen, sondern einen ausreichenden Freiraum für eigene Entscheidungen (so das Arbeitsgebiet dies zulässt) und mehr Raum für die Kommunikation, um die Ziele und Hintergründe von Aufgaben zu erläutern.

Welche Grundhaltung im Unternehmen als passender Ansatz der Führungskräfte gewünscht ist, kann im Rahmen des Führungsleitbilds fixiert werden, um als Artefakt der Führungskultur auch sichtbar zu sein. Damit jedoch die reale Ebene des Führens auch mit dieser Zielsetzung übereinstimmt, bedarf es einer kontinuierlichen Begleitung und Stärkung der Führungskräfte. Dies kann im Rahmen von Briefing und De-Briefing-Gesprächen durch die nächsthöhere Führungsebene, durch gemeinsame Inhouse-Seminare und Coachings oder durch gezielte Beratung erfolgen. Entscheidend ist an dieser Stelle, dass der Führungsalltag sich mit den Ansprüchen an die eigene Führungskultur deckt.

Was kann nun eine Firmenleitung zum Gelingen der Führungskultur beitragen? Das ist zunächst einmal die Vorbildfunktion, die man an dieser Stelle nicht oft genug betonen kann. Wenn Sie von allen Führungskräften eine offene Grundhaltung gegenüber den Sorgen und Nöten der Mitarbeiterinnen und Mitarbeiter einfordern, müssen Sie z. B. auch als Mitglied der Geschäftsleitung diese Haltung gegenüber Ihren Mitarbeiterinnen und Mitarbeitern, beispielsweise den Führungskräften auf der nächsten Führungsebene zum Ausdruck bringen. Es darf in diesem Zusammenhang nicht passieren, dass aufgrund der persönlichen Überlastung der obersten Führungsebene dann Ihre Mitarbeitergespräche mit den eigenen Mitarbeiterinnen und Mitarbeitern nicht durchgeführt werden können. Artefakte und dazu gehört die formale Festlegung der Führungskultur in Form von Aufsätzen sowie Leitbildern und Realität müssen für eine erfolgreiche Kultur eine gemeinsame Wurzel haben, um sich gegenseitig stärken zu können.

8.4.2 Führung als Aufgabe akzeptieren und wertschätzen

Der wichtigste Teil der Etablierung einer Führungskultur ist die Klarheit in Bezug auf die Wichtigkeit des Führens als Aufgabe. Bereits bei den Überlegungen zur Führungsrolle aus der Perspektive der Führungskraft wurde deutlich, dass Sie als erfolgreiche Führungskraft immer davon ausgehen, dass eine erheblicher Teil der eigenen Arbeitszeit und Arbeitsleistung in Führung und Führungskommunikation investiert werden muss. Was hier zunächst für die individuelle Grundhaltung der Führenden gilt, muss aus der Gesamtperspektive einer Organisation für alle Akteure einer Organisation gelten, die unabhängig davon, ob sie selbst führen oder nicht, die Bedeutung der Führungsarbeit als entscheidenden Erfolgsparameter klar vor Augen haben.

Dies beginnt bereits damit, dass auch im kollegialen Kontext Führungskräfte nicht allein nach einem Spezialisten-Fachwissen, sondern nach ihrer Management- und Führungsfähigkeit beurteilt werden. Bei der Personalplanung muss klar sein, dass Führungskräfte einen hohen Anteil ihrer Arbeitszeit mit (ungeplanter) Führungskommunikation verbringen. Entsprechend können teilweise nur 40 Prozent der Arbeitszeit für

Sachthemen verplant werden. Dies erfordert eine Unterstützung der Führungsfunktionen, indem sie von Sachaufgaben entlastet werden. Gerade auf den unteren Führungsebenen ist es seit Jahren üblich, Führung als Nebenthema den meist jungen Führungskräften aufzuerlegen und sie noch in hohem Maße in der fachlichen Verantwortung des Spezialisten zu belassen.

Wer Führungsaufgaben ernst nimmt, sollte hier für Entlastung sorgen. Die Fachaufgaben können dann nur noch im Sinne der Ausnahmen (Hier ist bereits eine Verbindung zu „Management by Exception.“) für die Führungskraft relevant sein. Bei den mittleren und höheren Führungsebenen sollte ebenfalls eine Entlastung von Fachaufgaben angestrebt werden. Hier sind es oftmals Stabsstellen wie z. B. Assistenzfunktionen, die zu einer echten Entlastung der Führungskräfte beitragen können.

Reinhard Ploss, in seiner Funktion als Infineon-Chef

Bei der Kombi Chef und Infineon fällt den meisten zunächst Ulrich Schumacher ein, der das Unternehmen an die Börse brachte und im Gleichklang mit seinem Namensvetter Michael Schumacher versuchte, durch den gezielten PR-Einsatz von Rennwagen sich und dem Unternehmen etwas Glamour und Ruhm zu verschaffen. Der Gegenentwurf zu diesem eher egozentrierten Ansatz ist Reinhard Ploss, der jahrelang als der Techniker im Hintergrund galt, der in der zweiten Führungsebene seine Aufgaben erledigt, aber keine Qualitäten für die Nummer eins besitzt.

Durch die Gesundheitsprobleme seines Vorgängers musste der Vorstandschefposten auf einmal sehr schnell neu besetzt werden und Ploss galt als die solide Wahl für einen (Übergangs-)Vorsitzenden. Dabei zeigt sich jedoch, dass die solide Arbeit des Ingenieurs Ploss, der unprätentiös mit seiner Führungsrolle umgeht, auch zahlreiche Vorteile hat. Gerade ein Unternehmen wie Infineon, das vom einstigen Hoffnungswert der überhitzten Börse zum Pennystock degradiert wurde, benötigt Kontinuität und Seriosität.

Warum haben wir diese kulturellen persönlichen Faktoren als Beispiel für die Klarheit des Führungsstils ausgewählt? Die innere Haltung von Ploss zeigt sich auch im Führungsverhalten. Kritiker sehen in ihm den zu weichen Führer und Zauderer, der sich immer wieder davor scheut, unangenehme Dinge zu exekutieren. Als Ploss 2005 das Infineon-Werk in Perlach schließen, muss gelang es ihm trotz Streiks und Diskussionen die notwendigen harten Schnitte durchzuführen. Durch die Verhandlungsbereitschaft in der Zusammenarbeit schaffte er es immerhin, dass bis zum letzten Tag durchgearbeitet wurde. Die Arbeitnehmerseite sieht in ihm einerseits einen harten Verhandlungspartner, der jedoch den Vorzug besitzt, dass er sich an ein einmal gegebenes Versprechen hält (vgl. Katzensteiner 2/2013, S. 52).

Die Auftritte von Ploss in der neuen Rolle als Vorstandschef wurden von vielen als eher unsicher beschrieben – eine Situation, die bei vielen Führungskräften entsteht, wenn sie entweder neu im Unternehmen oder neu in der aktuellen Führungsfunktion sind. Im Sinne des Führungsstils stellt sich dann die Frage, wie der neue Chef oder die neue Chefin mit der eigenen Unsicherheit umgeht? Bei Ploss liegt einer der Vorzüge darin, dass es eine Unsicherheit im Auftreten, aber nicht in der Sache ist. Dies ist für die Klarheit der Führung zwar mitunter auch ein Mangel, aber lange nicht so problematisch wie die Umkehrung, Sicherheit im Auftreten verbunden mit einer Unsicherheit in der Sache. Für letzteres war Hartmut Mehdorn ein spannendes Beispiel, als er bei seinem ersten Auftritt als neuer Chef des Berliner Flughafens vollmundig verkündete, er würde ein Powerhouse aufbauen und dies mit einer rechtlich und damit sachlich nicht realisierbaren Kombimöglichkeit unterschiedlicher Berliner Flughafenstandorte verband. Die Unsicherheit im Auftreten sieht auch eine Belegschaft dem Chef nach, wenn sein Verhalten authentisch und sein Vorgehen transparent und nachvollziehbar sind. Der solide Chef mit Erfahrung und Weitblick, der das Wissen der Mitarbeiterinnen und Mitarbeiter anerkennt und einbezieht, ist diesen in der Regel lieber als der dynamische Windbeutel, der vor allem selbstverliebt sein eigenes Tun und Wissen in den Vordergrund rückt. (Katzensteiner 2/2013)

8.5 Kernfragen

- Welche Führungsstile werden bei Ihnen im Unternehmen vorrangig propagiert und welche werden vorrangig praktiziert?
- Sind die Führungskräfte ausreichend auf ihre Führungsaufgaben vorbereitet und damit in der Lage zu entscheiden, welche Führungsstile für welche Situationen passend sind?
- Welche Elemente kooperativer Führung praktizieren Sie?
- Wie gut können Sie den sozialen Reifegrad und die Erwartungshaltung der Mitarbeiterinnen und Mitarbeiter einschätzen?
- Welche Aufgabenstellungen in Ihrem Arbeitsumfeld erschweren den Einsatz eines kooperativen Führungsstils?
- Erreichen Sie bei sich selbst das Stadium des Flows?
- Schaffen Sie es, dass Mitarbeiterinnen und Mitarbeiter durch Sie Flow-Erlebnisse haben?
- Welche Managementkonzepte nutzen Sie?
- Sind diese Konzepte in einem System verankert, sodass ihr Einsatz den Mitarbeiterinnen und Mitarbeiter klar und logisch erscheint?

- Wie gut funktioniert die Stärkung der gemeinsamen Zielorientierung durch „Management by Objectives" in Ihrem Bereich?
- Wie aktuell, spezifisch und eindeutig ist Ihr Führungsleitbild?

Literatur

Bass Bernard M. und *Avolio Bruce J.*: *Transformational Leadership Development: Manual for the Multifactor Leadership Questionaire*; Consulting Psychologists Palo Alto 1990

Bass Bernard M. und *Riggio Ronald E.*, *Transformational Leadership*; 2. Auflage, Lawrende Erlbaum Mahwah London 2005

Frenzel Ralph: *Das erste Mal Chef*; Haufe Freiburg 2008

Gremmers Uwe: *Neu als Führungskraft: So werden Sie ein guter Vorgesetzter*; Humboldt Hannover 2008

Hofbauer Helmut und *Kauer Alois*: *Einstieg in die Führungsrolle: Praxisbuch für die ersten 100 Tage*; 3. Auflage, Hanser München 2011

Katzensteiner Thomas: Pilot inter pares; in: *Manager Magazin* 2/2013, S. 50-53

Kirchner Baldur: Das Dialogische als Lebensauftrag, Antrittsvorlesung anlässlich der Berufung zum Honorarprofessor; Hochschule Neu-Ulm 15. Dezember 2011

Kohlmann-Scheerer Dagmar: *Gestern Kollege – heute Vorgesetzter: So schaffen Sie den Rollentausch*; Gabal Offenbach 2009

Machatschke Michael: Methode Mehdorn; in: *Manager Magazin* 12/2013, S. 48-52

Neuhaus Florian: *Angstbewusste Führung: Besser und produktiver arbeiten durch den motivierenden Einsatz von Angst (zugleich Dissertation Universität der Bundeswehr München* 2012); Springer Gabler Wiesbaden 2013

Rother Andreas: *Unternehmensphilosophie in Textbausteinen*; Redline Wirtschaft bei Ueberreuter Frankfurt 2003

Seeger Christof und *Breyer-Mayländer Thomas*: *Vom Studenten zur erfolgreichen Führungskraft*; UVK Konstanz 2013

Wunderer Rolf: *Führung und Zusammenarbeit: Beiträge zu einer Führungslehre*; Schäffer-Poeschel Stuttgart 1993

Wunderer Rolf: *Führung und Zusammenarbeit: Eine unternehmerische Führungslehre*; 9. Auflage, Luchterhand – Wolters Kluwer Köln 2011

9 Klarheit der Strategie

Reinhard Zinkann und Markus Miele, in ihren Funktionen als Chef und Gesellschafter von Miele

Miele, eine Traditionsmarke der weißen Ware, die für Qualität, Langlebigkeit und Verlässlichkeit steht, weckt Assoziationen an die interne Struktur und Strategie, die mit diesen Eigenschaften korrespondiert. Wer dann noch weiß, dass das Unternehmen nach wie vor im Besitz der Familienstämme ist, kann schnell zu der Schlussfolgerung kommen, dass hier die Klarheit von Struktur (Corporate Governance) und Strategie vereint ist.

Miele ist im Jahr 2013 jedoch eher ein Beispiel für das problematische Wechselspiel von Klarheit der Struktur und Klarheit der Strategie. Eine fünfköpfige Geschäftsführung, die gemeinsam entscheiden muss (Schwarzer 12/2013, S. 66), in der jeder Vertreter eine Stimme hat und sich unterschiedliche Familienstämme mit ihren individuellen Interessen begegnen, das hat seinen besonderen Reiz. Dabei sollen die Vertreter der Familienstämme im Wesentlichen die Gesellschafterrolle einnehmen und die drei operativen Geschäftsführer sich um die Unternehmensführung kümmern.

Wo ist hier nun der Bezug zur Strategie? Ein Beispiel mag diese problematische Wechselwirkung zwischen Struktur und Strategie illustrieren. Wenn 70 Prozent der Erlöse im Ausland erwirtschaftet werden, dann kommt der Präsenz im Ausland eine hohe Bedeutung zu. Miele ist in vielen Märkten jedoch nicht als Premiumanbieter im Sinne der Markenerkennung (Brand Recognition) verankert und hat somit andere Bedingungen in den Zielländern als im Heimatmarkt. Die Auslandsexpansion verlief in der Vergangenheit weitgehend unreguliert aus Sicht der Konzernmutter in Gütersloh, sodass eine Neustrukturierung des Auslandsgeschäfts naheliegend war. Die Produkte, das Werbekonzept, das Tempo der Neueröffnungen vor Ort, all das war sehr individuell gelöst worden und damit ein Problem aus Sicht der Konzernentwicklung.

Als mit Heiner Olbrich sich ein neuer Leiter der Themen Marketing und Vertrieb annahm, wurde eine einheitliche Vertriebsstrategie für das Ausland festgelegt. Die Umsetzung der Maßnahmen zur Umsetzung der Strategie unterlag jedoch wieder dem Abstimmungsprozess innerhalb der Geschäftsführung, sodass viel Schwung für Reformen verloren ging (Schwarzer 12/2013, S. 68). Olbrich verließ das Haus und damit bekamen die Gesellschaftervertreter wieder mehr Einfluss auf die zentralen Bereiche Strategie und Personal.

Die Klarheit der Strategie darf in solchen Fällen nicht darunter leiden, dass ein Bruch zwischen angestellten Geschäftsführern und geschäftsführenden Gesellschaftern besteht. Auch das Binnenverhältnis in der Familie und damit das Verhältnis der unterschiedlichen Familienstämme und Gesellschafter sollte hier nicht das dominierende Thema sein.

Es geht darum, für das gesamte Unternehmen Klarheit zu bekommen, wo in fünf oder zehn Jahren die Schwerpunkte liegen, in welchen Bereichen sich das Unternehmen dauerhaft positiv vom Wettbewerbsumfeld abgrenzen und ausreichende Deckungsbeiträge erwirtschaften kann. Nur in den Fällen, in denen diese Themen im Vordergrund stehen, kann eine klare Strategie gelingen. (Schwarzer 12/2013)

Das Wort Strategie wird etymologisch von „strategos", dem altgriechischen Begriff für Heerführer, abgeleitet. Der Begriff wurde entsprechend dieser Wurzel ursprünglich vorwiegend im militärischen Bereich eingesetzt, kam jedoch über die Clausewitz-Adaptionen der Harvard Business School letztlich im Managementsektor an, wo er grundlegende, für den Fortbestand eines Unternehmens bedeutsame Themen charakterisiert, deren Zeithorizont außerhalb des Korridors für taktische Maßnahmen (bis zu fünf Jahre) liegt.

An dieser Stelle können Sie berechtigterweise die Frage stellen, ob denn das Thema Strategie noch zur Fragestellung unseres Buches passt. Überschrieben ist es zwar mit „Führung braucht Klarheit", aber wir haben den Führungsbegriff klar auf die Mitarbeiter- und Menschenführung fokussiert. Strategie ist hingegen ein typisches Thema aus der Unternehmensführung. Wo ist also der Bezug zu unserem Kernthema?

Die Antwort ergibt sich aus der Tatsache, dass die geschildete Abgrenzung wie alle Modellgrenzen eher theoretischer Natur ist und in der Realität ein sehr enger Zusammenhang zwischen beiden Bereichen besteht, der vor allem durch das Thema Strategie hervorgerufen wird.

Eine klare Strategie, die auch den Mitarbeiterinnen und Mitarbeitern bekannt ist und die die Zukunftsfähigkeit der eigenen Organisation unter Beweis stellt, ist eine zentrale Voraussetzung für Ihren Führungserfolg. Nur dann, wenn hier Klarheit herrscht, können die operativen Themen der Mitarbeiterführung erfolgreich umgesetzt werden.

Allein das Sicherheitsbedürfnis der Mitarbeiterinnen und Mitarbeiter, das wir aus den unterschiedlichen Motivationstheorien, wie z. B. bei Maslow oder auch aus der empirischen Zufriedenheitsforschung, ableiten können, macht deutlich, dass eine überzeugende strategische Entwicklung gerade bei Unternehmen in sehr volatilen Märkten zur Kernaufgabe der Führung gehört.

9.1 Was kennzeichnet eine klare Strategie?

Strategien beruhen auf der Erkenntnis, welche einzigartigen, schwer imitierbaren Fähigkeiten ein Unternehmen besitzt und welche dieser Fähigkeiten auch in einem fernen, über fünf Jahren liegenden, Zeitraum im Wettbewerb von Bedeutung sein werden. Wer sich also mit der eigenen Strategie befasst, benötigt zunächst Klarheit über die eigenen Fähigkeiten und die Frage, wie relevant diese Fähigkeiten für andere (beispielsweise die aktuelle oder künftige Kundenklientel) sein werden. Diese Fragen müssen für ein Unternehmen genauso beantwortet werden wie für eine Führungskraft, die sich künftig strategisch richtig im Wettbewerb zu anderen Führungskräften im Arbeitsmarkt positionieren möchte.

Um diesen Anforderungen zu entsprechen, müssen Sie mit Hilfe unterschiedlicher Analysemethoden zunächst also klären, welche einzigartigen, schwer imitierbaren Fähigkeiten die eigene Organisation besitzt. Es geht damit um das Selbstbewusstsein der gesamten Unternehmung. Als Führungskraft tun Sie gut daran, diesen Analyseschritt unter Einbeziehung der Mitarbeiterinnen und Mitarbeiter durchzuführen. Einerseits ist somit sichergestellt, dass die Ergebnisse auch die unterschiedlichen fachlichen Blickwinkel und Kompetenzen beinhalten. Anderseits ist es jedoch auch ein wirkungsvolles Motivationsinstrument, wenn am Ende die Teammitglieder klar haben, was denn das Besondere an der eigenen Arbeit darstellt.

Ebenso transparent können Sie auch die Analyse der aktuellen und künftigen Wettbewerbssituation darstellen. Unabhängig davon, welche Verfahren zum Einsatz kommen, bringen die Erkenntnisse einer Wettbewerbsanalyse auch den Ansporn zur Verbesserung der eigenen Leistung als Thema in das Team. Die dabei notwendigen Managementhandlungen, deren Begründung auf strategischer Ebene oftmals nur schwer vermittelbar ist, erhalten in diesem Analyseschritt bereits ihr Fundament. Wer beispielsweise anhand der Five-Forces von Michael E. Porter erkannt hat, dass die Position des eigenen Unternehmens darunter leidet, dass man für die Zulieferer und Kunden nur eine geringe Bedeutung besitzt und gleichzeitig von einigen wenigen Kunden abhängig ist, wird spätere Maßnahmen zur Erschließung neuer Märkte sehr viel besser nachvollziehen können.

Warum ist nun die Klarheit der Strategie jenseits der Frage nach der Sicherheit des Arbeitsplatzes von Bedeutung für Ihre Führungsarbeit? Wir haben die Bedeutung von erreichbaren und positiv besetzten Zielen für den Führungserfolg dargestellt und auch das Managementkonzept „Management by Objectives“ dargestellt, da es eine sehr wirksame Führung im Rahmen kooperativer und autonomer Führungsstile gestattet. Diese zielfixierten Methoden und Maßnahmen bedürfen jedoch einer Einbettung in den Gesamtkontext, in den auch allgemeinere Ziele der Stakeholder mit eingeflossen sind. Entsprechend kann die Formulierung der Strategie auch als Rahmen für künftige Zieldefinitionen aufgefasst werden.

> **!** Klare Ziele benötigen eine klare, transparente und auch emotional nachvollziehbare Strategie.

Wichtig für die Strategieentwicklung ist Ihre Bereitschaft, sich auf einen Zeithorizont von über fünf Jahren einzulassen. Die scherzhafte formulierte Tatsache, dass Prognosen stets ungenau sind, wenn sie in die Zukunft gerichtet sind, wird einem bei strategischen Planungsvorgängen immer wieder bewusst. Man muss diese Fehlertoleranz akzeptieren, um dann mit den üblichen Prognosemethoden von Trendextrapolation bis hin zur sehr komplexen Szenario-Technik ein Bild von möglichen Zukunftszuständen entwickeln zu können.

9.2 Strategie und Zukunftsfähigkeit

Die Zukunftsfähigkeit haben wir bereits als Schlüssel zum Gefühl der Sicherheit kurz vorgestellt. Wie wird jedoch diese Zukunftsfähigkeit mit Hilfe der Strategie erreicht? Klarheit über die Strategie beinhaltet die Klarheit über mögliche Zukunftszustände. Die üblichen internen Prognosen über die mögliche Situation des eigenen Unternehmens in einer ferneren Zukunft müssen für die Formulierung einer Strategie mit den gesamtgesellschaftlichen Entwicklungen und den marktspezifischen Trends abgeglichen werden.

Wenn bei Ihnen und Ihrem betrieblichen Umfeld über mögliche Zukunftszustände Einigkeit besteht, kommt der Managementkreislauf zum Einsatz. Zielsetzung, Planung, Entscheidung, Umsetzung und Kontrolle sind die nun folgenden Schritte des strategischen Managements. Je klarer die Ziele sind, die aus der unternehmerischen Gesamtstrategie abgeleitet werden, desto einfacher ist die anschließende Operationalisierung der Managementschritte. Die Ziele müssen dabei messbar und auf einen Zeithorizont hin planbar sein. Sonst besteht oftmals zwar ein grobes Einvernehmen, was wünschenswert wäre, aber eben kein klares, planbares Ziel.

Die Planung ist ohnehin die gedankliche Vorwegnahme künftiger Handlungen, sodass sich die strategische Planung nahtlos an die Prognose künftiger Zustände anschließen kann, wenn die Zielsetzung geklärt ist, unter der die Planung zu erfolgen hat. Die Entscheidungsfähigkeit und die Klarheit bei Entscheidungen gelten auch im Bereich der Strategie. Da es sich hier um weitreichende Entscheidungen handelt und gleichzeitig die Daten- und Informationsbasis eher unsicher ist, sind strategische Entscheidungen die Königsdisziplin in Bezug auf die Entscheidungsfähigkeit von Einzelpersonen und Gruppen. Im Sinne des strategischen Managements ist vor allem die begleitende Kontrolle im Sinne einer Steuerung relevant, die während der einzelnen Umsetzungsphasen immer wieder prüft, ob man noch im Zielkorridor liegt oder ob sich aufgrund veränderter Umfeldbedingungen etwas verändert hat, das eine Anpassung der einzelnen Schritte erforderlich macht. Diese Anpassung schließt oftmals auch die Zielsetzung mit ein. Wer beispielsweise im Energiesektor in Deutschland vor der Rückkehr zur einstmals beschlossenen Energiewende noch Kernenergie im Zielsystem vertreten hatte, musste hernach auch sein Zielsystem anpassen, um strategisch noch auf der Höhe der Zeit zu sein.

Strategisches Management in diesem Sinne schafft Klarheit über die gesamte Ausrichtung des Unternehmens und gibt eine Antwort auf die Frage, wohin die Reise im Unternehmen geht.

> Klarheit über die Strategie entspricht dem menschlichen Grundbedürfnis nach Zielen und Orientierung. Zahlreiche Alltagstechniken, wie etwa die Bildung und Nutzung von Stereotypen, zeigen, dass dieses Bedürfnis Sicherheit gibt, die Komplexität im Alltag reduziert und für viele Menschen eine emotionale und kognitive Entlastung bewirkt. Damit ist auch strategisches Management direkt im Kontext der Mitarbeiterführung zu sehen.

Ein wichtiges Bindeglied zwischen der Strategieentwicklung und der Kommunikation einer Strategie kann die Einbettung der Strategie in das Prinzip des Führens mit Visionen sein. In Deutschland ist zwar das Zitat von Helmut Schmidt „Wer Visionen hat, sollte zum Arzt gehen." sehr präsent, dennoch geben Visionen den teilweise noch wenig detaillierten und zielgerichteten Beschreibungen künftiger Zustände eine Richtung und Gestalt und schaffen damit emotionale Wahrnehmbarkeit und ermöglichen somit vielen Beteiligten (etwa Mitarbeiterinnen und Mitarbeitern) eine Art innere Visualisierung. Gerade in Führungspositionen, bei denen das Umfeld sehr stark auch von der emotionalen Einbindung in den Strategieprozess lebt, wie beispielsweise bei Führungsprozessen in den Bereichen Kultur und Bildung, sollte man das Potenzial von Visionen im Strategieprozess nutzen (vgl. auch Klein 2009, S. 97ff.). Das Bindeglied sind hier oftmals die Leitbildprozesse, die auf Visionen beruhen, diesen aber auch eine konkret fassbare Ebene zur Seite stellen. Damit begegnen Sie den üblichen Vorwürfen, die Fredmund Malik, Inhaber des gleichnamigen Managementzentrums in St. Gallen, gekonnt in einer Anzeigenkampagne eingesetzt hatte. Dabei wurde ein meditierender Guru in Großformat dargestellt und der Text wies darauf hin, dass nicht jeder, der Visionen habe, sich gleichzeitig zum Unternehmenslenker eigne.

9.3 Die Kommunikation vorausschauender strategischer Maßnahmen

Der besondere Wert einer klaren Strategie besteht darin, dass strategische Herausforderungen für die Organisation frühzeitig erkannt werden und somit auch frühzeitig gegengesteuert werden kann. Wenn absehbar ist, dass ein bestimmter Unternehmens- oder Produktbereich in ein paar Jahren weniger hilfreich sein wird für das unternehmerische Gesamtergebnis, dann lohnt es sich, hier entweder diesen Bereich zu verändern und auf die neuen Markt- und Umweltbedingungen anzupassen oder ein De-Investment vorzunehmen und sich aus diesem Segment zurückzuziehen.

Allgemein gesprochen geht es darum festzustellen, welche Fähigkeiten des Unternehmens auch künftig noch die Wettbewerbsposition günstig beeinflussen. Diese Fähigkeiten gilt es zu erhalten und auszubauen. Andere hingegen müssen modifiziert oder abgestoßen werden. Dies hat weitreichende Konsequenzen und erfordert oftmals auch eine Anpassung der Personalstruktur, deren Qualifikationen teils über Personalentwicklungsmaßnahmen angepasst werden, teils jedoch auch künftig nicht mehr in vollem Umfang im Unternehmen benötigt werden. Damit ist klar, dass strategische Festlegungen mitunter auch Personalabbau und damit auch persönlich und gesellschaftlich negative Konsequenzen haben können. Frühzeitige Planungen können aber mitunter auch bewirken, dass langfristig eine positive Entwicklung mit einem Zuwachs an Beschäftigung möglich ist.

Generell gilt, je früher man die Weichen stellt, desto mehr Möglichkeiten bestehen, sowohl den wirtschaftlichen Anforderungen an das Unternehmen als auch den Anforderungen der Mitarbeiterinnen und Mitarbeiter nach Schulung, Weiterentwicklung oder, im schlimmsten Fall, Beratung für neue berufliche Perspektiven und Schaffung finanzieller Übergangsmodalitäten entgegenzukommen. Ein Unternehmen, das die Strategiekrise nicht erkennt und später handelt, wenn bereits ein negatives Betriebsergebnis oder ein Liquiditätsproblem vorliegt, wird bei Weitem nicht so weitsichtig und finanzstark für die Neugestaltung der Situation eintreten können. Daher könnte man meinen, spricht viel für eine weitsichtige Planung und das frühe Treffen von Entscheidungen, dass die Notwendigkeit strategischer Entscheidungen und Kurskorrekturen außer Frage steht.

An zahlreichen Situationen in der Unternehmenspraxis lässt sich jedoch ablesen, dass dies nicht der Fall ist. Der Hintergrund ist einfach erklärt. Wenn eine Strategiekrise festgestellt wird und eine Veränderung der Unternehmensausrichtung notwendig werden könnte, ist noch kein operatives Problem sichtbar. Menschen neigen dazu, erst zu handeln, wenn der Leidensdruck groß genug ist. In einer Situation, in der das Unternehmen noch schwarze Zahlen schreibt und Geld verdient, sind einschneidende Maßnahmen mehr als unpopulär. Ein Management, das in dieser Situation eine strategische Neupositionierung des Unternehmens anstrebt, gilt oftmals als zahlenfixiert und renditegläubig.

Es ist daher eine Sache, eine klare Strategie zu besitzen, und eine andere, die klare Strategie zu befolgen. Bei der Umsetzung der Strategie ist es von entscheidender Bedeutung, dass die Kommunikationsaufgabe des Managements wahrgenommen wird. Gegenüber den entscheidenden Stakeholdern, das können Mitarbeiterinnen und Mitarbeiter, deren Familien, die Öffentlichkeit und Politik am Standort und weitere Gruppen sein, müssen die notwendigen strategischen Schritte glaubwürdig erläutert werden. Erst dann, wenn für alle Beteiligten spürbar wird, dass aus einer Verantwortung gegenüber dem Unternehmen und den am Unternehmen beteiligten Gruppen gehandelt wird, kann man damit rechnen, dass auch vorausschauende unpopuläre Maßnahmen umsetzbar werden. Wie bei vielen Führungsthemen ist es keine Lösung, den scheinbar bequemen Weg zu gehen und Veränderungen erst dann anzustoßen, wenn bereits ein Veränderungs- und Wandlungsdruck vorliegt.

9.4 Zu guter Letzt: Nicht alles ist „Strategie“

Wer aufmerksam die Wirtschaftsnachrichten verfolgt und Pressemeldungen liest, könnte leicht der Meinung sein, dass wir geradezu im Zeitalter der Strategie leben. Wenn ein E-Commerce-Anbieter probeweise eine Datenbank einsetzt, wird das im selben Augenblick als strategische Partnerschaft gerühmt. Hintergrund ist hier dann oftmals, dass die Datenbank nur probeweise zum Einsatz kommt und statt einer ausreichenden Bezahlung durch den E-Commerce-Anbieter dem Softwarehaus zugesichert wurde, dass es bei der Vermarktung der neuen Datenbank Unterstützung bekommt.

Auch im Unternehmen selbst haben wir solche Phänomene. Projekte werden als strategische Projekte ausgeflaggt, da man der Meinung ist, dass man jetzt über deren wirtschaftlichen Erfolg noch nichts sagen kann oder sagen mag und dennoch die Notwendigkeit besteht, probeweise loszulegen.

Auch an anderer Stelle wird immer wieder sichtbar, dass Themen, die nicht für den grundsätzlichen Erfolg einer Organisation (Unternehmen, Behörde, Verein etc.) relevant sind, dennoch als strategisches Thema bezeichnet werden, wenn deren Realisierung zeitlich gesehen nur weit genug von der aktuellen Realität entfernt scheint.

Es gehört mit zur Verantwortung einer Führungskraft, bei der Klarheit über die Strategie auch klar zu haben, welche Themen überhaupt den Begriff des Strategischen beinhalten dürfen und wo einfach ein übertriebener Geltungsdrang einzelner vorliegt.

Begrenzen Sie bitte strategische Diskussionen auch auf die Themenstellungen, die in diesem Zusammenhang relevant sind.

**Gregor Gerlach,
in seiner Funktion als Chef und Gesellschafter von Vapiano**

Wer ein Unternehmen in einem Markt gründet, der als reichlich gesättigt gilt, bei dem die Produkte nur mit hohen Personalkosten im Markt platziert werden können, der muss sich im Bereich Strategie gute und grundlegende Gedanken gemacht haben. Die Erfolgsgeschichte von Vapiano ist hier eines der vielen Beispiele, dass auch in scheinbar komplett vollen bzw. verstopften Märkten noch Bewegung möglich ist. 2002 gegründet, war Vapiano 2011 schon unter den Top Ten der umsatzstärksten Systemgastronomen in Deutschland, bei einer Gewinnmarge pro Restaurant, die im Schnitt bei 15 Prozent vor Steuern liegen dürfte (Hage 3/2012, S. 67). Das Unternehmen hat mit den schwerreichen Co-Gesellschaftern (Tchibo-Erbe Günter Herz und Wella-Erbe Hans-Joachim Sander) eine klare Struktur, die sich auch im Bereich der Corporate Governance günstig auswirkt. Der strategische Vorteil von Vapiano im Wettbewerb ergibt sich zunächst durch das Produkt- und Angebotsspektrum. Das italienische Essen wird in jeder Filiale frisch zubereitet, die Kunden haben die Möglichkeit, die Details festzulegen, und bekommen durch die Situation an der Essensausgabe/-zubereitung das Gefühl, den Prozess von der Bestellung bis zum fertigen Gericht komplett unter Kontrolle zu behalten. Das rasche Wachstum der Kette hat nicht nur für Veränderungen im Management gesorgt (Die Altgesellschafter und Gründer haben sich zurückgezogen und statt der Branchenexperten übernahm der frühere Mc Kinsey-Berater Gerlach das Ruder.).

Das dynamische Wachstum hat inzwischen dafür gesorgt, dass sinnvolles organisches Wachstum im Inland kaum mehr realisiert werden kann. Der strategische Engpass liegt bei der weiteren Wachstumsentwicklung an den Standorten. Entsprechend gewinnt die internationale Expansion an Bedeutung, wobei hier die Einhaltung der Qualitätsstandards sehr schwierig ist, da man statt konsequenter Markenführung bei den Franchise-Partnern vor Ort mitunter eher an kurzfristigen finanziellen Erfolgen interessiert ist.

Hier ist es nun die Aufgabe, auch im Sinne der Klarheit der Strategie, allen Beteiligten (Mitarbeiterinnen, Mitarbeitern, Franchise-Partnern, Investoren) klar zu machen, worin der besondere Wert der Marke Vapiano besteht. Eine engere Einbindung der Tochtergesellschaften und der internationalen Partner hilft in dieser Situation, um Wildwuchs zu begrenzen und die Marke selbst nochmals zu schärfen. Entscheidend für eine klare Strategie ist, eine Konzentration auf die langfristigen Erfolgsfaktoren und in Gregor Gerlach eine Führungsfigur, die diese Prinzipien verkörpert. (Schwarzer 3/2012)

9.5 Kernfragen

- Gibt es bei Ihnen einen festgelegten Rhythmus, in dem die gemeinsam erarbeitete Strategie überarbeitet, angepasst und aktualisiert wird?
- Verfügt Ihr Unternehmen momentan über eine aktuelle Strategie, die sich mit der Positionierung befasst, die in den nächsten fünf bis zehn Jahren relevant sein wird?
- Ist die strategische Entwicklungsrichtung allen Unternehmensangehörigen bekannt?
- Sind die wettbewerbskritischen Strategieelemente dem engeren Kreis der Führungs- und Vertrauenspersonen („Inner Circle") bekannt?
- Ist die Strategie rational und emotional nachvollziehbar bzw. erlebbar?
- Schaffen Sie es, aktuelle Entscheidungen, die auf strategischen Planungen beruhen, auch dann zu kommunizieren, wenn es sich um unangenehme Entscheidungen (wie Ressourcenkürzungen, Entlassungen, Verlagerungen etc.) handelt?
- Sind strategische Diskussionen und Planungen in Ihrem Unternehmen auch tatsächlich auf die Themenfelder begrenzt, die in einem Zeitraum von mehr als fünf Jahren relevant sein werden und von zentraler Bedeutung für die (wirtschaftliche) Entwicklung des Unternehmens sind?
- Sind die unterschiedlichen Gruppierungen und Interessenvertretungen des Unternehmens in den Prozess der Strategiebildung eingebunden?
- Praktizieren Sie auch strategiebildende Maßnahmen, die Bottom-up die Kompetenzen der Mitarbeiterinnen und Mitarbeiter mit einbeziehen (z. B. durch Open-Space-Konferenzen)?

Literatur

Hage Simon: Chain-Gang; in: *Manager Magazin* 3/2012, S. 66-69

Klein Armin: *Leadership im Kulturbetrieb*; VS Verlag für Sozialwissenschaften Wiesbaden 2009

Schwarzer Ursula, Abstauben und Unterbügeln; in: *Manager Magazin* 12/2013, S. 64-68

10 Klarheit in der Umsetzung

Klar sehen

Prüfen Sie bei den einzelnen Themen und Diskussionen, inwiefern Sie als Führungskraft und Ihre Kolleginnen und Kollegen auf Mitarbeiterebene einen vorurteilsfreien und klaren Blick auf die Realitäten haben.

Ihr Ziel muss es sein, klar zu sehen. Der klare Blick ist die Voraussetzung dafür, dass die anschließenden Schritte erfolgreich sein können.

Klar denken

Klar denken wäre der populär formulierte Anspruch an Sie und alle anderen Führungskräfte. Es geht dabei um die Analysefähigkeit des Managements, der sich logische Gedanken- und Argumentationsketten anschließen.

Klar handeln

Seien Sie als Führungskraft klar in Ihren Aktionen. Eindeutige Aktionen, deren Hintergrund und Kontext für alle Beteiligten nachvollziehbar sind, führen zu einer gesteigerten Motivation und erleichtern Ihnen die Erreichung Ihrer Führungsziele.

Klar führen

Dann, wenn Sie Ihre Mitarbeiterinnen und Mitarbeiter erfolgreich machen, sind Sie als Führungskraft erfolgreich. Die Klarheit in allen in Kapitel ein bis neun dargestellten Führungsfacetten ist dabei die entscheidende Voraussetzung.

Klar gewinnen

Der Erfolg von Unternehmen und Organisationen hängt direkt vom Erfolg der Führung ab. Sie müssen in den Fällen, in denen Ihre Fokussierung auf Führungsthemen von anderen, wie beispielsweise den Gesellschaftern oder anderen Macht-Promotoren der Corporate Governance, unterstützt werden muss, auf die Notwendigkeit der konsequenten und klaren Führungsarbeit hinweisen. Dies sichert den Erfolg Ihrer Mitarbeiterinnen und Mitarbeiter, Ihres Unternehmens, bzw. Ihrer Organisation und damit letztlich Ihren eigenen Erfolg.

Gesamtliteratur

Adler N.: Tools für Projektmanagement, Workshops und Consulting: *Kompendium der wichtigsten Techniken und Methoden*; 4. Auflage, Publicis Erlangen 2012

Ahlemann Frederik, Schroeder Christine und *Teuteberg Frank*: Kompetenz- und Reifegradmodelle für das Projektmanagement: *Grundlagen, Vergleich und Einsatz; ISPRI-Arbeitsbericht*, Nr. 01/2005, Osnabrück

Ahrens Kristina: Selbstkonzept: Was denken wir über uns selbst?; in: *Johann Thomas* (Hrsg.): Mitarbeiter erfolgreich führen: *Psychologische Grundlagen und praktische Beispiele*; Gabler Wiesbaden 2011, S. 39-49

Ahrens Cynthia und *Ahrens Leif*: *Leadership-Intelligenz – Zehn Gebote für souveräne und sozial kompetente Führung*; 2. Auflage, Springer Gabler Wiesbaden 2013

Altmann Steffen: Entscheidungen treffen ohne zu entscheiden; in: *Spektrum der Wissenschaft Spezial „Warum entscheiden wir?“* 1/12, S. 42-46

Alznauer Michael: Natürlich führen: *Der evolutionäre Quellcode der Führung*; 2. Auflage, Springer Gabler 2013

Arnold Frank: *Der beste Rat, den ich je bekam*; Hanser München 2014

Arnold Rolf: Führen mit Gefühl: *Anleitung zum Selbstcoaching – Mit einem Methoden-ABC*; 2. Auflage, Springer Gabler Wiesbaden 2011

Arnold Rolf: Spirituelle Führung: *Anleitung zum Selbstcoaching – Mit einem Methoden-ABC*; Springer Gabler Wiesbaden 2012

Arora Rupali, Dunn Catherine, Kowitt Beth, Leahey Colleen, Sellers Patricia und *Vandermey Anne*: 50 Most powerful women; in: *Time* vol. 183, No. 10, 2014, S. 34-39

Balzer Arno, Freitag Michael und *Noé Martin*: „Immer das Beste“, Interview mit Martin Winterkorn; in: *Manager Magazin* 12/2012, S. 58-66

Balzer Arno und *Papendick Ulric*: „Wir werden es vorleben“ – Interview mit Jürgen Tischen und Anshu Jain; in: *Manager Magazin* 7/2012, S. 40-46

Bamberg E.: Beratung in der Arbeits- und Organisationspsychologie; in: *Warschburger, P.: Beratungspsychologie*; Springer Medizin Verlag Heidelberg 2009, S. 207-234

Bauer Joachim: *Prinzip Menschlichkeit – Warum wir von Natur aus kooperieren*; Heyne Hamburg 2008

Bass Bernand M. und *Avolio Bruce J.*: Transformational Leadership Development: *Manual for the Multifactor Leadership Questionaire*; Consulting Psychologists Palo Alto 1990

Bass Bernard M. und *Riggio Ronald E.*, *Transformational Leadership*; 2. Auflage, Lawrende Erlbaum Mahwah London 2005

Begemann Petra: Jetzt entscheide ich! – So werden Sie ein erfolgreicher Chef: *Die Rezepte der Führungsprofis*; Eichborn Frankfurt am Main 2002

Bleicher Knut: Unternehmenskultur und strategische Unternehmensführung; in: *Hahn, Dietger; Taylor, Bernhard; Strategische Unternehmensplanung – Strategische Unternehmensführung*; 8. Auflage, Physica Heidelberg 1999, S. 223-265

Bleicher Knut: Integriertes Management als Herausforderung; in: *Schwendt Stefanie* und *Funk Dirk* (Hrsg.); *Integrierte Managementsysteme: Konzepte, Werkzeuge, Erfahrungen*; Physica Heidelberg 2002; S. 1-23

Braun Jürgen und *Braun Tatjana*: *Die 250 besten Checklisten für Unternehmenswachstum*; mi-Wirtschaftsbuch Finanzbuch München 2010

Breyer-Mayländer Thomas: *Einführung in das Medienmanagement*; Oldenbourg München 2004

Breyer-Mayländer Thomas: Managementaufgabe integrierte Unternehmenskommunikation: *Praxis des Dialogs mit Kunden, Meinungsführern und Öffentlichkeit*; expert Renningen 2006

Breyer-Mayländer Thomas: Aktives Wertemanagement: *Basis der Unternehmenskommunikation*; expert Renningen 2009

Buchhorn Eva: Hauptsache authentisch; in: *Manager Magazin* 7/2014, S. 101-107

Buckingham Marcus und *Clifton Donald O.*: Entdecken Sie Ihre Stärken jetzt!: *Das Gallup-Prinzip für individuelle Entwicklung und erfolgreiche Führung*; Campus Frankfurt/New York 2007

Buckingham Marcus und *Coffmann Curt*: Erfolgreiche Führung gegen alle Regeln: *Wie Sie wertvolle Mitarbeiter gewinnen, erhalten und fördern*; Campus Frankfurt/New York 2005

Buß Eugen: Die deutschen Spitzenmanager: *Wie sie wurden, was sie sind. Herkunft, Wertvorstellungen, Erfolgsregeln*; Oldenbourg München 2007

Buß Eugen: Managementsoziologie: *Grundlagen, Praxiskonzepte, Fallstudien*; 3. Auflage, Oldenbourg München 2012

Cachelin Joel Luc: Management in der Multioptionsgesellschaft: *Neue Manager für neue Zeiten*; Gabler Wiesbaden 2009

Cooper Robert K. und *Sawaf Ayman*: *Emotionale Intelligenz für Manager*; Wilhelm Heyne München 1997

Cube Felix von: Lust an Leistung: *Die Naturgesetze der Führung*; Piper München 2006

Dahrendorf Ralf: *Homo Sociologicus* (17. Auflage); VS Verlag Wiesbaden 2010

Demann Stefanie: Selbstcoaching: *Die 86 besten Tools*; Gabal Offenbach 2013

Dobelli Ralf: Die Kunst des klaren Denkens: *52 Denkfehler, die Sie besser anderen überlassen*; 4. Auflage Hanser im dtv, München 2014

Drosdek Andreas: *Die wichtigsten Philosophen für Manager, Handelsblatt Management Bibliothek Band 7*; Campus Frankfurt 2005

Drosdek Andreas: Nietzsche für Manager: *Mit Mut zum Erfolg*; Campus Frankfurt 2008

Ebers Thomas und *Melchers Markus*: Vom Wert der Wertdebatte: *Anmerkungen und Orientierung*; Herder Freiburg 2002

Echter Dorothee: *Führung braucht Rituale – So sichern Sie nachhaltig den Erfolg Ihres Unternehmens*; 2. Auflage, Vahlen München 2011

Eidenschink Klaus: Das narzisstisch infizierte Unternehmen; in: *OrganisationsEntwicklung* 1/2003, S. 4-15

Ellebracht Heiner, *Lenz Gerhard* und *Osterhold Gisela*: Systemische Organisations- und Unternehmensberatung: *Praxishandbuch für Berater und Führungskräfte*; 4. Auflage, Gabler Wiesbaden 2011

Engelmann Ines und *Etzrodt Katrin*: Mediale Geschlechterkonstruktion online und mögliche Ursachen: *Eine Inhaltsanalyse der journalistischen Online-Berichterstattung über Politikerinnen und Politiker; in: Medien- und Kommunikationswissenschaft* 1/2014, S. 64-82

Eppler Martin J. und *Mengis Jeanne*: Management Atlas: *Management-Methoden für den Arbeitsalltag*; Hanser München 2011

Erpenbeck John: Unternehmenskompetenzen – verstehen, erfassen, entwickeln; *Vortrag auf dem Steinbeis Consulting Tag*, Stuttgart 3. Juli 2014

Fisher Roger und *Brown Scott*: Gute Beziehungen: *Die Kunst der Konfliktvermeidung, Konfliktlösung und Kooperation*; Campus Frankfurt 1989

Fleckner Uwe, *Warnke Martin* und *Ziegler Hendrik* (Hrsg.): *Handbuch der politischen Ikonographie*; Beck München 2011

Fleßa Steffen: *Planen und Entscheiden in Beruf und Alltag*; Oldenbourg München 2010

Freitag Michael und *Student Dietmar*: Die Motorik der Macht; in: *Manager Magazin* 11/2011, S. 34-48

Frenzel Ralph: *Das erste Mal Chef*; Haufe Freiburg 2008

Frey Dieter und *Schmalzried Lisa*: Philosophie der Führung: *Gute Führung lernen von Kant, Aristoteles, Popper & Co.*; Springer Heidelberg 2013

Furtner Marco und *Baldegger Urs*: Self-Leadership und Führung: *Theorien, Modelle und praktische Umsetzung*; Springer Gabler 2013

Gabrisch Jochen und *Krüger Claudia*: Einfach Führen: *Wie sich Personalentwicklung in den Alltag integrieren lässt*; Campus Frankfurt 2005

Gay Friedbert: *Das DISG-Persönlichkeits-Profil*; 27. Auflage, Gabal Offenbach 2003

Gladwell Malcom: Überflieger: *Warum manche Menschen erfolgreich sind – und andere nicht*; Campus Frankfurt 2009

Glasl F.: Konfliktmanagement: *ein Handbuch für Führungskräfte, Beraterinnen und Berater*; 11. Auflage; Haupt/Verlag Freies Geistesleben Bern/Stuttgart 2013

Gloger B. und *Margetich J.*: Das Scrum-Prinzip: *Agile Organisationen aufbauen und gestalten*; Schäffer-Poeschel Stuttgart 2014

Goffman Erving: *Wir alle Spielen Theater – Die Selbstdarstellung im Alltag*; Piper München 2011

Goleman Daniel: *Emotionale Intelligenz*; Hanser München 1995

Greene Robert: Perfekt: *Der überlegene Weg zum Erfolg*; Hanser München 2014

Gremmers Uwe: Neu als Führungskraft: *So werden Sie ein guter Vorgesetzter*; Humboldt Hannover 2008

Grün Anselm und *Zeitz Jochen*: Gott, Geld und Gewissen: *Mönch und Manager im Gespräch*; Vier-Türme Münsterschwarzach 2010

Gross Peter: *Die Multioptionsgesellschaft*; Frankfurt a.M. 1994

Gross Peter: Vertrauenskollaps und Vertrauensmanagement; in: *Spoun Sascha* und *Meynhardt Timo* (Hrsg.): *Management: Eine gesellschaftliche Aufgabe*; Nomos Baden-Baden 2010, S. 123-134

Hage Simon: Chain-Gang; in: *Manager Magazin* 3/2012, S. 66-69

Hage Simon: Indras letzte Runde; in: *Manager Magazin* 4/2012, S. 62-66

Hage Simon: Raubkatze aus dem Sack; in: *Manager Magazin* 11/2013, S. 22

Hage Simon und *Machatschke Michael*: Halbe Brüder, ganze Feinde; in: *Manager Magazin* 2/2014, S. 26-34

Hahn Dietger und *Taylor Bernhard*; *Strategische Unternehmensplanung – Strategische Unternehmensführung*; 8. Auflage, Physica, Heidelberg 1999

Hartmuth Dorian: So entsteht Ihre große Karriere: *Prominente Führungspersönlichkeiten erklären, was wirklich zählt*; Gabler Wiesbaden 2012

Herbst Dieter: Corporate Identity: *Aufbau einer einzigartigen Unternehmensidentität, Leitbild und Unternehmenskultur. Image messen, gestalten und überprüfen*; Cornelsen Berlin 2009

Herles Benedikt: Die kaputte Elite: *Ein Schadensbericht aus unseren Chefetagen*; Knaus München 2013

Herrmann Dorothea, *Hüneke Knut* und *Rohrberg Andrea*: Führung auf Distanz: *Mit virtuellen Teams zum Erfolg*; 2. Auflage, Springer Gabler Wiesbaden 2012

Hipp Claus: Achtung! Anstand: *Vom Werte eines respektvollen Miteinanders*; Gräfe und Unzer München 2013

Hirschberger Johannes: Geschichte der Philosophie: *Band I: Altertum und Mittelalter*; 12. Auflage, Herder Freiburg 1980

Hofbauer Helmut und *Kauer Alois*: Einstieg in die Führungsrolle: *Praxisbuch für die ersten 100 Tage*; 3. Auflage, Hanser München 2011

Hommers Jeannet: Gestik; in: *Fleckner Uwe, Warnke Martin* und *Ziegler Hendrik* (Hrsg.): *Handbuch der politischen Ikonographie*; Beck München 2011, S. 418-425

Jay Anthony: *Management and Machiavelli*; Random Century Group London 1993

Jensen Sören: Stochern im Kaffeesatz; in: *Manager Magazin* 10/2013, S. 28-30

Johann Thomas (Hrsg.): Mitarbeiter erfolgreich führen: *Psychologische Grundlagen und praktische Beispiele*; Gabler Wiesbaden 2011

Jung Hans: Persönlichkeitstypologie: *Instrument der Mitarbeiterführung*; Oldenburg München 2009

Kaehler Boris: Komplementäre Führung: *Ein praxiserprobtes Modell der organisationalen Führung*; Springer Gabler Wiesbaden 2014

Kant Immanuel: *Die drei Kritiken (Kritik der reinen Vernunft, Kritik der praktischen Vernunft, Kritik der Urteilskraft), hrsg. von der Königlich Preußischen Akademie der Wissenschaften*; Anaconda Köln 2011

Katzensteiner Thomas: Pilot inter pares; in: *Manager Magazin* 2/2013, S. 50-53

Kaube Jürgen: Max Weber: *Ein Leben zwischen den Epochen*; Rohwolt Berlin 2014

Kettner Matthias (Hrsg.): *Angewandte Ethik als Politikum*; Suhrkamp Frankfurt 2000

Kirchner Alexander und *Brichta Raimund*: Medientraining für Manager: *In der Öffentlichkeit überzeugen – Investor Relations und Public Relations optimieren*; Gabler Wiesbaden 2002

Kirchner Baldur: Rhetorik für Führende: *Rede als Ausdruck der Persönlichkeit*; Gabler Wiesbaden 1992

Kirchner Baldur: Benedikt für Manager: *Die geistigen Grundlagen des Führens*; Gabler Wiesbaden 1994

Kirchner Baldur: Fühlen und Führen: *Der Manager zwischen Herz und Verstand*; Gabler Wiesbaden 1996

Kirchner Baldur: Dialektik und Ethik: *Prinzipien des Führens und Vertrauens*; Edition K Kammeltal 2006

Kirchner Baldur, Kirchner Sebastian und *Kirchner Alexander*: Rhetorik für Manager: *Rede als Ausdruck der Persönlichkeit*; 2. Auflage, Gabler Wiesbaden 2006

Kirchner Baldur: Der kontemplative Weg: *Begegnungen mit der persönlichen Innenwelt*; Edition K Kammeltal 2008-II

Kirchner Baldur: *Führen als Vermittlung von Werten. Vortrag anlässlich des 25-jährigen Kanzleijubiläums von Heim und Partner Treuhandgesellschaft mbH, Steuerberatungsgesellschaft, Wirtschaftsprüfungsgesellschaft*, Gelnhausen 10. Oktober 2008

Kirchner Baldur: Das Dialogische als Lebensauftrag, Antrittsvorlesung anlässlich der Berufung zum Honorarprofessor; Hochschule Neu-Ulm 15. Dezember 2011

Kirchner Baldur: Selbsterkenntnis und Selbstverwirklichung: *Wege zu einem neuen Persönlichkeitsverständnis*, Kolloquium im Klosterhospiz Neresheim, 29.11.2013

Kirchner Baldur: Zentrierte Persönlichkeit, auf: *www.kirchner-seminare.de* (2014)

Kirchner Sebastian und *Breyer-Mayländer Thomas*: Manager in der Öffentlichkeit: *Fettnäpfchen kennen und meiden*; Gabler Wiesbaden 2014

Klein Armin: *Leadership im Kulturbetrieb*; VS Verlag für Sozialwissenschaften Wiesbaden 2009

Kraus Josef: Helikopter-Eltern: *Schluss mit Förderwahn und Verwöhnung*; rowohlt Reinbek bei Hamburg 2013

Krystek Ulrich: Vertrauen als Basis erfolgreicher strategischer Unternehmensführung; in: *Hahn, Dietger; Taylor, Bernhard; Strategische Unternehmensplanung – Strategische Unternehmensführung*; Physica; 8. Auflage, Heidelberg 1999, S. 266-288

Kohlmann-Scheerer Dagmar: Gestern Kollege – heute Vorgesetzter: *So schaffen Sie den Rollentausch*; Gabal Offenbach 2009

Komus Ayelt und *Wauch Franziska*: Wikimanagement: *Was Untenehmen von Social Software und Web 2.0 lernen können*; Oldenbourg München 2008

Kosfeld Michael: Strategisches Entscheiden und die Rolle von Anreizen; in: *Spektrum der Wissenschaft Spezial „Warum entscheiden wir?“* 1/12, S. 20-26

Leiber Markus: Ihre Talentreihenfolge, nach: *Gallup Organization Strengthfinder*, 2001 unter: *http://www.naturtalent-stiftung.de/get/1327ace-a984-1372-105e-0a9cfcb85d818/markus_leiber_profil.pdf* (Abruf: 24.01.2014)

Leistinger Klaus M.: Unternehmensethik: *Globale Verantwortung und modernes Management*; C.H. Beck München 1997

Linde Boris von der und *Steinweg Sven*: *Psychologie für den Beruf*; 2. Auflage, Haufe Freiburg 2014

Löhner Michael: Führung neu denken: *Das Drei-Stufen-Konzept für erfolgreiche Manager und Unternehmen*; Campus Frankfurt 2005

Machatschke Michael: Fragen Sie Franz; in: *Manager Magazin* 8/2012, S. 26-31

Machatschke Michael: Methode Mehdorn; in: *Manager Magazin* 12/2013, S. 48-52

Mahlmann Regina: Ein Blick auf die Coaching-Landschaft; in: *Sachsenmaier Ingeborg* (Hrsg.): *Die Coaching-Praxis: Mit Methode zu neuen Perspektiven*; Beltz Weinheim-Basel 2009, S. 9-20

Maslow Abraham H.: *Motivation und Persönlichkeit*; rowohlt Reinbek bei Hamburg 1981

Matthäus 7, 17-18

Maurer Rainer: Hochschulen im Ethikboom – Darf „Corporate Social Responsibility“ zum Lernziel erklärt werden?; in: *Die neue Hochschule (DNH)* 3/2011, S. 102-106

Maus H. Arne: Herausforderung Motivation: *Denkpräferenzen und ihre Einfluss auf Engagement und Handeln im Beruf*; W. Bertelsmann Bielefeld 2009

Marx Reinhard: Das Kapital: *Ein Plädoyer für den Menschen*; Knaur München 2010

Merten Klaus: Image, PR und Inszenierungsgesellschaft; in: *Publizistik Heft 1-2014*, S. 45-64

Meyer-Grashorn Anke: *Spinnen ist Pflicht*; Allitera München 2009

Middelton Julia: Beyond Authority: *Leadership in a Changing World*; Macmillan New York 2007

Mintzberg Henry: *Managen*; 2. Auflage, Gabal Offenbach 2011

Molcho Samy: Körpersprache als Dialog: *Ganzheitliche Kommunikation in Beruf und Alltag*; mi Moderne Industrie München 1998

Motamedi Susanne: Konfliktmanagement: *Vom Konfliktvermeider zum Konfliktmanager*; Gabal Offenbach 1999

Neuhaus Florian: Angstbewusste Führung: *Besser und produktiver arbeiten durch den motivierenden Einsatz von Angst (zugleich Dissertation Universität der Bundeswehr München* 2012); Springer Gabler Wiesbaden 2013

Neuhäuser Christian: *Unternehmen als moralische Akteure*; Suhrkamp Berlin 2011

Niermeyer Rainer: Mythos Authentizität: *Die Kunst, die richtige Führungsrolle zu spielen*; Sonderausgabe, Campus Frankfurt/New York 2010

Niquet Bernd: *Kant für Manager*; Campus Frankfurt 2007

Nink Marco: Engagement Index: *Die neuesten Erkenntnisse aus 13 Jahren Gallup-Studie*; Gallup/ Redline München 2014

Noé Martin: Der Weltökonom; in: *Manager Magazin* 4/2012, S. 54-59

Noé Martin und *Student Dietmar*: „Es reicht für zwei Leben", Interview mit Johannes Teyssen; in: *Manager Magazin* 2/2013, S. 44-49

North Klaus: *Wissen und Lernprozesse managen, Vortrag auf dem Steinbeis Consulting Tag*, Stuttgart 3. Juli 2014

o. V.: *Reden die die Welt bewegten*; 9. Auflage, Phaidon Verlag Essen (Imprint Emil Vollmer Verlag) o. J.

Palan Dietmar: Ein Wunderkind wird erwachsen; in: *Manager Magazin* 12/2013, S. 86-92

Peter Laurence J.: *Das Peter-Programm*; 17. Auflage, Rohwolt Reinbek bei Hamburg 2002

Pinnow Daniel F.: Führen: *Worauf es wirklich ankommt*; Gabler Wiesbaden 2011

Porsche Peter Daniell: *Es gibt noch mehr im Leben als Autos bauen*; dtv München 2014

Prescott Edith: *Das große Lehrbuch erfolgreicher Kommunikation und Redetechnik*; 5. Auflage, Oesch Verlag Zürich 2002

Probst Gilbert: Management: Die Übernahme von Verantwortung; in: *Spoun Sascha* und *Meynhardt Timo* (Hrsg.): *Management: Eine gesellschaftliche Aufgabe*; Nomos Baden-Baden 2010, S. 47-64

Quentmeier Helma: Praxishandbuch Compliance: *Grundlagen, Ziele und Praxistipps für Nicht-Juristen*; Gabler Wiesbaden 2012

Rheinberg Falko, *Vollmeyer Regina* und *Engeser Stefan*: Die Erfassung des Flow-Erlebens; in: *Stiensmeier-Pelster J.* und *Rheinberg F.* (Hrsg.): *Diagnostik von Motivation und Selbstkonzept (Tests und Trends N.F. 2)*; Hogrefe Göttingen 2003, S. 261-279

Reisyan Garo D.: Neuro-Organisationskultur: *Moderne Führung orientiert an Hirn- und Emotionsforschung*; Springer Gabler 2013

Rinschar Klaus: Veränderungsmanagement: *Praxiserprobte Instrumente für Führungskräfte*; expert Renningen 2005

Rohrhirsch Ferdinand: Führen durch Persönlichkeit: *Abschied von der Führungstechnik*; 2. Auflage, Gabler Wiesbaden 2011

Rohrhirsch Ferdinand: Christliche Führung – Anspruch und Wirklichkeit: *Führen mit Persönlichkeit und Ethik*; Springer Gabler 2013

Rother Andreas: *Unternehmensphilosophie in Textbausteinen*; Redline Wirtschaft bei Ueberreuter Frankfurt 2003

Jean-Jacques Rousseau <<Quelle einfügen >>

Sawizki Egon R.: NLP im Alltag: *Einführung, Techniken, Übungen*; 3. Auflage, Gabal Offenbach 1996

Sachsenmaier Ingeborg (Hrsg.): Die Coaching-Praxis: *Mit Methode zu neuen Perspektiven*; Beltz Weinheim und Basel 2009

Schäfer Annette: Die Kraft der schöpferischen Zerstörung: *Joseph A. Schumpeter, Die Biografie*; Campus Frankfurt 2008

Scherer Anouk: Authentisch, Präsent, Charismatisch: *Nutzen Sie das Potenzial Ihrer Ausstrahlung*; Gabal, Offenbach 2010

Schischkoff Georgi (Hrsg.): *Philosophisches Wörterbuch*; 21. Auflage, Kröner Stuttgart 1982

Schmid Wilhelm: *Gelassenheit – Was wir gewinnen, wenn wir älter werden*; Insel Berlin 2014

Schneck Ottmar: *Lexikon der Betriebswirtschaft*; Beck Wirtschaftsberater im dtv, München 2011

Schulz von Thun Friedemann: Miteinander reden: *Störungen und Klärungen: Psychologie der zwischenmenschlichen Kommunikation*; rowohlt Reinbek bei Hamburg 1981

Schwanfelder Werner: *Buddha und der Manager*; Campus Frankfurt 2006

Schwartz Barry: Die Qual der Wahl; in: *Spektrum der Wissenschaft Spezial „Warum entscheiden wir?"* 1/12, S. 6-11

Schwarz Sabine und *Cocbudak Elcin*: Führung als kritischer Faktor im Change Management; *in: Keuper, Frank/Groten, Heinz: Nachhaltiges Change Management: Interdisziplinäre Fallbeispiele und Perspektiven*; Gabler Wiesbaden 2007, S. 31-57

Schwarzer Ursula, Abstauben und Unterbügeln; in: *Manager Magazin* 12/2013, S. 64-68

Schwegler Regina: Moralisches Handeln von Unternehmen: *Eine Weiterentwicklung des neuen St. Galler Management-Modells und der neuen Ökonomischen Ethik*; Gabler Edition Wissenschaft Wiesbaden 2008

Schwendt S. und *Funk D.* (Hrsg.); *Integrierte Managementsysteme: Konzepte, Werkzeuge, Erfahrungen*; Physica Heidelberg 2002

Seeger Christof und *Breyer-Mayländer Thomas*: *Vom Studenten zur erfolgreichen Führungskraft*; UVK Konstanz 2013

Seiwert Lothar: Zeit ist Leben, Leben ist Zeit: *Die Probleme mit der Zeit lösen: Die Chancen der Zeit nutzen*; Ariston München 2013

Siegert Werner: Expert Praxislexikon: *Management Training*; expert Renningen 2001

Simon Walter: Ziele managen: *Ziele planen und formulieren – Zielgerichtet handeln und denken*; Gabal Offenbach 2001

Simon Walter: Gabals großer Methodenkoffer: *Grundlagen der Kommunikation*; Gabal Offenbach 2004

Simon Walter: Gabals großer Methodenkoffer: *Führung und Zusammenarbeit*; 2. Auflage, Gabal Offenbach 2009

Sommerlatte Tom und *Fallon Jean-Luc*: *Quintessenz der Vertrauensbildung*; Springer Heidelberg 2012

Spoun Sascha und *Meynhardt Timo* (Hrsg.): Management: *Eine gesellschaftliche Aufgabe*; Nomos Baden-Baden 2010

Steßl Antonia: *Effektives Compliance Management in Unternehmen*; Springer VS, Wiesbaden 2012

Stiensmeier-Pelster J. und *Rheinberg F.* (Hrsg.): *Diagnostik von Motivation und Selbstkonzept (Tests und Trends N.F. 2)*; Hogrefe Göttingen 2003

Stöwe Christian und *Keromosemito Lara*: *Wie Sie ohne Vorgesetztenfunktion Teams motivieren, kritische Gespräche führen, Konflikte lösen*; 2. Auflage, Springer Gabler 2013

Stolzenberg Kerstin und *Heberle Krischan*: Change Management: *Veränderungsprozesse erfolgreich gestalten – Mitarbeiter mobilisieren*; Springer Heidelberg 2006

Straub Dietmar, Kuhnecke Frank und *Kirchmann Thorsten*: Change-Management: *Das Zugvogel-Prinzip –Notwendige Veränderungen erkennen und gemeinsam umsetzen*; Hanser München 2013

Student Dietmar und *Werres Thomas*: Hase und Igel – Ulrich Lehner: Der Mann nach Cromme hat viele Talente und noch mehr Mandate und Ämter. Ist der Multiaufseher der Richtige für den Krisenkonzern ThyssenKrupp?; in: *Manager Magazin* 6/2013, S. 53-56

Tannenbaum R. und *Schmidt W.-H.*: How to Choose a Leadership Pattern; in: *Harvard Business Review*, 2/1958, S. 95-101

Thielemann Ulrich: Angewandte, funktionale oder integrative Wirtschaftsethik – Die Befolgung ethischer Normen in und angesichts der Wirtschaft zwischen Unmöglichkeit, Notwendigkeit und (Un)Zumutbarkeit; in: *Kettner Matthias* (Hrsg.): *Angewandte Ethik als Politikum*; Suhrkamp Frankfurt 2000, S. 342-364

Tominaga Minoru: Die kundenfeindliche Gesellschaft: *Erfolgsstrategien für Dienstleister*, Econ Düsseldorf 1996

Vašek Thomas: Work-Life-Bullshit: *Warum die Trennung von Arbeit und Leben in die Irre führt*; Riemann München 2013

Walther Daniel: Die 38-Stunden-Woche für Manager: *Optimale Work-Life-Balance durch gute Führung*; Springer Gabler Wiesbaden 2013

Warschburger P.: *Beratungspsychologie*; Springer Medizin Heidelberg 2009

Watzka Klaus: Zielvereinbarung in Unternehmen: *Grundlagen, Umsetzung, Rechtsfragen*; Gabler Wiesbaden 2011

Weber Max: *Die protestantische Ethik und der Geist des Kapitalismus*; area Erftstadt 2005

Werres Thomas: Viel Radau, wenig Erfolg; in: *Manager Magazin* 6/2012, S. 14

Werres Thomas: Der Feuerkopf; in: *Manager Magazin* 7/2013, S. 42-44

Werther Simon: Geteilte Führung: *Ein Paradigmenwechsel in der Führungsforschung*; Springer Gabler Wiesbaden 2013

Wieland Josef: *Die Ethik der Governance, (Institutionelle und evolutorische Ökonomik Band 9*; Metropolis Marburg 1999

Wilbers Gregor: Selbstcoaching in 7 Tagen: *Wie Sie Ihren persönlichen Weg zum Erfolg finden*; 2. Auflage, Springer Gabler Wiesbaden 2014

Wildemann Bernd: Professionell führen: *Empowerment für Manager, die mit weniger Mitarbeitern mehr leisten müssen*; 6. Auflage, Luchterhand Neuwied Kriftel 2002

Wilhelm Thomas: *Wie viel Gewissen darf´s denn sein? Ethik in Beruf und Alltag*; Haufe Freiburg 2011

Winkler Maud und *Commichau Anka*: Reden: *Handbuch der kommunikationspsychologischen Rhetorik*; Nikol Hamburg 2011

Wunderer Rolf: Führung und Zusammenarbeit: *Eine unternehmerische Führungslehre*; 9. Auflage, Luchterhand – Wolters Kluwer Köln 2011

Wöhe Günter und *Döring Ulrich*: *Einführung in die Allgemeine Betriebswirtschaftslehre*; 15. Auflage, Vahlen München 2013

Zack Devora: Führung für Führungshasser: *Starten Sie durch, indem Sie einfach Sie selbst sind*; Gabal Offenbach 2013

Fotos

Fotos: Beate Ritter

Orte der Aufnahmen:

Einstieg: Vogesen

Kapitel 1: Villa Balbianello, Comer See

Kapitel 2: Venedig

Kapitel 3: St. Paul-de-Vence

Kapitel 4: Weimar

Kapitel 5: Südschwarzwald

Kapitel 6: Südschwarzwald

Kapitel 7: Venedig, Markusplatz

Kapitel 8: Bernau, Südschwarzwald

Kapitel 9: Ettenheimmünster, Südbaden

Kapitel 10: Bodensee

Literatur: Stift St. Paul, Kärnten

Index

A

Ader, soziale *25*
Ad-hoc-Ziel *120*
Alignments *121*
Anerkennung *13 f.*
Annahme, grundlegende *58*
Anpassung *147, 155 f., 162, 181, 183*
Anpassungsfähigkeit *20*
Ansprache *95*
Anweisung *23, 45, 93, 114, 173*
Appellebene *80*
Arbeitssituation *125*
Arbeitsstruktur *168*
Arbeitszufriedenheit *124*
Arrangeur *19*
Artefakt *58, 66, 88, 161, 173*
Aufbauorganisation *148*
Aufgabe *22, 33 f., 37, 125, 156, 166 f.*
Aufmerksamkeit *35, 42, 76, 90, 93, 97*
Ausdrucksverhalten *40*
Autonomie *23, 113 f., 162 f.*
Autorität *20, 61 f.*

B

BASF *67*
Bauchgefühl *135*
Bedeutsamkeit *20*
Bedürfnispyramide *113*
Beförderung *33*
Befugnis *89, 156*
Begleiten *141*
Behutsamkeit *20*
BER *160*
Besprechung *96 f.*
Bestätigung *90*
Beziehung *15, 25*
Beziehung, positive *87*
Beziehungsebene *76, 80 f., 100 f., 115, 150, 167*
Beziehungsmuster *25*
Bindungsfähigkeit *19*
Blockade *25, 132*
Bore-out *116*
Botschaft *76, 78, 81, 87, 96, 102*
Bottom-up *98, 121*
Brief *92*
Burn-out *116*

C

Celesio *8*
Chef *36*
Corporate Design *66*
Corporate Identity *66*
Corporate Social Responsibility (CSR) *66*
Creative Destruction *120*

D

Delegation *23, 36, 138, 150, 170, 172*
Demotivation *12, 147*
Denken *188*
Denken, analytisch *21*
Deutsche Bank *72*
Dialog *43, 84, 94*
DISG-Modell *133*
Disposition *44, 75, 95, 120, 154*
Disziplin *20*
Drei-P-Ansatz *119*

E

Eigeninitiative *23*
Einfühlungsvermögen *19, 134*
Einstellung *10, 16, 76, 99*
Einstellung, positive *19*
Eisbergmodell *59, 66, 76*
E-Mail *92*
Empathie *14, 85*

Entrepreneur *36*
Entscheidung *38, 130, 132, 136, 138 f., 181*
Entscheidung, unternehmerische *136*
Entwicklung *19, 34*
Entwicklungsziel *10, 24, 65, 111, 118, 124 f.*
EON *141*
Erklärungsmuster *12*
Ermunterung *14 f., 90, 134*
Erwartung *22, 34, 40, 46, 48, 115*
Erwartungshaltung *47, 55, 82, 87, 115, 131, 167*

F

Fachkompetenz *23, 35, 43*
Feedback *35, 37, 43, 74, 98 f., 123 f., 171*
Feldwebel *38*
Fingerspitzengefühl *8*
Fitschen, Jürgen *72*
Flow *22, 114 f., 167*
Fokus *18, 134*
Förderung *124*
Forschheit *25*
Fragetechnik *91*
Franz, Christoph *54*
Fresenius *48*
Führen *188*
Führung, authentische *40*
Führung, Kultur *172*
Führung, Leitbild *172*
Führungskultur *169*
Führungsrolle *32*
Führungsrolle, Eignung *39*
Führungsstil *160 ff.*
Führungstradition *168*
Führung, transformationale *172*

G

Gallup, Modell- *17*
Gefühl *14 f., 40*
Gefühlsebene *15*
Gender *47*
Generation Y *66*
Gerechtigkeit *21, 56*
Gerlach, Gregor *185*
Geschäftsidee *119*
Gesellschaft *15, 42, 46, 58, 61 f., 66, 131, 151, 164, 181*
Gesprächssteuerung *91*
Gewinnen *188*
Glaubwürdigkeit *60, 62, 87*
Gliederung, divisionale *149*
Gliederung, funktionale *149*
Governance *151, 188*
Gulen, Björn *102*

H

Haltung *168*
Hambrecht, Jürgen *67*
Handeln *12, 14, 44, 60, 74, 86, 132, 188*
Handeln, ethisches *56*
Handlungsalternative *136*
Harmoniestreben *18, 20, 134*
Harvard-Methode *101*
Harzburger Modell *170*
Herz, Michael *108*
Hierarchie *151*
Höchstleistung *18*

I

Ideensammler *20*
Image *102*
Imperativ, kategorische *62*
Infineon *174*
Informationsbeziehung *153*
Inhaltsebene *81*
Integration *21, 63*
Intellekt *19*
Intelligenz, analytische *25*
Intelligenz, emotionale *26, 85*
Interaktion *12, 76 f., 99, 163*
Interpunktion *77*

J

Jain, Anshu *72*

K

Kann-Erwartung *46*
Kennzahlensysteme
– Sieh Key Performance Indicators
Kinesik *86*
Kleidung *48, 88*
Kommunikation *36, 72, 75, 140, 182*
Kommunikation, Beziehungsaspekt *76*
Kommunikation, digitale und analoge *77*
Kommunikation, Inhaltsaspekt *76*
Kommunikationsablauf *77*
Kommunikationsanlass *91, 96*
Kommunikationsaufgabe *73, 183*
Kommunikationsbeziehung *153*
Kommunikationsebene *80*
Kommunikationsfähigkeit *21, 58*
Kommunikationsfehler *81*
Kommunikationsfluss *61*
Kommunikationsförderung *90*
Kommunikationsform *91*
Kommunikationskanal *91*

Kommunikationsmittel *65, 96*
Kommunikationsmodell *78*
Kommunikation, vier Phasen *81*
Kommunikator *37*
Kompetenz *13, 34, 56, 60, 84, 101, 135, 155 f., 162, 168*
Kompetenzfelder *61*
Komplexität *78, 85, 138, 182*
Konferenz *96*
Konflikt *14, 62, 76, 80, 100 f., 114, 152*
Kontaktfreudigkeit *20*
Kontext *21, 25*
Kontrolle *36, 93, 114, 141, 167, 173, 181*
Kontrolleur *36*
Kooperation *25, 57, 63, 156*
Körpersprache *48, 76, 86, 87, 90*
Kreativität *124*
Krisenmanager *38*
Kritik *101*
Kundenzufriedenheit *124*

L

Lebenssinn *60*
Lebensziel *109 ff., 117*
Lehner, Ulrich *26*
Leistung *13 f., 22, 33, 37, 46, 56 f., 61, 65, 114, 116, 124, 171, 180*
Leistungsorientierung *13, 16, 19*
Leistungsunterschiede *12*
Leitbild *65 f., 118 f., 168, 172, 182*
Löscher, Peter *32*
Lufthansa *54*

M

Machtverhältnis *66, 148*
Management by Break-Through *169*
Management by Delegation *170*
Management by Exception *170, 174*
Management by Ideas *169*
Management by Objectives *124, 169, 171, 180*
Management by Visions *169*
Managementkonzept *169 f.*
Management, strategisches *64, 182*
Marktbedingung *183*
Marston, Modell- *133*
Maßnahmen, strategische *182*
Matrixorganisation *150*
Mediation *100*
Mehdorn, Hartmut *160*
Metakommunikation *76*
Miele *178*
Miele, Markus *178*
Missverständnis *80, 90, 154*
Mitarbeiterauswahl *34*
Mitarbeiter/innen-Gespräch *97*
Mitarbeiterinnen und Mitarbeiter *165*
Mitarbeiterorientierung *84*
Moderator *39*
Moral *15, 56, 58, 63*
Motivation *13, 23, 34, 36, 60, 84, 102, 112, 114, 124, 139, 160, 163, 171, 179, 188*
Multioptionsgesellschaft *131, 135*
Muss-Erwartung *44*

N

Neigung *55, 155*
Neuorientierung *38*
Neurolinguistische Programmieren (NLP) *86*
Nooyi, Indira *130*
Norm *9, 15, 55, 58, 61, 65 f., 172*

O

Oetker *146*
Oetker, Alfred *146*
Oetker, August *146*
Oetker, Richard *146*
Oetker, Rudolf-August *146*
Organigramm *149 f.*
Organisationsabläuf *155*
Organisationseinheit *114, 120, 148*
Organisationsentwicklung *119, 147, 155*
Organisationsform *147, 149, 154*
Organisationskultur *10, 46, 147, 171*
Organisationsstruktur *98, 147 ff., 151, 154 f.*
Orientierung *55, 59 f., 89, 109, 120, 182*
Overconfidence-Effekt *135*

P

Pepsi *130*
Performance *25*
Personalauswahl *11, 16, 133*
Personalentwicklung *11, 16, 24, 34, 42, 133, 135, 183*
Person, dominant *133*
Persönlichkeit *9, 132*
Persönlichkeitsmerkmal *16, 134*
Persönlichkeitsmodell *134*
Persönlichkeitsprofil *16*
Persönlichkeitsstruktur *167*
Persönlichkeitstypologie *17*
Persönlichkeit, zentrierte *11*
Piëch, Ferdinand *126*
Pinger, Markus *8*
Planung *37 f., 98, 110, 118, 120, 136, 138, 151, 181, 183*
Ploss, Reinhard *174*
Prinzip *172*
Problemlöser *37*

Problemlösungskompetenz *61*
Projekt *39*
Puma *102*

Q

Qualifikation *155, 183*
Querdenker *47*

R

Rahmenbedingung *96*
Rede *95*
Redesituation *87*
Reifegrad *22 f., 24, 165 ff.*
Reifegradmodell *166*
Repräsentant *36*
Ressourcenzuteiler *37*
Rezeptivität *25*
Rhetorik *48, 74, 84*
Ritual *48, 60*
Rituale *89*
Rolle *38, 44, 82*
Rolle, berufliche *41*
Rolle, Klärung *36*
Rolle, Kombination *38*
Rollenattribut *44*
Rollenerwartung *44*
Rollenmodell *40*
Rollensegment *44*
Rollenverhalten *44*
Rolle, private *41*
Rolle, Veränderung *42*
Rolle, Wahrnehmung *43*
Rückdelegation *150*
Rückmeldung *124*

S

Sachebene *15*
Sachinhaltsebene *79*
Sanierer *38*
Schneider, Ulf M *48*
Sehen *188*
Selbstbewusstsein *19, 25, 48, 134, 168*
Selbstkonzept *12*
Selbstkundgabeebene *79*
Selbstwahrnehmung *85*
Selbstwertgefühl *13, 87*
Sicherheit *25, 59, 120, 179, 181 f.*
Siemens *32*
Sinnfindung *65*
Sinnsuche *17, 59, 64, 66*
Situation *165*
SMART-Formel *117*
Social Web *156*
Soft skills *84*
Soll-Erwartung *45*
Sozialisation *165*
Sozialisierung *85*
Soziodemografie *47*
Sprache *82, 84*
Sprechen *60, 74, 83, 89*
Sprechstil *85*
Sprechtechnik *86*
Stakeholder *58, 63 f., 140, 172, 180, 183*
Statement *95*
Steuerung *124*
Strategie *18, 178, 180*
Strategieentwicklung *118*
Stress *115 ff., 164, 167*
Struktur *146*
Strukturgitter *136*
Strukturorganisation *148*
Symbol *88*
Szenariotechnik *110*

T

Tagesplanung *164*
Talent *9, 17, 24, 40, 55, 111, 134, 155*
Talenteorientierung *22*
Tatkraft *16, 18, 22, 134*
Tchibo *108*
Teyssen, Johannes *141*
ThyssenKrupp *26*
Top-down *120, 121*

U

Überforderung *116*
Überzeugung *19, 40, 47, 56, 59, 65*
Umfeldbedingung *155*
Umfeldeinfluss *38*
Umfelderwartung *110*
Umsetzen *140, 181*
Umweltbedingung *136, 155, 183*
Umwelterwartung *110*
Unbestimmtheit *75*
Unklarheit *84*
Unsicherheit *75, 116*
Unterforderung *116*
Unternehmen *62*
Unternehmensethik *55 f., 58, 60, 124, 161*
Unternehmensführung *36, 62, 65, 152, 179*
Unternehmenskommunikation *56, 93*
Unternehmenskultur *41, 55, 58 f., 62, 65, 88, 119, 120, 147, 161, 168*
Unternehmensziel *114, 118, 121, 136, 151, 163, 169, 171*
Unterweisung *167*
Unzufriedenheit *115, 167*

V

Vapiano *185*
Veranlagung *135*
Verantwortung *19, 23 f., 35, 55, 66, 96, 114, 124, 156*
Verbundenheit *18*
Verhalten *9, 12, 38, 44, 56, 60, 75 ff., 84 f., 97, 99, 134, 139, 164, 171*
Verhaltensänderung *46*
Verhaltensmuster *18*
Verhaltensregeln *97*
Verhandler *37*
Verlässlichkeit *15, 25, 62, 155*
Vernetzer *36*
Verträglichkeit *25*
Vertrauen *12, 15, 61, 73, 87, 90, 123*
Viererkette *82*
Vierfeldermatrix *133*
Vier-Ohren-Modell *76, 78*
Vision *182*
Visualisierung *89, 162, 182*
Vorbild *37, 45, 58, 62, 94, 97, 101, 148, 168, 173*
Vorstellungskraft *18*
VW *126, 156*

W

Wahrnehmung *13 f., 17, 20 f., 24, 38, 42 f., 85, 95, 133, 148*
Wert *9, 25, 54 f., 57 f., 65 f., 118, 161, 172*
Werteabgleich *62*
Wertekrise *59*
Werteorientierung *55, 60*
Werte- und Entwicklungsquadrat *83*
Wertorientierung *56*
Wettbewerbsorientierung *19*
Wiederherstellung *20*
Winterkorn, Martin *156*
Wissbegier *18*
Work-Life-Balance *25, 42, 55, 115*
Würde *56*

Z

Zeit *35, 98, 109 ff., 138, 141*
Ziel *9, 34, 108 ff., 112 f., 117, 181 f.*
Zielerreichung *80, 117, 123*
Zielfindung *109*
Zielformulierung *118 ff.*
Zielgruppenorientierung *84*
Zielhierarchie *120, 123*
Zielplanung *110, 117*
Zielsetzung *11, 65, 81, 84, 98, 110 f., 113, 115, 117, 122, 124, 171, 181*
Zielvereinbarung *117, 120, 124, 171*
Zielvereinbarungsgespräch *123*
Zielvorgabe *171*
Zinkann, Reinhard *178*
Zufriedenheit *97, 110 f., 114, 116, 119, 167, 179*
Zuhören *73, 89 f.*
Zukunftsfähigkeit *181*
Zukunftsorientierung *18*
Zusammenarbeit *124*
Zuwendung *11, 14 f.*

Der Autor

Prof. Dr. Thomas Breyer-Mayländer (Dipl.-Wirt.-Ing. (FH), Dipl. Inf.Wiss.), geboren 1971 in Stuttgart, studierte Wirtschaftsingenieurwesen für Verlage an der Hochschule der Medien in Stuttgart und Informationswissenschaft an der Universität Konstanz, bevor er nebenberuflich im Bereich Medienökonomie am Institut für Journalistik der Universität Dortmund zum Dr. phil. promovierte. Er war während seines zweiten Studiums selbständiger Berater im Online-Sektor eines Zeitschriftenverlags. Nach dem Studium war er mehr als fünf Jahre als Referent für Betriebswirtschaft und Multimedia beim Bundesverband Deutscher Zeitungsverleger in Bonn beschäftigt, bevor er Geschäftsführer der zentralen Gattungsmarketingeinrichtung der deutschen Zeitungsbranche, der ZeitungsMarketingGesellschaft: ZMG Frankfurt, wurde. 2001 wechselte er mit 30 Jahren als Professor für Medienmanagement an die Hochschule Offenburg, wo er in den folgenden Jahren Studiengangleiter, Prodekan und Dekan der Medienfakultät war. Seit 2011 verantwortet er als Prorektor in der zweiten Amtszeit die Themen Marketing und Organisationsentwicklung in der Hochschulleitung. Thomas Breyer-Mayländer ist als Moderator, Seminartrainer, Coach und Berater sowie als Aufsichtsratsmitglied eines Buchverlags nach wie vor eng mit der Praxis verbunden. Er ist Leiter des Steinbeis-Beratungszentrums „Leadership in Science and Education“, Ettenheimmünster und Autor zahlreicher Fachbücher und Veröffentlichungen zu den Themen Bildungsmanagement, Medien, Management und Kommunikation.

http://www.leadership-science-education.de

http://www.kommunikation-management.de